ネットワークスペシャリスト試験に出るところだけを厳選!

左門至峰による

ネスペ教科書 改訂第2版

はじめに

本書は，ネットワークスペシャリスト試験に合格するための入り口として，ネットワークの基礎を身に付けてもらうための本です。

コンセプトは，「基礎」，「試験に出る（または出た）ところだけ」を解説することです。覚える必要がない解説は，可能な限り排除しました。とはいえ，その技術の背景や，関連技術も説明しないと何のことだかさっぱりわからなくなるので，最低限は残しています。

受験生の皆様におかれましては，こんな疑問があるかもしれません。「基礎」の学習は，この試験の対策として意味があるのか，という疑問です。

答えは，「多いに意味があります！」ということです。試験センターであるIPAが，ネットワークスペシャリスト試験の旧試験であるテクニカルエンジニア（ネットワーク）試験において，「試験区分の内容説明」にて述べた内容を見てください。

> 受験者がプロトコルなど基礎技術を体系的に整理し，実務経験があれば容易に解答できるよう工夫している
> （出典：http://www.jitec.jp/1_13download/guidebook_pdf/guide_200702_10_nw.pdf）

ここにあるように，合格に必要なのは，基礎知識なのです。実際，合否を決める午後II試験でさえも，解答例だけを見ると，難しいキーワードは出てきません。基礎的な言葉ばかりで構成されているのです。

さて，今回の本は，前回の「ネスペ教科書」の改訂版です。前回意識したのは，300ページ（今回は316ページ）という，他のネットワークスペシャリスト試験の参考書に比べて薄い本に仕上げることです。皆さんもお忙しいと思いますし，「分厚い本は読む気にならない」という考えの方も多いと感じたからです。

その考え方は間違ってはいなかったのですが，読者からの意見をお聞きすると，「内容が薄い」「もう少し踏み込んだ解説が欲しい」というご意見もいただきました。「もっと勉強したい！」という熱いメッセージだと考え，私も「それならば」と，喜び勇んで充実した解説本にしようと考えました。

しかし，たくさん解説すればいいわけではありません。お忙しい皆さんが，効率的に，かつ，薄い本によって「気持ちも楽に」勉強してもらえる本にしたいと思いました。

そこで，前回は掲載していた各章の終わりの問題や巻末の午前 II の問題を削除して，内容を充実させることにしました。もちろん，無駄に解説を増やすことはしていません。過去問を改めて読み直し，過去に問われた内容を追記してきました。内容的には，前回よりも 1.3 倍程度の濃さになっていると思います。

皆さんに置かれましては，最初に基礎知識を身に付けてもらう目的の本として，この本を活用してください。そして，この試験に合格するために一番試験な過去問の学習をする中で，そこで出てきた用語や技術に関して，あらためて書籍やインターネット，実機などで知識を深めていってください。これは，多くの合格者が実践している勉強方法です。

ネットワークの基礎を学ぶ本書と，午後試験対策の「ネスペ」シリーズを活用していただき，是非とも合格を勝ち取っていただきたいと思います。

左門 至峰

目次

本書の強調文字について

本書では，絶対に覚えてほしいキーワードを，灰色で塗って強調文字にしています。また，試験でキーワードそのものを問われる可能性は低いですが，問題文に登場する言葉なので知っておいてほしい文字にアンダーラインを引いています。

- **灰色で塗った強調文字**　・・・試験でキーワードが問われる可能性があるので絶対に覚える
- アンダーライン　・・・問題文に登場する言葉であったり，ネットワークの大事なキーワードなので知っておいてほしい

1章　ネットワーク

1-1 ネットワークとは

この節はネットワークスペシャリスト試験を受けられる皆さんにとっては，当たり前な内容だと思います。言葉の確認をする程度とどめてさらっと読むか，読み飛ばしてもらっても構いません。

1 ネットワークとは

皆さんのパソコンは，ネットワークにつながったプリンタから印刷したり，ファイルサーバに資料を保存したり，インターネットに接続したりしていることでしょう。このように，複数のコンピュータ機器を接続したものを**ネットワーク**といいます。

皆さんの会社では，ネットワーク用のラックがあって，そこにはたくさんのネットワーク機器やケーブルがつながっていることと思います。

ここでは，ネットワークの概要について説明します。

✚✚ ネットワークラック

2 ネットワークの分類

ネットワークは，LAN，WAN,インターネットに分けられます。たとえば，ファイルサーバやプリンタとの接続など，事務所などの限られた範囲で接続されたネットワークを**LAN**（Local Area Network）といいます。また，複数の拠点や取引先などと接続されたネットワークを**WAN**（Wide Area Network）といいます。

フルスペルを見ると，「Local」や「Wide」などのキーワードが入って，理解しやすいですね。

はい，そう思います。用語のフルスペルを必ずしも覚える必要はありません。ですが，フルスペルからその言葉の内容が理解できることも多いものです。

また，**インターネット**は，Google や Facebook などのような海外のサービスを含めた世界中のサーバ群と接続されたネットワークです。LAN や WAN のように，社内や取引先などの顔が見える相手でばかりではありません。便利なサービスを利用できる反面，攻撃者も参加できるネットワークであることから，セキュリティ面で不安があります。

以下に LAN，WAN，インターネットのイメージを紹介します。

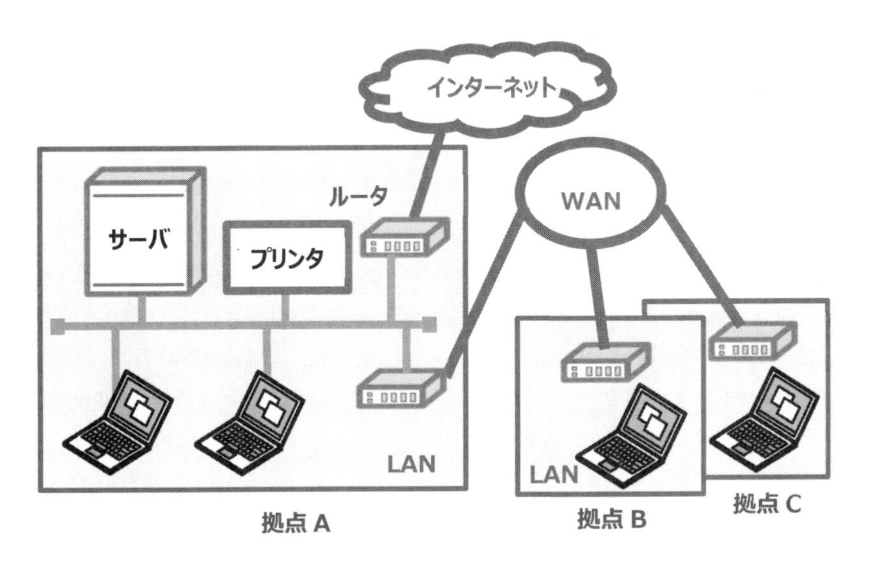

✚✚ LAN と WAN とインターネット

3　ネットワークを作るときに必要なもの

ネットワークを作るときに必要な機器の中で，代表的なものを紹介します。

❶NIC

NIC（Network Interface Card）は，PCのLANポートと考えてください。今はLANポートがPCに組み込まれていますが，かつては別の装置で，PCやサーバにNICを接続して利用していました。

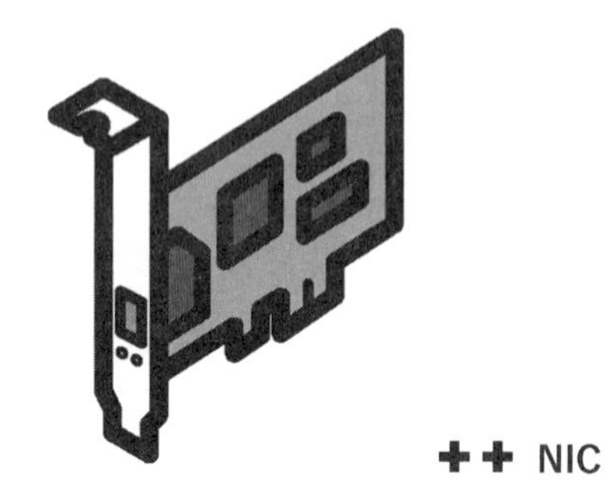

✚✚ NIC

❷ケーブル

ケーブルには，LANケーブル，光ファイバーケーブル，電話線などがあります。

LANケーブルにはいくつかの種類があります。我々が日常的に使っているのは，**UTP**（Unshielded Twist Pair）ケーブルです。これは，シールドに覆われていない（Unshielded）ツイストペアケーブルです。シールドに覆われているSTP（Shielded Twist Pair）ケーブルに比べてノイズを受けやすいのですが，取り扱いが簡単で安価であることから，広く普及しています。

また，UTPケーブルの中でもケーブルの伝送距離などによってカテゴリが分かれています。1Gbps（1000Mbps）の通信速度であれば，カテゴリ5eやカテゴリ6のケーブルが利用されます。10Gbpsであれば，カテゴリ6eやカテゴリ7を使う必要があります。

✚✚ 皆さんにもおなじみのLANケーブル

❸スイッチングハブ

複数の PC やサーバを接続する機器を**スイッチングハブ**といいます。詳しくは 2-4 章で解説します。

❹ルータ

LAN と LAN を接続したり，LAN と WAN との接続，また，LAN からインターネットに接続する際に使用する機器を**ルータ**といいます。

❺無線 LAN

LAN ケーブルを使った LAN を有線 LAN といい，電波を使った LAN を**無線 LAN** といいます。

ここで紹介した❶～❺の機器は，以下のように接続されています。

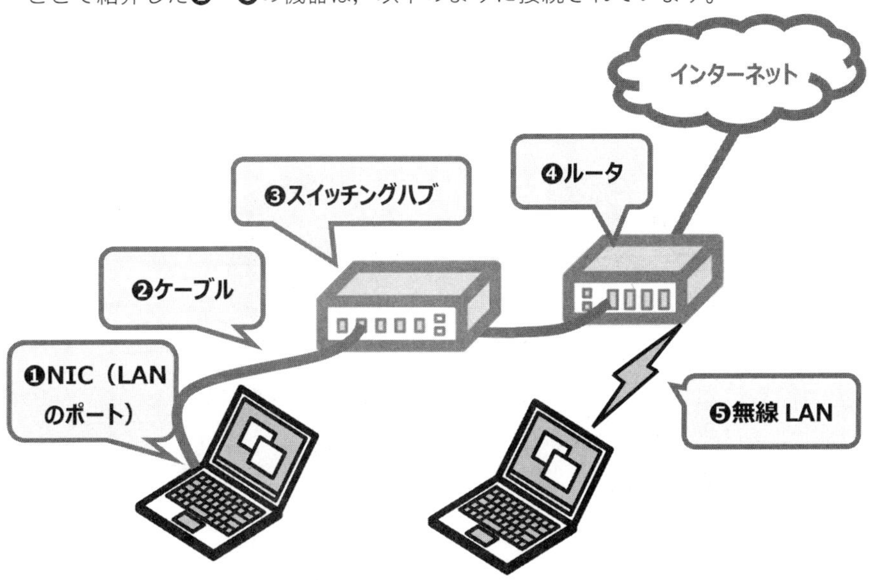

✚✚ ネットワークを作るときに必要なもの

1-2 プロトコル

1　プロトコルとは

「規約」と訳される**プロトコル**とは，通信をするための「取り決め」のことです。インターネットは世界中のサーバと通信をしますから，通信のルールを決めておく必要があります。たとえば，メールの場合，メールを送信する場合には SMTP で，受信する場合には POP というプロトコルを使います。通信相手が，このような取り決めに合意していなければ，当然ながら通信が成功しないのです。

また，プロトコルは階層で管理されます。さきほどのメールのようなアプリケーション階層の取り決めもあれば，ケーブルの種類やコネクタの形状などの物理的な階層な取り決めもあります。

✚✚ 規約がないと，うまく通信できません・・・

2　OSI 参照モデル

国際標準化機構である ISO は，コンピュータの通信に関して 7 つ階層に分けてプロトコルを定めています。これを，OSI（Open System Interconnection）参照モデルといいます。

世界中のネットワーク機器は，この OSI 参照モデルに即した通信の方式で開発をしているため，異メーカの機器であっても，正しく通信をすることができます。

階層	名称	解説	代表的なプロトコルや用語
5~7 層	**アプリケーション層** （プレゼンテーション層） （セッション層）	最も利用者に近い部分であり，ファイル転送や電子メールなどの機能を実現する	HTTP, SMTP, FTP
4 層	トランスポート層	順序制御などを行い，通信の品質を保つ	TCP，UDP
3 層	**ネットワーク層**	IP アドレスを用いて，ルーティングやデータ中継などを行う	IP
2 層	**データリンク層**	誤り検出，再送制御などを行う	MAC アドレス，イーサネット，PPP
1 層	物理層	LAN ケーブル，光ケーブルといった物理的な媒体の差異を吸収する	LAN ケーブル，光ケーブル

✚✚ OSI 参照モデルの表

階層って理解するのが難しいです・・・

皆さん同じ悩みを持たれていると思います。実際，すべての技術をきれいに階層に分けることはできません。ただ，ネットワーク機器は階層を意識して作られています。たとえば，スイッチングハブは物理層とデータリンク層で動作しますが，ネットワーク層の IP アドレスなどの情報には関与しません。このように，自分の役割に専念することで，第 2 層の処理を高速に実現することを可能にしているのです。

2章

LAN（1層,2層）

2-1 MACアドレス

1 MACアドレスとは

MACアドレスは，世界中で一つしか存在しないように割り当てられた端末固有の番号です。正確には，端末に一つではなく，NIC（ネットワークカード）単位に一つです。よって，NICが2枚あるPCであれば，MACアドレスは2つ割り当てられます。

以下は，Windowsのパソコンにおける，「ネットワーク接続」の画面です。Wi-Fi（無線LAN）と，イーサネット（有線LAN）の2つのネットワーク接続があります。どちらも，MACアドレスを持ち，ネットワークに接続することができます。

✚✚ PCにおけるネットワーク接続の様子

自分のパソコンのMACアドレスを見てみましょう。コマンドプロンプトから，「ipconfig /all」を実行すると，「物理アドレス」が表記されます。これがMACアドレスです。

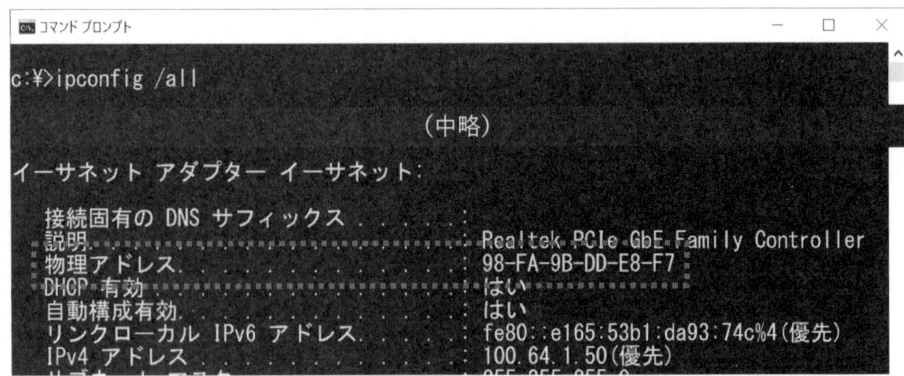

✚✚ PCのMACアドレスを表示

このように，MACアドレスは，**48bit** からなり，00-00-5E-00-53-34 のように1バイト毎に「-」や「:」で区切って16進数で表記されます。

私のパソコンのMACアドレスは世界で一つしかないんですよね？

はい，そうです。ですから，端末を認証する手段として**MACアドレスフィルタリング**などに利用されます。MACアドレスフィルタリングは，MACアドレスが認証サーバに登録されているかどうかを判断して，認証を許可する仕組みです。

しかし，MACアドレスはツールによって簡単に書き換えられるというデメリットがあり，認証としては不十分な面もあります。

余談ですが，MACアドレスは名前，このあとに解説するIPアドレスは住所に例えられることがあります。住所（IPアドレス）は引っ越すと変わりますが，引っ越しても名前は変わりません。(MACアドレスは，名前というよりマイナンバーの番号の方が近いかもしれませんね)。

2　MACアドレスのフォーマット

MACアドレスは48bitで構成されています。前半**24bit**はOUI(OUI : Organizationally Unique Identifier）と呼ばれ，製造者ごとの番号です。ここを見れば，その機器を製造した**製造者**がわかります。例えば，Appleは00-1B-63，DELLのOUIは00-1D-09です。後半24bitは，製造者が機器ごとに割り当てる機器コードです。

00-00-5E-00-53-34

←　製造者ごとの番号（24bit）　→	←　機器ごとの番号（24bit）　→

✚✚ MACアドレスのフォーマット

これまた余談ですが，たまに，名前から製造者？（＝出身地）が分かる場合がありますよね。

MAC アドレスは名前に例えられることから考えたのですが，ちょっと強引な内容でしたね。ごめんなさい。

2-2 イーサネット

1　イーサネットとは

LAN では，異なるメーカのファイルサーバやプリンタとも正常に通信が行えます。これは，LAN の通信に関する取り決め（規格）が適切に制定されていて，各社がこの規格に沿って通信をしているからです。

LAN には複数の規格がありますが，我々が日頃使っている規格は**イーサネット**と呼ばれます。イーサネットでは，データを送る際に，**フレーム**と呼ばれるまとまった単位でデータを送信します。これは，引っ越しの際には，荷物を一定の大きさの段ボールに詰めて送るのに似ています。

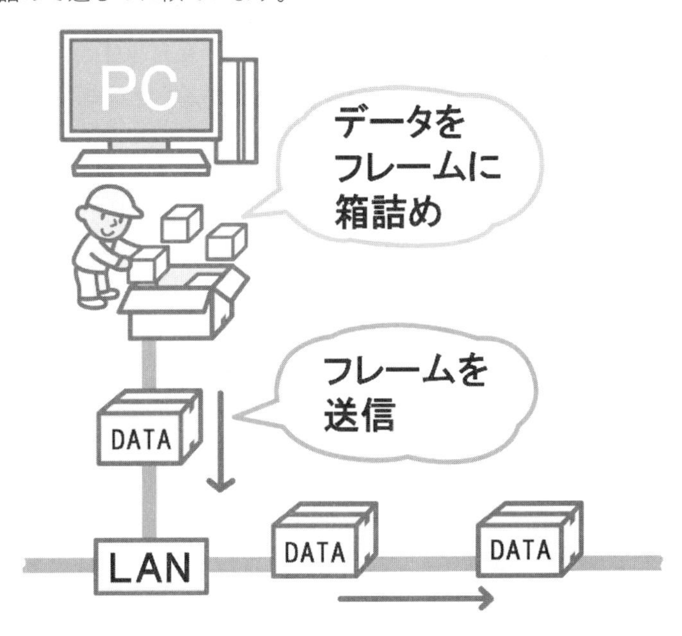

✚✚ イーサネットがデータを送る様子

このように箱詰めにすることで，複数の PC がほぼ同時に複数の PC と通信することができます。箱に入れないと，みんなのデータが混ざってしまいますよね。

イーサネットの規格では，このときのフレームの大きさやフォーマットなどが細かく定められています。各社はその規格に従った製品を作るので，異メーカや異機種であっても相互通信が可能になります。

2　イーサネットフレーム

イーサネットで流れるフレームを**イーサネットフレーム**といいます。イーサネットフレームの構造は以下です。

①宛先 MAC アドレス	②送信元 MAC アドレス	③タイプ	④データ	⑤FCS

✚✚ イーサネットフレームの構造

内容に関して，以下に補足します。

①あて先 MAC アドレス：イーサネットで通信する相手の MAC アドレス

②送信元 MAC アドレス：フレームを送信する送信元の MAC アドレス

③タイプ：データ部にはどんなタイプのデータが入っているかを示す情報。
　　　　たとえば，IPv4 のデータなのか，IPv6 なのかを示す値が入る

④データ：メールや Web 閲覧など，実際にやり取りするデータ

⑤FCS：フレームの損失が無いか確認するためのもの

IP アドレスは登場しませんね。

そうです。これを見ると，イーサネットは，IP アドレスではなく MAC アドレスにて通信をしていることがわかってもらえると思います。

また, イーサネットフレームは, 誰に送信するかによって, 次の 3 つに分類されます。

名称	解説	宛先 MAC アドレス
ブロードキャスト	同一セグメント内の全ての端末に，データを一斉に送信	全ての端末を意味する FF:FF:FF:FF:FF:FF（※注）
ユニキャスト	一つの端末だけにデータを送信	あて先の MAC アドレス
マルチキャスト	同一セグメント内の特定のグループの端末に，データを一斉に送信	マルチキャスト固有のアドレス

※注：16 進数 F を 2 進数で表すと 1111 で,FF:FF:FF:FF:FF:FF はすべてが 1 の意味

✚✚ イーサネットのフレームの種類

以下に，この3つのフレームのイメージを紹介します。

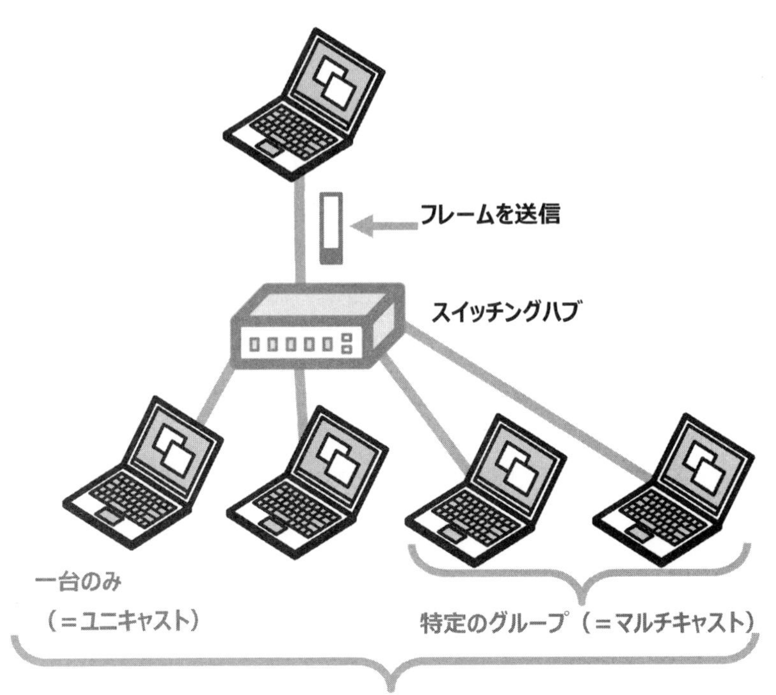

＋＋ イーサネットフレームの動作の様子

目的に応じてフレームを分けることで，効率的な通信を実現しているのですね？

はい，その通りです。通常はユニキャストで通信をしますが，特定のグループに限定して一斉送信する場合はマルチキャストを使います。

3　CSMA/CD 方式

LAN には複数の端末が接続されていますから，複数の端末が同時に通信しようとすると，フレームの衝突が起きます。フレームが衝突するとフレームが相手に届かないので，衝突を回避する仕組みが必要です。イーサネットにおける衝突回避の仕組みは **CSMA/CD**（Carrier Sense Multiple Access with Collision Detection）方式です。CSMA/CD 方式では，LAN が使用中かどうかを端末が調べ，使用中でなければフレームを送信します。

使用中かどうかは，どうやって判断するのですか？

他の端末が電波（キャリア信号）を出しているかで判断します。LAN で接続されているので，他の端末の電波を感知することができるのです。

参考ですが，CSMA/CD の CD（Collision Detection）とは，「衝突検出」という意味です。また，衝突を検出したら一定時間が経過した後に再送信を行います。

4　パケットキャプチャ

ネットワークがつながらなかったり，ネットワークの遅延が発生するなどの問題が起こった際に，その原因究明をする必要があります。どうやって原因究明をしますか？

病院だと，レントゲン写真を見て，正確な情報を確認したりしますよね。

✚✚ レントゲンで中身を見ると原因がよく分かる

ネットワークのトラブルの原因究明の方法は，ネットワーク機器の設定を確認すること以外に，実際に流れるパケット（フレーム）を収集して確認する方法があります。

このように，流れるパケットを収集することを**パケットキャプチャ**といいます。

パケットキャプチャをするには，以下が必要です。

❶パケットキャプチャ用の PC を用意

PC には Wireshark などのキャプチャソフトをインストールします。また，本来であれば，宛先が自分ではないフレームは受け取りません。そこで，NIC の動作モードを「**プロミスキャスモード**(promiscuous mode)」に設定して自分宛以外のフレームも受信するようにします。

❷スイッチングハブにミラーポートの設定

従来，スイッチングハブは，宛先の端末がつながっているポートにのみフレームを転送します。ですから，パケットキャプチャ用の PC にはフレームが届きません。

そこで，キャプチャする PC が接続されたポートにもフレームを転送するために，**ミラーリング**の設定をします。（ミラーリングの設定がされたポートを**ミラーポート**といいます）

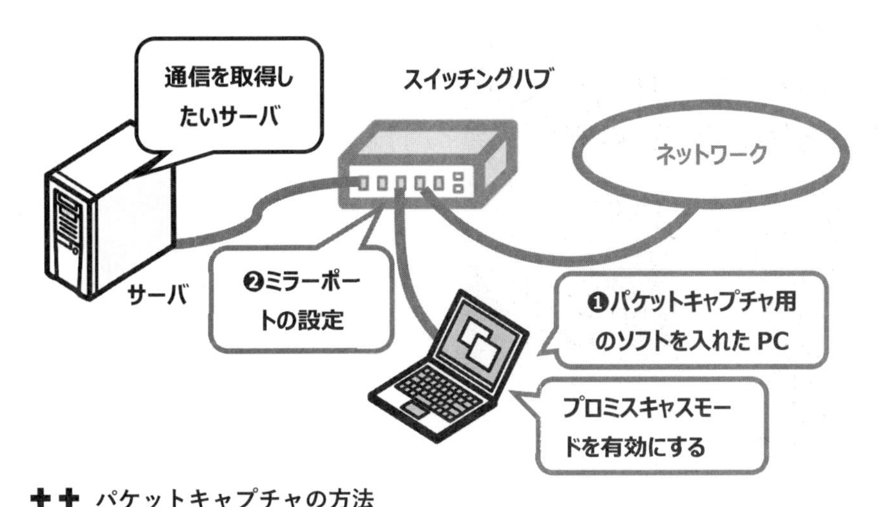

✚✚ パケットキャプチャの方法

2-3 ケーブル

1　ネットワークで使用するケーブル

ネットワークで利用するケーブルを大きく分けると，**LAN ケーブル**（ツイストペアケーブル），光ファイバーケーブル，同軸ケーブルの 3 つに分けられます。加えて，電話で使う電話線もあります。

ここでは，ネットワークスペシャリスト試験で問われる LAN ケーブル（ツイストペアケーブル）と光ファイバーケーブルを解説します。

(1) LAN ケーブル（ツイストペアケーブル）

我々が日常的に利用している LAN ケーブルは，ツイストペアケーブルと呼ばれます。2 本のペア（Pair）でより合わせ（Twist）たケーブルという意味です。以下のように，LAN ケーブルをニッパー等で開いてみると，その様子がよく分かると思います。

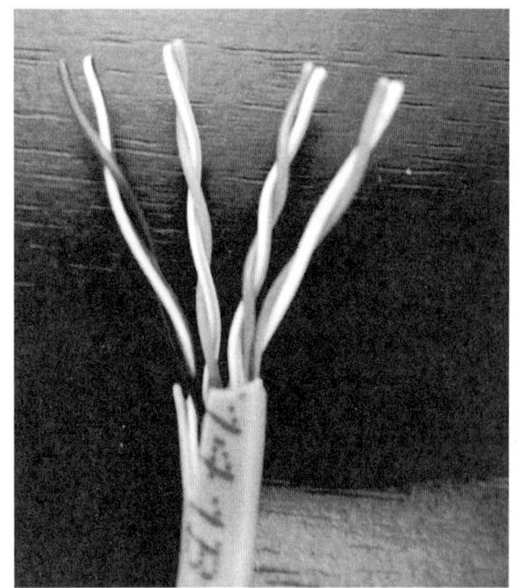

✚✚ ツイストペアケーブルを開いたところ

LAN ケーブルは，銅線およびその周りを被覆する樹脂でできています。また，通信相手に対して電圧の高低で 0 と 1 を判断する電気信号でデータを送ります。

（2）光ファイバーケーブル

光ファイバーケーブルは，光ファイバーを用いることで，LANケーブルに比べ，高速かつ長距離通信が可能です。

また，光ファイバーケーブルには，コアの直径が細く，光の通り道が1つのシングルモードファイバー（SMF：Single Mode Fiber)と，コアの直径が太く，光の通り道が複数のマルチモードファイバー（MMF：Multi Mode Fiber）の2つがあります。

シングルモードの光ファイバーは，長距離伝送に向いています。一方，マルチモードの光ファイバーは，シングルモードに比べてケーブルの曲げにも強く，使いやすいこともあり，企業内のLANにおいて広く利用されます。

（3）光ファイバーケーブルとLANケーブルの接続

光ファイバーケーブルとLANケーブルは，形状が異なるため，両者を接続する装置が必要です。

スイッチングハブには，LANケーブル用のポートとは別に，光ケーブル用のポートがありますよね。

そうです。それ以外には，光と電気の変換を行うメディアコンバータ（M/C）を設置する場合もあります。

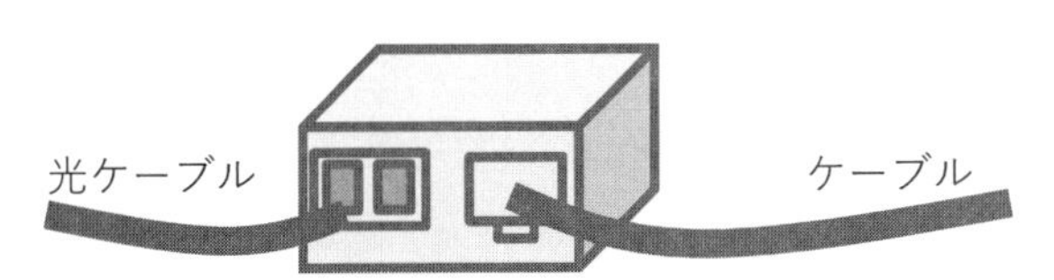

✚✚ メディアコンバータのイメージ図

（4）ケーブルの種類とイーサネットの規格

イーサネットの規格として，以下の表記方法を使う場合があります。

1000 BASE-T

↑速度　↑伝送方式　↑ケーブルの種類

この表記の意味ですが，順に，回線速度（上記の場合は1000Mbps)，伝送方式（上記の場合は，ベースバンド方式※注)，ケーブルの種類（上記の場合はツイストペアケーブルのT）です。

※注：ベースバンド方式は，デジタルデータをそのまま伝送する方式です（覚える必要はありません）。

以下に，イーサネットのいくつかの規格を紹介します。

規格	速度	ケーブル	距離
1000BASE-T	1Gbps	ツイストペアケーブル	100m
1000BASE-SX		光ケーブル（マルチモード）	550m
1000BASE-LX		光ケーブル（マルチモード，シングルモード）	マルチモード（550m） シングルモード（5km 以上）
10GBASE-T	10Gbps	ツイストペアケーブル	100m
10GBASE-SR	10Gbps	光ケーブル（マルチモード）	300m
10GBASE-LR	10Gbps	光ケーブル（シングルモード）	10km

※距離は，製品や規格によって変わりますので，目安と考えてください。

✚✚ イーサネットの規格

補足ですが，SX および SR の S と，LX および LR の L は，波長の長さです。S は波長が短く（S:Short），L は長い（L:Long）という意味です。シングルモードは，マルチモードに比べて長い（Long）波長を使うことが多く，長距離伝送が可能になります。

2-4 ARP

1　ARPとは

ARP（Address Resolution Protocol：アドレス解決プロトコル）とは，IPアドレスからMAC（Media Access Control)アドレスを取得するプロトコルです。

以下の図を見てください。PC 1が192.168.1.2のIPアドレスを持つPCと通信しようとします。PC1は，192.168.1.2のPCと通信をするために，ARPパケットを送って，MACアドレスを調べます（下図①)。192.168.1.2のIPアドレスを持つのはPC2ですから，PC2が「私です」と回答します（下図②)。これにより，PC1は192.168.1.2のIPアドレスのMACアドレスを知ることができます。

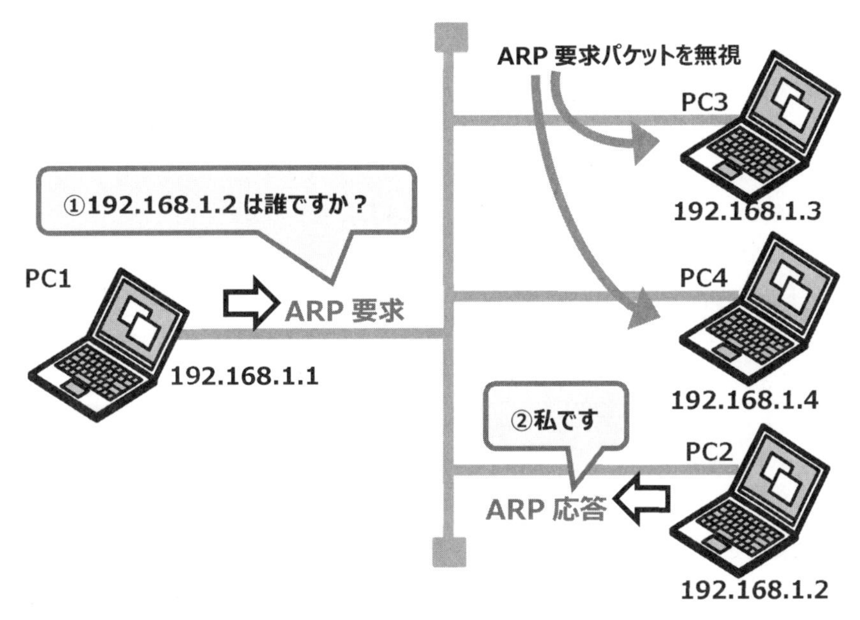

✚✚ ARPの動作

また，IPv6では，**ICMPv6**のプロトコルがARPの機能を実現します。

✚✚ 迷子のご案内も，ARP みたいなもの？

2　ARP テーブル

PC1 は，192.168.1.2 の MAC アドレスが，PC2 のものであることを知りました。しかし，通信をする都度 ARP パケットで MAC アドレスを問い合わせるのは非効率です。そこで，PC1 は，192.168.1.2 の MAC アドレスは PC2 であることを記憶します。IP アドレスと MAC アドレスの対応は，**ARP テーブル**に記録されます。

ARP テーブルは以下のようになっています。

IP アドレス	MAC アドレス
192.168.1.2	00-00-5E-00-53-01
192.168.1.3	00-00-5E-00-53-35
192.168.1.4	00-00-5E-00-53-A6

✚✚ ARP テーブル

3　RARP

ARP とは逆に，MAC アドレスから IP アドレスを解決するプロトコルを RARP（Reverse Address Resolution Protocol）といいます。

どういうシーンで使われるのですか？

あまり使われることはありません。めったにないシーンですが，たとえば，電源オフ時に IP アドレスを保持することができない装置が，電源オン時に自装置の MAC アドレスから自装置に割り当てられている IP アドレスを知るときに使われます。

4 GARP

GARP (Gratuitous ARP) は，自分自身の MAC アドレスを解決するためのものです。

自分自身の MAC アドレスは，知っているのでは？

その通りです。この点は複雑なので，順を追って説明します。

従来の ARP は，IP アドレスから MAC アドレスを取得します。GARP もこの点は同じです。しかし，従来の ARP と違うのは，GARP は自分の IP アドレスを問い合わせるのです。その目的は，自分の MAC アドレスを知りたいのではなく，自分の IP アドレスと MAC アドレスを周りに通知するためです。たとえば，GARP によって，スイッチングハブの ARP テーブルを更新します。

具体例で解説します。以下のように冗長化された 2 台のファイアウォール（以降，FW）の構成があります（下図①）。2 つの FW は 192.168.1.1 という共通の IP アドレスを持っています（下図②）。FW1 と FW2 の MAC アドレスはそれぞれ mac1，mac2 です（下図③）。

正常時は FW1 がアクティブとして動作します（下図④）。PC の ARP テーブルには，192.168.1.1 の MAC アドレスとして mac1 が保持されています（⑤）。

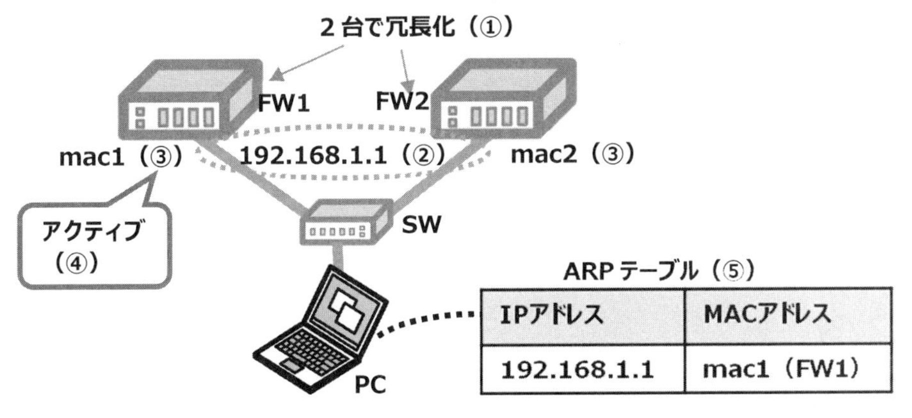

✚✚ FW の冗長構成

この状態で，FW1 が故障するとどうなるのでしょうか。

FW2 が 192.168.1.1 の IP アドレスを受け継いでアクティブになると思います。

そうです（次の図❶）。しかし，PC の ARP テーブルが書き換わっていません。ですから，PC は 192.168.1.1 宛のフレームを，故障している mac1（FW1）に送ろうとします。それでは通信ができません。そこで，FW2 が GARP を投げて（次の図❷），PC の ARP テーブルを書き換えます（次の図❸）。

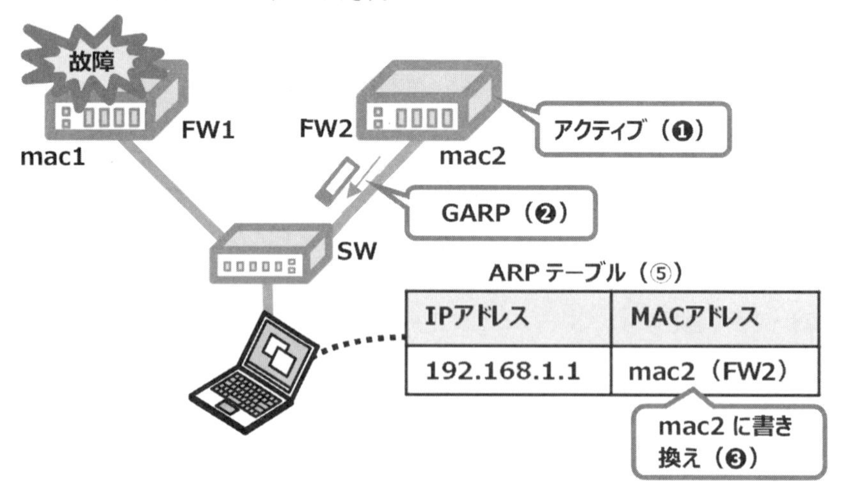

✚✚ アクティブ側が故障時には，GARP で ARP テーブルを書き換える

2-5 スイッチングハブ

1　スイッチングハブとは

ハブとは，複数のLANケーブルを束ねて接続する装置です。ハブは，PCから送信されたフレームを他のPCに転送します（下図①）。このとき，ハブに接続されている全てのPCにフレームを転送します。

一方，**スイッチングハブ**は，フレームの宛先MACアドレスを見て，該当するPCが接続されているポートにのみフレームを転送します（下図②）。

※ハブは，スイッチングハブと区別するために，シェアードHUB，リピータHUB，バカHUBとも呼ばれます。

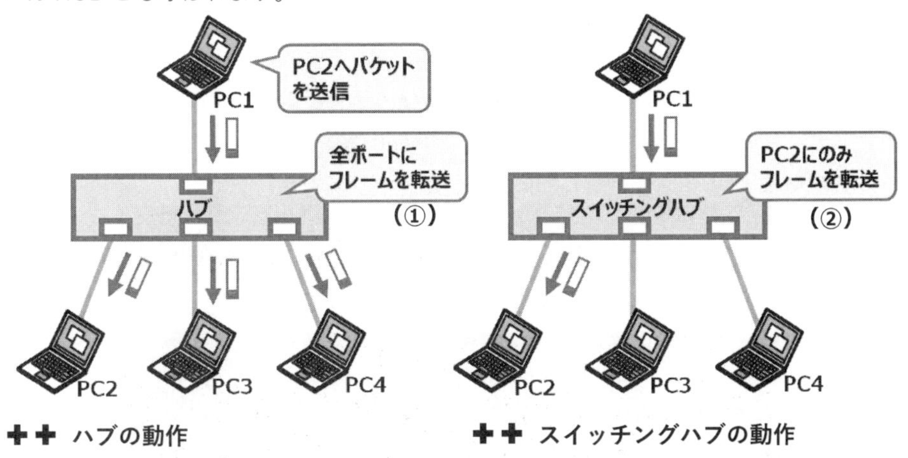

✚✚ ハブの動作　　✚✚ スイッチングハブの動作

スイッチングHUBを使えば，該当ポートにのみフレームを転送するので，無駄なトラフィックが流れません。

また，多くのスイッチングHUBには，VLANの機能やSTPの機能，認証LANなどのセキュリティ機能なども有します。参考ですが，最近販売されているハブは，すべてスイッチングハブです。

2　MACアドレスの学習

スイッチングハブでは，MACアドレスを学習します。目的は，上記の図で示したような，該当のポートにのみフレームを転送するためです。たとえば，スイッチングハブの 1 番ポートには，「00-00-5E-00-53-01」の MAC アドレスを持つ PC2 が接続されている，という情報を持ちます。

学習した情報は，MAC アドレスとポートの対応を記憶した **MAC アドレステーブル**に保存されます。

MAC アドレス	ポート
00-00-5E-00-53-01	1 番
00-00-5E-00-53-25	2 番
00-00-5E-00-53-A3	3 番

✚✚ MAC アドレステーブル

2-4 章で解説した ARP テーブルでは，IP アドレスと MAC アドレスの対応を保持します。違いを覚えておきましょう。

以下は，シスコの Catalyst スイッチにて，MAC アドレステーブルを表示したところです。ポート 19 番（Fa0/19），ポート 10 番（Fa0/10），ポート 1 番（Fa0/1）にて，接続先の MAC アドレスを学習している様子が分かります。

```
Tera Term - [未接続
ファイル(F) 編集(E) 設定(S) コントロール(O) ウィンドウ(W
Switch#show mac-address-table
          Mac Address Table
-------------------------------------------

Vlan    Mac Address       Type        Ports
----    -----------       --------    -----
 All    0100.0ccc.cccc    STATIC      CPU
 All    ffff.ffff.ffff    STATIC      CPU
   1    2c54.2d59.2b38    DYNAMIC     Fa0/19
   1    906c.aca9.96e3    DYNAMIC     Fa0/10
   1    a0b3.cc4e.dcde    DYNAMIC     Fa0/1
```

✚✚ 実際の MAC アドレステーブル

3　ネットワークの接続設定について

スイッチのポートやPCのNIC(Network Interface Card)では，速度や通信の設定を行うことができます。以下はWindowsのパソコンにて，該当するNICのプロパティを開いた画面です。いろいろな設定ができますが，その中の一つに「速度とデュプレックス」があります（下図①）。

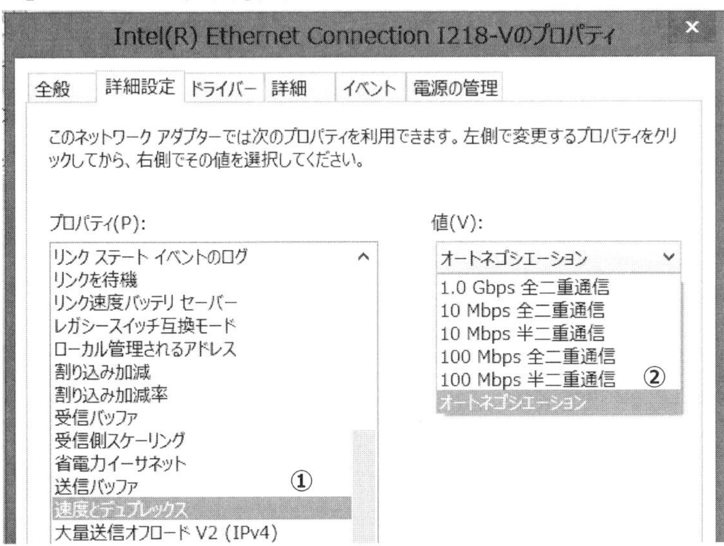

✚✚ NICの設定

これを見てもらうとわかるように，NICでは**全二重**や半二重の設定と，速度（1Gや10Gなど）の設定が行えます（上図②）。

ここで，全二重と半二重について解説をします。まず，「二重」とは一重（片方向）ではなく，二重（双方向）を意味します。次に，「全」とは「全て二重」，つまり同時に二重（双方向）を意味します。

整理すると，以下の3パターンになります。

種類	解説	例
片方向通信	一方的な通信	ラジオ
半二重通信(half duplex)	両者が通話可能だが，両者が同時に通話することはできない	トランシーバ
全二重通信(full duplex)	両者が双方向で，同時に通話することが可能	電話

✚✚ 片方向，半二重，全二重

全二重・半二重や接続先ポートの速度を自動判別して，それを基に自装置の設定を変更する機能をオートネゴシエーションといいます（「NIC の設定」の図の②）。

また，通常，PC とスイッチングハブを接続するケーブルはストレートケーブル，PC と PC やスイッチングハブ同士を接続するのはクロスケーブルです。接続先ポートのピンの割り当てを自動判別して，ストレートケーブルまたはクロスケーブルのいずれでも接続できるスイッチングハブの機能を **Automatic MDI/MDI-X** といいます。

便利な機能ですね。
でも，そもそもなぜケーブルを分ける必要があるのですか？

LAN ケーブルは，右図のように，8 つのピンで構成されます。1 番，2 番ピンは送信用で，3 番，6 番ピンは受信用と決まっています。ストレートケーブルを使うと，PC から 1 番ピンで送ったデータが送信用の 1 番ピンに届いてしまいます。ですから，PC 同士を接続するには，クロスケーブルが必要です。

ちなみに，スイッチングハブでは，PC とストレートケーブルで接続できるようにピンが配置されています。

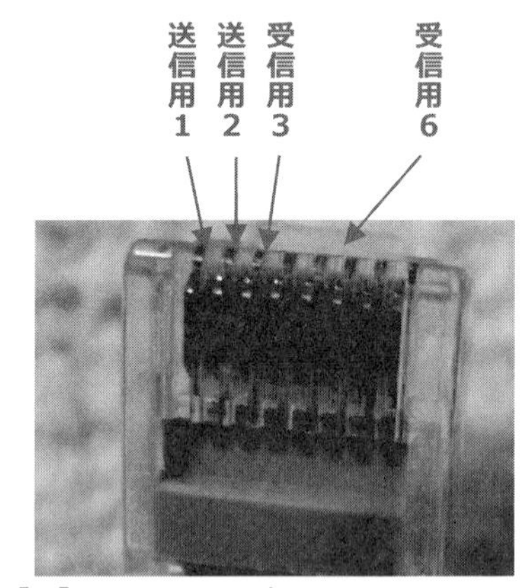

✚✚ LAN ケーブル

【補足解説】1000Mbps 以上の通信の場合のケーブル

Cat5e 以上のケーブルによる 1000Mbps 以上の通信の場合は，100Mbps 通信では使わなかった 4,5,6,7 のピンを含め，8 本すべてを送受信に使うことで高速通信を実現しています。また，1000Mbps 以上の通信を行う場合は，ネットワーク機器側にて，Auto MDI/MDI-X 機能を実装するように通信規格で定められています。よって，PC と PC を直接接続する場合でも，ストレートケーブルで通信できます。

最近は 1Gbps（＝1000Mbps）以上の通信ばかりですので，クロスケーブルの必要性が薄れてきています。

2-6 スパニングツリープロトコル

1 STP とは

(1) STP とは

L2 スイッチを複数接続して経路を冗長化すると，以下の図のように経路がループ構成になります。こうなると，フレームがループを無限に流れ続け，通信ができなくなります。

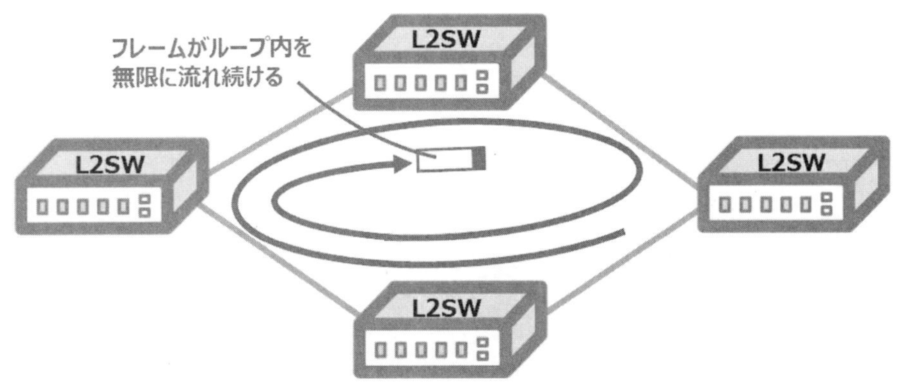

✚✚ フレームのループ

IEEE802.1D で規定されている **STP**（スパニングツリープロトコル）は，ループ構成になった経路の一部をフレームが流れないようにブロックすることで，経路の冗長化を可能にするデータリンク層のプロトコルです。

STP では，「ブリッジ」という言葉が登場しますが，「ブリッジ＝スイッチングハブ」として読み進めてください。

(2) BPDU とループ検知の仕組み

STP では，BPDU(Bridge Protocol Data Unit)というフレームを送信することで，ループを検出します。

具体的には，まず，スイッチの中で，ルートブリッジと呼ばれる親の役割を果たすスイッチを 1 台決めます。このルートブリッジが BPDU というフレームを流しますが，ループしていなければ，BPDU を 1 つの経路からしか受け取りません。もし，複数の経路からこの BPDU が届けば，ループが発生していると判断できます。

(3) STP の目的

STP の目的は，以下の 2 つです。

❶ループの回避

すでに述べましたが，STP の目的は，ループを防ぐことです。ループが発生すると，ネットワークが輻輳状態になり，通信ができなくなるからです。

✚✚ すでに見た「回覧」がもう一度届いたことってありませんか？

❷信頼性向上（冗長性の確保）

LAN の設計をするときに，わざとループを作ることがあります。それは，ループ構成を組んで STP を有効にしておけば，障害時に自動的に迂回経路に切り替わるからです。つまり，冗長性を確保することができます。

2 ルートブリッジの決め方

STP では，ループにならないようにするために，まずはルートブリッジを決めます。ルートブリッジの決定には，ブリッジの優先度と MAC アドレスが使用されます。

たとえば，以下の構成図を見てください（H20NW 午前問 44 より）。3 台のスイッチがループ構成で接続されています。各スイッチの優先度が等しい場合，ルートブリッジはどれになるでしょうか。

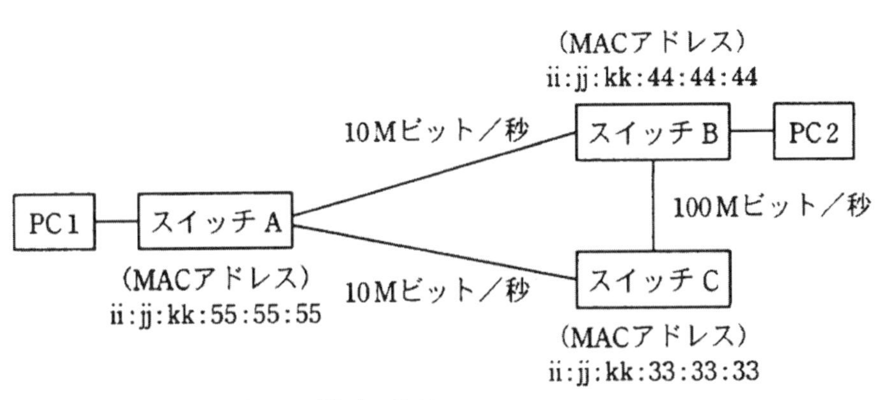

✚✚ 3台のスイッチがループ構成で接続

すでに述べましたが，ルートブリッジの決定には，ブリッジの優先順位とMACアドレスが利用されます。今回の場合，スイッチの優先度はすべて等しいので，MACアドレス（の小ささ）で決まります。**最小の**MACアドレスを持つスイッチCがルートブリッジになります。

では，ブロックするポートは，どうやって決めるのですか？

少し複雑な計算式でブロックするポートが決められます。ここでは解説しませんが，考え方としては，ルートブリッジから最も遠いところがブロックされると理解してください。今回の場合は，スイッチAのスイッチBに接続しているポートがブロックされます。

3　STPの状態遷移

(1) STPのポート状態

過去問（H30秋NW午後Ⅰ問2)に「STPのポート状態がブロッキングから，リスニング，ラーニングを経て，フォワーディングに遷移した。」とありますように，STPの状態には以下の4つの状態があります。

- **ブロッキング**：データ転送をしない。BPDUの受信のみ（最大20秒）
- **リスニング**：STPの状態確認中（約15秒）
- **ラーニング**：STPの学習中（約15秒）

・**フォワーディング**：データ転送の実施

データを転送するのは，フォワーディング状態だけです。そして，ブロッキング状態のポート（ブロッキングポート）は，通信を行いません。このようにブロッキングポートを作ることで，ループを防止します。

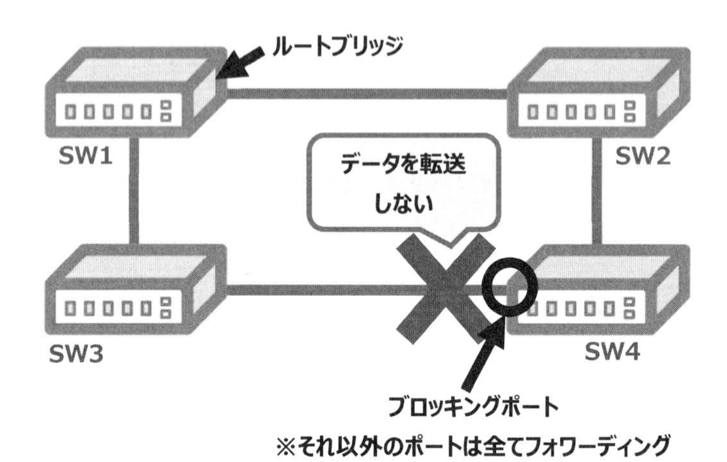

✚✚ ルートブリッジとブロッキングポート

（2）STP の再計算

STP では，ルートブリッジが 2 秒間隔で BPDU を送り続けています。BPDU はループ内の全てのスイッチに届きます。

ブロッキングポートにも届きますか？

はい，届きます。

さて，ここで，ケーブルの断線などにより，BPDU が届かなくなる場合があります。BPDU が 20 秒間届かなくなると，ネットワークの状態に変化が発生したとスイッチが判断し，STP を再計算します。このとき，先に述べた 4 つの状態を経て，フォワーディング状態になるまで通信ができません。ですので，STP による経路の切り替えには，最大で 50 秒ほどかかります。

2-7 リンクアグリゲーション

1　リンクアグリゲーションとは

リンクアグリゲーション（Link Aggregation）とは，コンピュータとスイッチングハブ，または 2 台のスイッチングハブの間を接続する複数の物理回線を論理的に 1 本の回線に束ねる技術です。

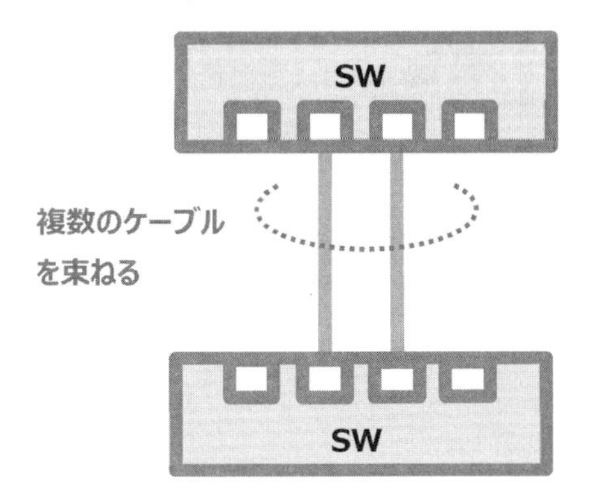

✚✚ リンクアグリゲーション

2　リンクアグリゲーションの目的

リンクアグリゲーションを設定する目的は以下です。

❶帯域拡大

たとえば, 1Gbps のケーブルを 4 本束ねることで, 4Gbps の通信が可能になります。

そんな面倒なことをせずに，10Gbps で接続すればいいのでは？

10Gbps に対応しているスイッチングハブは高額です。加えて，10Gbps 用の専用の接続コネクタ（SFP といいます）やケーブルも必要です。リンクアグリゲーションは，安価なスイッチングハブと LAN ケーブルで帯域拡大ができるので，便利な技術です。

❷冗長化（による信頼性向上）

複数のケーブルを束ねることで，1本のケーブルが切断されたとしても，残りのケーブルで通信が可能です。冗長化ができるので信頼性が向上します。

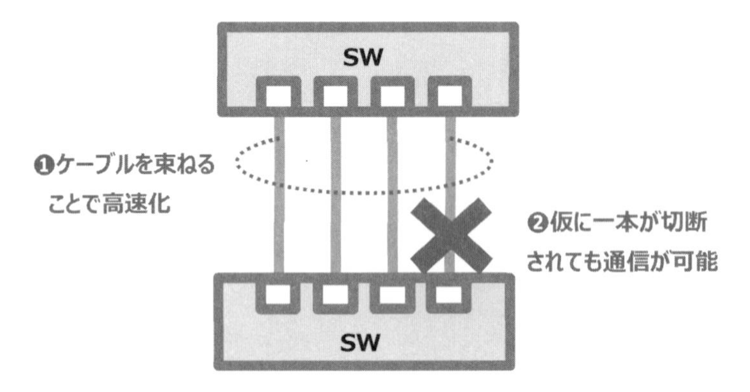

✚✚ リンクアグリゲーションの目的

3 STPに比べた利点

スイッチの冗長化を実現する仕組みには，STPもありましたよね？

はい，STPもリンクアグリゲーションもどちらもスイッチの冗長化が可能です。

しかし，ネットワークの現場では，STPを使わずにリンクアグリゲーションを使うことがほとんどです。なぜなら，STPに比べてリンクアグリゲーションには以下の利点があるからです。

❶障害時の中断時間が短い

ケーブルが切断されるなどの経路障害が発生したとき，STPの場合は，経路を再計算するのに時間がかかります（古いSTPの技術では約50秒かかります）。その間，通信が行えません。一方，リンクアグリゲーションは再計算の必要ありませんので，中断時間はほぼ発生しません（1秒以内に切り替わります）。

❷設定と運用が容易

STPでは，どこをルートブリッジにしてどこをブロッキングするかの設計をする必要があります。一方，リンクアグリゲーションでは，それらを考慮する必要がないので，設定も運用も簡単です。

❸帯域拡大

リンクアグリゲーションでは帯域の拡大ができますが，STP ではできません。

4　スタック

リンクアグリゲーションはケーブルの冗長化技術でしたが，スイッチそのものを物理的に冗長化する仕組みとして**スタック**があります。スタックは 2 台以上のスイッチングハブを主に専用ケーブル（光ケーブルの場合もあり）で接続し，1 台として動作させる技術です。スタックする機器は，原則として同じ機器である必要があります。

2 台を 1 台って・・・
じゃあ，IP アドレスや設定情報（Config）はどうなりますか？

Config は 2 台で 1 つになります。ですから，2 台で共通の IP アドレスを持ちます。

さて，スタック接続ですが，リンクアグリゲーションと組み合わせて，スイッチングハブとケーブルの両方を冗長化することがよくあります。接続構成例は以下です。

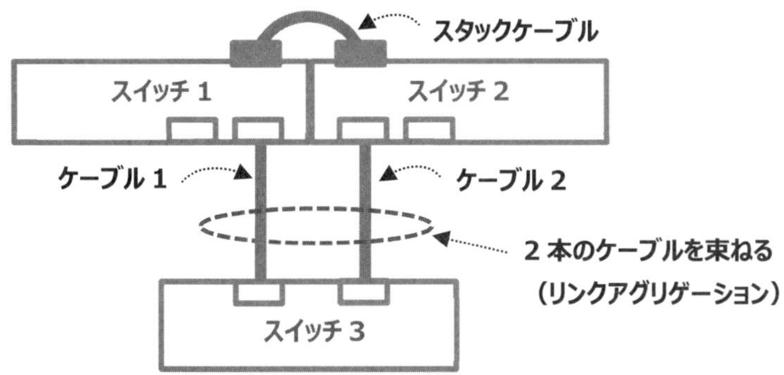

✚✚ スタック接続とリンクアグリゲーションの組み合わせ

LAN ケーブル（または光ケーブル）の接続ですが，2 本（またはそれ以上）の LAN ケーブルをスタック接続したスイッチに 1 つずつ接続します。そして，ケーブルはリンクアグリゲーションで冗長化します。こうすれば，仮にスイッチ 1 がダウンしても，スイッチ2とスイッチ3に接続されているケーブル2を使うことで，スイッチ間の接続性を確保できます。

【補足解説】チーミング

リンクアグリゲーションに似た技術に，**チーミング**があります。チーミングは，サーバの複数のNICと複数のLANケーブルを接続し，冗長化と帯域増大を図ります。

両者の違いは，多少乱暴かもしれませんが，リンクアグリゲーションはNW機器のケーブルの冗長化で，チーミングはサーバのNICの冗長化と考えてください。

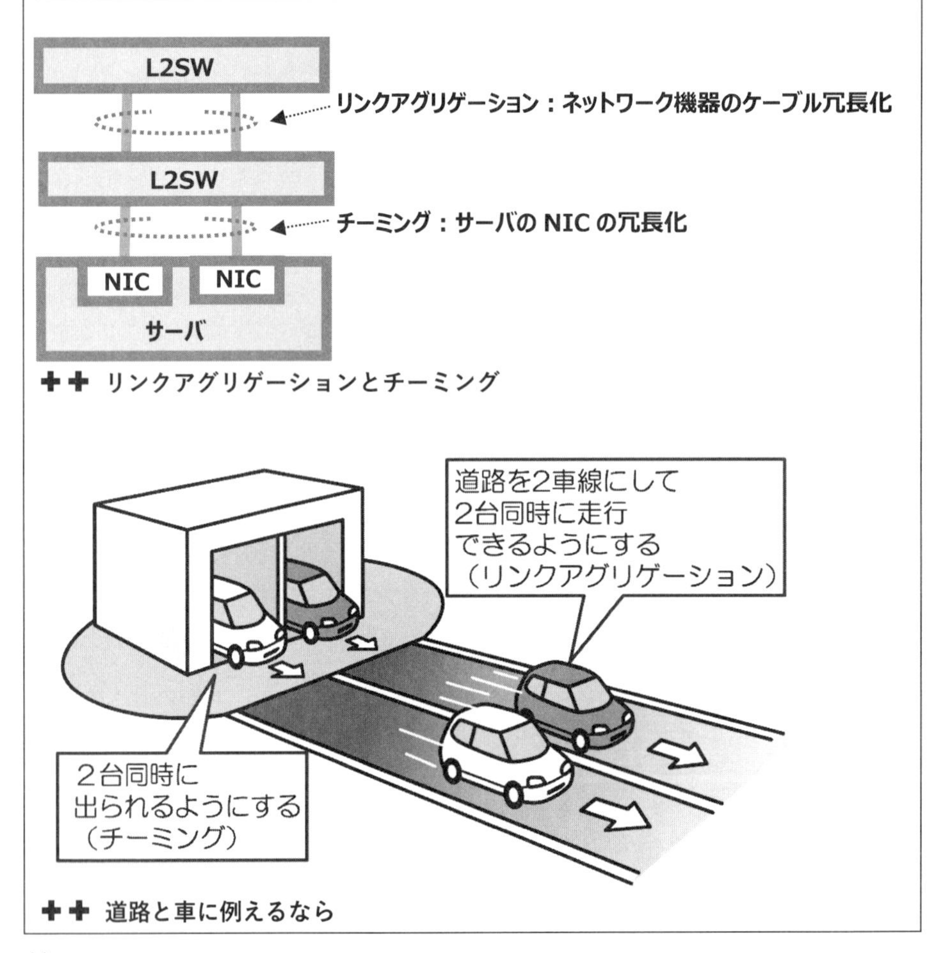

✚✚ リンクアグリゲーションとチーミング

✚✚ 道路と車に例えるなら

5　リンクアグリゲーションの設定方法

リンクアグリゲーションの設定方法は，静的に設定する方法と，LACP（Link Aggregation Control Protocol）というプロトコルなどを使って動的に設定する方法があります。

スイッチのポートの設定において，固定で設定するのか，オートネゴシエーションによる自動設定か，みたいなものですか？

そう考えてもらえばいいでしょう。

以下，覚える必要はありませんが，イメージを膨らませるために，設定方法を紹介します。（Cisoco 社の Catalyst の場合です。）

```
Switch(config)#interface range fastEthernet 0/1 – 2   ←1番，2番ポートに設定
Switch(config-if-range)#switchport mode access        ←ポート VLAN の設定
Switch(config-if-range)#switchport access vlan 10     ←VLAN 番号を 10 に設定
Switch(config-if-range)#channel-group 1 mode on       ←リンクアグリの設定
```

✚✚ リンクアグリゲーションの設定

最後の行ですが，mode のあとに，静的に設定するのか（mode on），LACP で動的に設定するのか（mode active）を指定します。今回は，静的設定するので，mode on になっています。※くどいですが，設定は試験に出ませんので，雰囲気だけ理解してください。

静的と動的（LACP）のどっちがお勧めですか？

どっちがお勧めというのは特にありません。（正直，どちらもありです。）

少しだけ両者の比較をしますと，静的の場合，ネゴシエーションに余分なトラフィックが流れないという利点があります。ですが，LACP でもネットワークに負荷をかけるほどではありません。対向の機器の状態（正常なのか，ダウンしているかなど）を確認できるので，過去問（令和元年午後Ⅰ問1）では，LACP が使用されました。

2-8 VLAN

1 VLANとは

最近のスイッチングハブは，ほぼ全ての機器でVLAN機能が備わっています。**VLAN**（Virtual LAN）とは，Virtualという文字通り，仮想的（論理的）なLANを構成する仕組みです。具体的には，一つのスイッチングハブのポートを論理的なグループにまとめます。そして，そのグループを一つの仮想的なスイッチングハブとして動作させます。

VLANのイメージとして，以下のように，一つのスイッチングハブに，複数のスイッチングハブが同居していること考えてください。

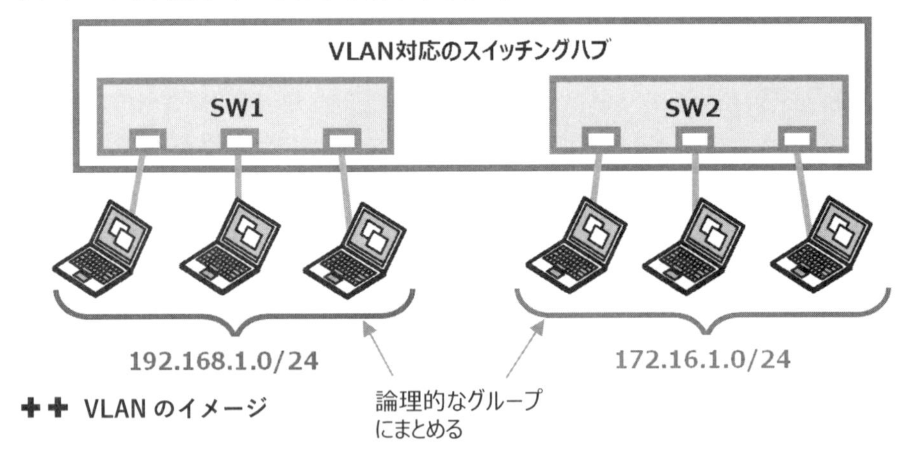

✚✚ VLANのイメージ

2 VLANのメリット

VLANを利用するメリットは以下です。

❶複雑なネットワークを容易に構築できる

VLANを利用しないと，1つのスイッチングハブには1つのネットワークしか接続することができません。ですから，複数のネットワークが存在する場合，ネットワーク単位に物理的なスイッチングハブを設置する必要があります。

上の図でいうと，スイッチングハブを2台とか，複数台を用意する必要があるのですね。

そうなんです。一方，VLANを使って論理的なネットワークを作れば，複雑な形態のネットワークを容易に，しかも1台のスイッチングハブで構築することができます。

❷ネットワークの構成変更が容易

物理的なネットワークを構築する場合，たとえば，新しいネットワークができたのであれば，新しいスイッチングHUBやLAN配線を用意する必要があります。しかし，VLANによる仮想的なネットワークの場合，ネットワーク変更が設定変更だけで行えます。

3　ポートベースVLANとタグVLAN

VLANには**ポートベースVLAN**と**IEEE802.1Q**で規定される**タグVLAN**があります。

※注：IEEE（Institute of Electrical and Electronics Engineers：電気電子学会）とは，LANなどの規格の制定するアメリカの学会のこと。

(1) ポートベースVLAN

ポートベースVLANでは,スイッチの物理的なポートごとにVLANグループを設定します。1つのポートに所属するVLANは1つです。

以下の図は，1番と2番ポートをVLAN10に設定し，3番と4番ポートをVLAN20に設定した構成例です。同じVLAN番号でグループ化がされ，VLAN10には192.168.1.0/24，VLAN20には172.16.1.0/24のネットワークが構築されます。

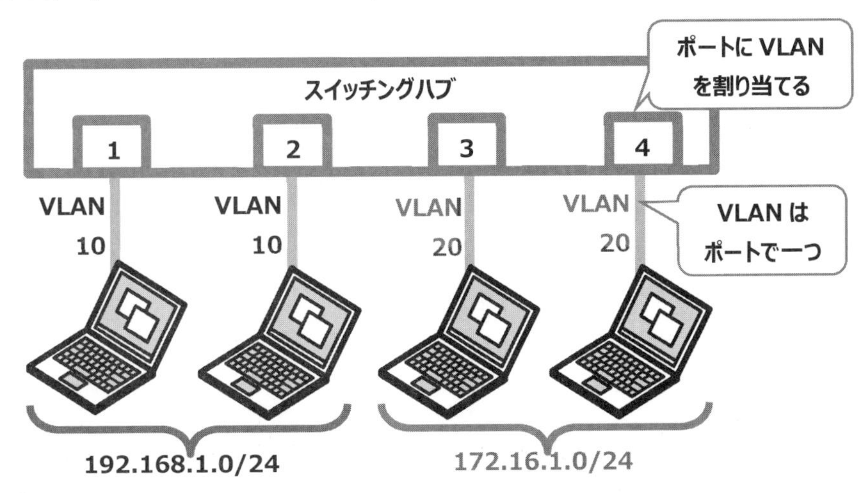

✚✚ ポートベースVLAN

また，ポート VLAN が設定されたポートを「アクセスポート」と言います。

(2) タグ VLAN

タグ VLAN ではパケットに埋め込まれたタグ番号をもとに VLAN グループの設定をします。1つのポートには，複数の VLAN が所属できます。

以下を見てください。タグ VLAN のフレームでは，イーサネットフレームにおける「送信元 MAC アドレス」と「タイプ」の間に VLAN タグが挿入されます。

宛先 MAC アドレス	送信元 MAC アドレス	タイプ	データ	FCS

✚✚ イーサネットフレームの構造

宛先 MAC アドレス	送信元 MAC アドレス	VLAN タグ	タイプ	データ	FCS

✚✚ タグ VLAN のフレーム構造

上記の VLAN タグ（2 バイト＝16 ビット）の中で，**12 ビットが VLAN ID に利用**されます。よって，VLAN ID は 2^{12}=4096 の値をとります。両端の 0 と 4095 は VLAN ID としては利用できないので，実際には **4094 個の VLAN ID** が設定できます。

また，ポートベース VLAN では，ポート毎に VLAN は 1 つだけ設定できました。一方のタグ VLAN では，ポートに一つという制限がありません。ですから，以下のように，スイッチとスイッチを接続する 1 本のケーブルにタグ VLAN を設定することで，VLAN10 と VLAN20 の 2 つのフレームが通過できます。

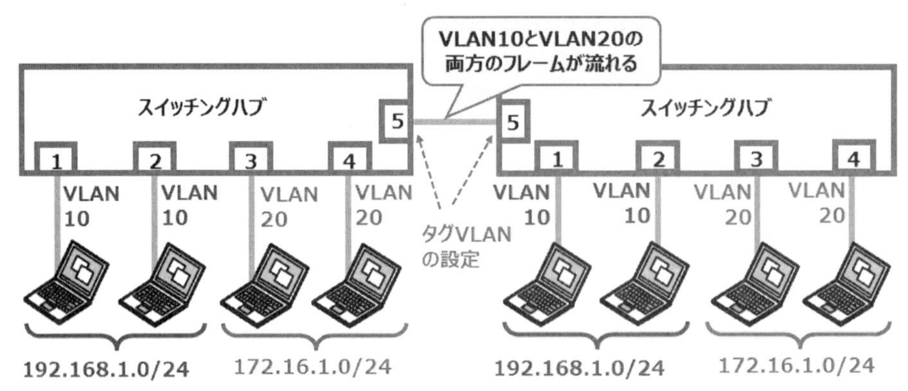

✚✚ ポート 5 にタグ VLAN に設定（ポート 1～4 はポート VLAN）

タグVLANを設定すれば，VLANごとに複数の物理ケーブルを準備する必要がないという利点があります。

また，タグVLANが設定されたポートを「トランクポート」と言います。

(3) 実際の設定

ここでは，先ほどの図と照らし合わせ，Catalystスイッチの1番ポート（fastEthernet 0/1）にVLAN10，3番ポート（fastEthernet 0/3）にVLAN20，5番ポート（fastEthernet 0/5）をタグVLANとして設定をします。

```
Switch(config)#interface fastEthernet 0/1          ←1番ポートの設定
Switch(config-if)#switchport mode access           ←ポートVLANに設定
Switch(config-if)#switchport access vlan 10        ←VLAN番号を10に設定

Switch(config-if)#interface fastEthernet 0/3       ←3番ポートの設定
Switch(config-if)#switchport mode access           ←ポートVLANに設定
Switch(config-if)#switchport access vlan 20        ←VLAN番号を20に設定

Switch(config-if)#interface fastEthernet 0/5       ←5番ポートの設定
Switch(config-if)#switchport mode trunk            ←タグVLANに設定
Switch(config-if)# switchport trunk allowed vlan 10,20   ←許可するVLANを10
                                                           と20に設定
```

✚✚ VLANの設定例

なんとなく，イメージがつかめたでしょうか。

ポートVLANはVLANが1つしか設定できないのですね。

そうです。一番下（5番ポート）以外は，VLANが1つしか設定できません。一方，タグVLANに設定すると，許可するVLANを複数指定することができます。

3章

無線 LAN（1層,2層)

3-1 無線LANの概要

1　無線LANとは

LANケーブルを使って構築するネットワークを有線LANといい，電波という無線を使って構築するネットワークを**無線LAN**といいます。

無線LANを構築するには，無線で接続したい端末（PCやスマホ）に無線LANアダプタが必要です。また，無線LANの**アクセスポイント（AP）**も必要です。アクセスポイント（AP）は，無線LANを接続したい端末（PCやスマホなど）と，無線の電波を使って通信をする装置です。有線LANのインターフェースを持っているので，有線ネットワークと無線ネットワークを相互に接続する装置とも言えます。

最近では，アクセスポイントを集中管理する**無線ＬＡＮコントローラ（WLC）**の導入も増えています。

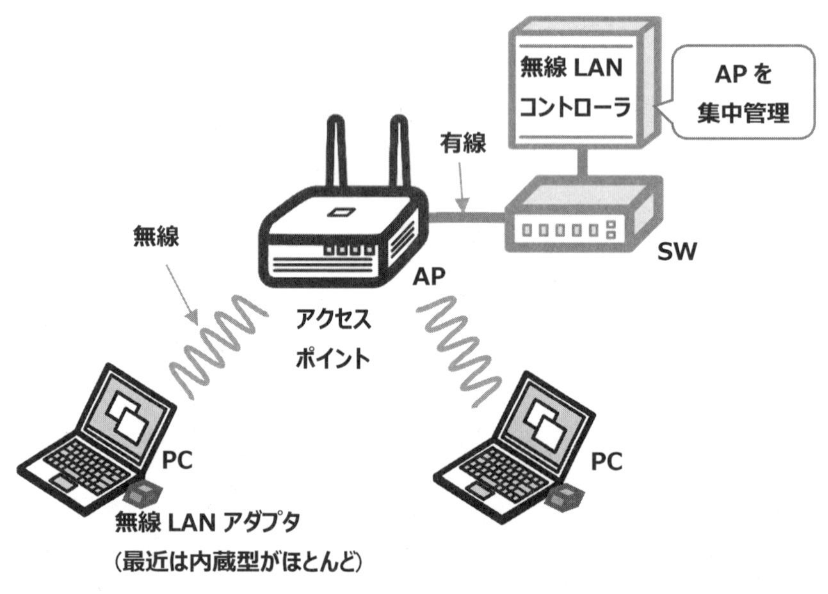

✚✚ 無線LANの概要

2　無線LANの用語

無線LANに関する基本的な用語をいくつか解説します。

❶Wi-Fi（Wireless Fidelity）

無線LANとWi-Fiを同じ意味で使うことが多くなっています。しかし，Wi-Fiという言葉そのものは，無線LANの相互通信性を確保するために，業界団体によって決められた無線LANの規格です。この規格を満たすものがWi-Fiアライアンスとして認定され，異メーカ，異機種間であっても相互接続がスムーズに行えます。

❷ビーコン

ビーコン（beacon）とは，AP（アクセスポイント）からクライアントに対して自分の存在を通知する信号のことです。皆さんのPCでも，無線LANに接続する際，接続可能な無線LANがいくつか表示されると思います（以下の図参照）。

これらの情報は，ビーコン信号によってAPからPCに通知されます。

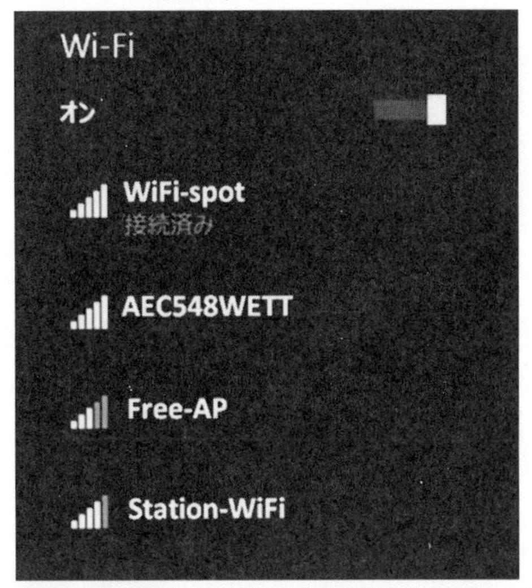

✚✚ PCに表示される接続可能な無線LAN

❸チャネル（チャンネル）

チャネルとは，電波の周波数帯における「位置」を表します。たとえば，2.4GHzを使うIEEE802.11gの場合，1から13までのチャネル（ch）があり，1chは2.412GHzを中心に20MHz（0.02GHz）の幅を持ちます。同様に，2chは2.417GHzを中心，3chは2.422GHzを中心・・・と決められています。

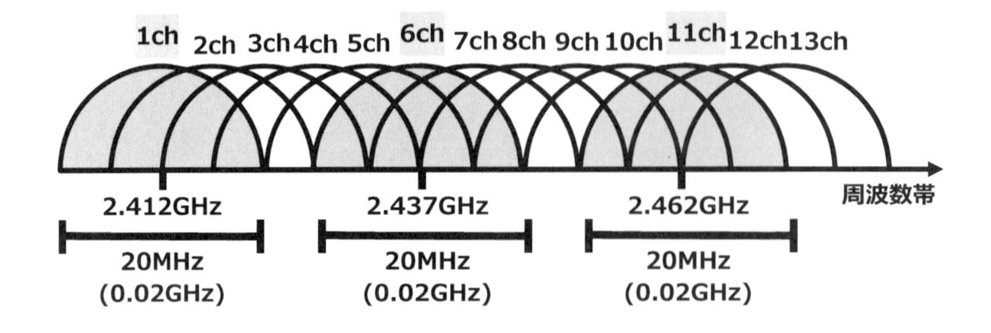

✚✚ IEEE802.11g のチャネル

無線 LAN のチャネルは，TV のチャネル（チャンネル）と同じです。TV のチャネルが 4，6，8 などと間が空いているように，無線 LAN でも干渉を防ぐために，チャネルの間隔を空けます。上記の図を見ても分かるように，1，6，11 の 3 つのチャネルを使えば電波が互いに干渉しません。

❹SSID

SSID（Service Set Identifier）とは，複数の電波が飛び交う無線の空間にて，無線 LAN を識別するための ID（文字列）です。SSID によって，複数のネットワークを分離します。先の「PC に表示される接続可能な無線 LAN」の図において，「WiFi-spot」「AEC548WETT」「Free-AP」などが表示されていますが，これらが SSID です。

情報処理技術者試験では，SSID ではなく ESSID と表現されることがあります。厳密には SSID には BSSID と ESSID があり，E は Extended（拡張）を意味します。ですが，今の SSID はほぼすべて ESSID ですので，同じものと考えてください。

❺CSMA/CA

イーサネットではアクセス制御に CSMA/CD を利用しますが，無線 LAN では **CSMA/CA**（Carrier Sense Multiple Access/Collision Avoidance：搬送波感知多重アクセス/衝突回避方式） という方式を採用します。

なぜ有線 LAN（イーサネット）とは違うのですか？

有線 LAN では，CSMA/CD によってキャリア波を検知しました。しかし，無線 LAN では送信電波が弱い場合もあり，確実な検知ができません。そこで，衝突を検知するのではなく，衝突（Collision）を回避（Avoidance）するという別の仕組みにしたのです。

3　無線 LAN コントローラ

（1）無線 LAN コントローラの機能

無線 LAN が大規模になるにつれて，ネットワーク担当者の運用負荷の軽減と効率向上を目的として無線 LAN コントローラ（WLC）を導入することが増えます。

過去問（H24NW 午後 1 問 2，H29NW 午後 II 問 2）をもとに，無線 LAN コントローラの機能を以下に整理します。

・AP の構成と設定を管理する（複数 AP に対する設定変更，ファームウェアのアップデートなどの一括処理）
・AP のステータス（リンクダウン，接続端末数など）を監視する
・AP 同士の電波干渉を検知する
・AP の負荷分散制御,PMK の保持などによるハンドオーバ制御機能（詳しくは後述）
・利用者認証，認証 VLAN などのセキュリティ対策機能

いろいろできるんですね

そうです。WLC があれば AP の役割は少なくなります。通信を転送することが AP の主な役割になります。無線 LAN 用のスイッチングハブがみたいな感じです。

（2）WLC の動作モード

WLC の動作モードに関して，過去問（H24NW 午後 1 問 2）の内容を記載します。

今回の構成では，ＡＰがネットワークに参加すると,WLC と AP の間には，トンネルが構築される。そのとき,WLC は，次の二つのモードのいずれかで動作する。

なお，トンネル化しても，データ量の増加は無視できる程度である。

①モードＡ：接続時の制御用通信だけがトンネルを使用し，データ用通信は，ノード間で直接行われる。

②モードＢ：制御用通信だけでなく，データ用通信も含めた全ての通信がトンネルを使用する。

図にすると，以下のようになります。

①モード A　　　②モード B

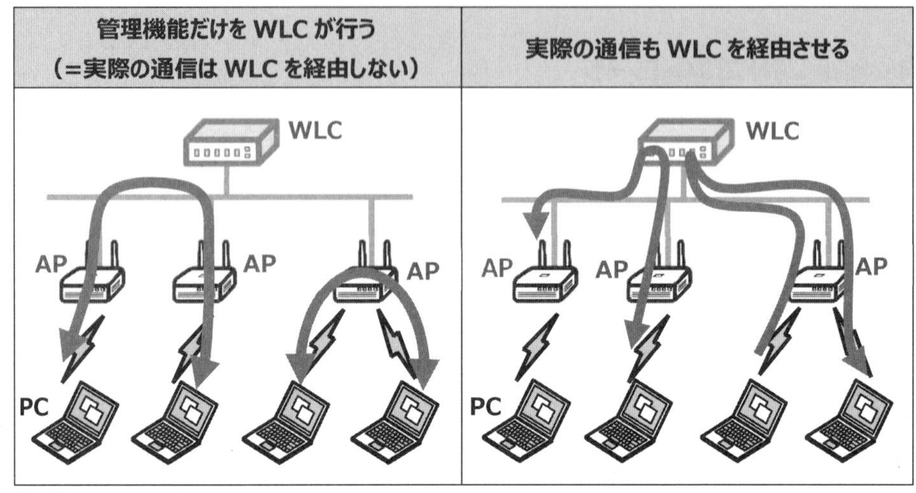

✚✚ WLCの動作モード

実際の製品では，どちらが主流ですか？

現在普及している製品では，モード B の WLC を経由させるものが多いと感じます。その利点は，WLC で認証後の通信に関するポリシーなども一元管理できるからです。たとえば，ACL を使ってネットワークのセキュリティのコントロールがしやすくなります。

過去問（H29 秋 NW 午後 II 問２）では，左側（モード A）の利点が問われました。先に解答例を紹介すると，以下です。

・WLC に通信の負荷が集中するのを抑制することができる。 ・認証後に WLC に障害が発生しても，その無線 LAN 端末の通信は継続できる。

✚✚ 試験センターの解答例

１つ目ですが，右側（モード B）の場合，毎回 WLC を経由します。ＷＬＣの負荷が高くなりますし，WLC につながっているＬＡＮケーブルの帯域が圧迫されます。

２つ目ですが，ＷＬＣがダウンすれば，通信ができなくなってしまいます。

【補足解説】モバイル WiFi ルータ

皆さんも，外出先にて，ノート PC からインターネットに接続することがあると思います。皆さんは，どのようにして接続していますでしょうか。

恐らく，以下があると思います。

❶公衆無線 LAN サービスを利用する

通信キャリアが提供している WiFi サービスであったり，喫茶店などが独自に WiFi を提供している場合もあります。自分の PC をその無線 LAN（WiFi）に接続します。

❷スマートフォンのテザリング

スマートフォンはインターネットに接続されています。そのスマートフォンを経由してインターネットに接続します。参考ですが，「テザリング（tethering）」の「tether」は，「(ロープなどで）つなぐ」という意味です。

❸モバイル Wi-Fi ルータ

スマートフォンと同様に，通信キャリア（たとえば格安通信キャリアなど）と通信契約をします。そこで提供される **SIM（subscriber identity module：加入者識別モジュール）カード**をモバイル Wi-Fi ルータに挿し，インターネットへ接続します。PC はモバイル Wi-Fi ルータを無線 LAN のアクセスポイントとしてインターネットに接続します。

過去問（H28NW 午後 I 問 2）に，モバイル Wi-Fi ルータの記載があるので，みておきましょう。

〔LTE 回線を用いたインターネット接続の検討〕
モバイル Wi-Fi ルータには，通信事業者が契約者を識別する情報が記録されている[　ウ：SIM　]が挿入されている。モバイル Wi-Fi ルータには，利用者 ID やパスワードといった認証情報に加えて，LTE 回線からインターネットのようなネットワークへのゲートウェイの指定を意味する，[　エ：APN　] の情報を設定する。

APN に関して補足します。**APN**（Access Point Name：アクセスポイント名）の設定では，接続先プロバイダの情報や，ユーザ名，パスワードなどを設定します。

以下は，モバイル Wi-Fi ルータにおける，APN の設定画面です。（ご参考まで）

✚✚ **モバイル Wi-Fi ルータにおける APN の設定画面**

 無線LANの規格

1　無線LANの規格について

有線LANにおいては，イーサネットという規格があることを紹介しました。無線LANにおいても，通信の方式や周波数帯などを定めた規格があります。これらは，IEEEという電気電子学会が定めた規格で，IEEE802.11b，IEEE802.11g，IEEE802.11aなどがあります。

2　無線LANの周波数帯

電波は，無線LANに限らず，ラジオ，携帯電話，タクシーの無線など，さまざまな用途で使われています。個人や企業が勝手に電波を利用すると，互いに干渉しあって正常な通信ができません。そこで，総務省が用途ごとに使っていい電波の周波数帯を決めています。

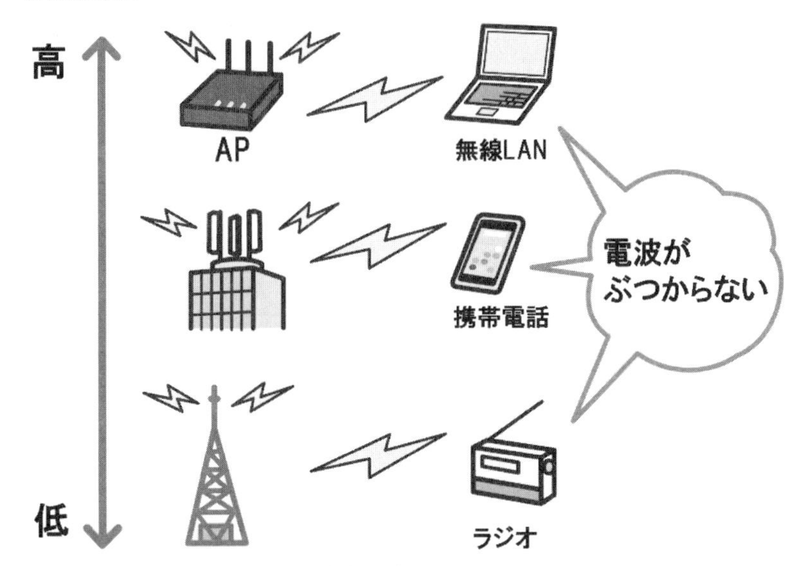

✚✚ 利用できる周波数帯は総務省が決めている

無線LANが利用できる周波数帯には，2.4GHzと5GHzの2つがあります。2.4GHz

帯はISMバンドと呼ばれます。ISM とはIndustry（産業）Science（科学）Medical（医療）の頭文字であり，産業科学医療の分野にて許可なく自由に使える帯域です。

3　電波干渉

（1）無線LANの電波干渉

複数の電波が同時に発出されると，お互いに干渉します。でも，二人の人が同時に話をしても，ある程度は聞き分けることができます。それは，二人の声の周波数が若干違うからです。

以下は，周波数が同じ波をずらして重ね合わせた波と，周波数が異なる波を重ね合わせた波の違いです。

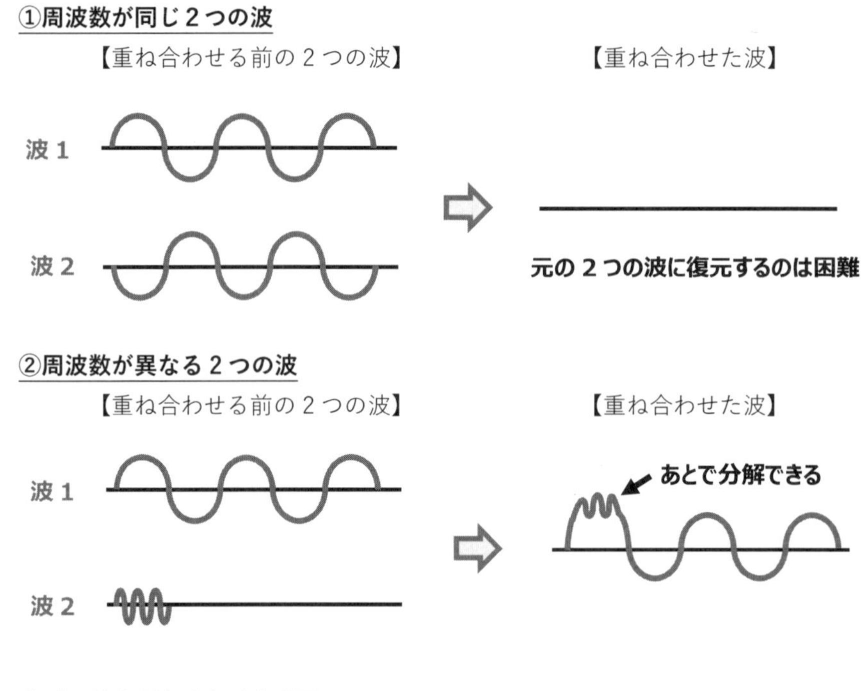

✚✚ 波を重ね合わせた様子

②の波は重ね合わせてもなんとなく元の波が想像できます。でも，①の波から元の波を想像するのは困難ですよね。

（2）干渉を防ぐ方法

干渉を防ぐには，周波数帯を変えることです。たとえば，先ほど述べた 2.4GHz 帯（ISM バンド）は，電子レンジや工場の機械でも利用されます。よって，無線 LAN と干渉が起こる可能性があります。

私の家では，電子レンジを使いだすと無線が使えなくなります

そうなります。そこで，干渉が少ない 5GHz 帯を使うことで，電子レンジとの干渉を避けることができます。また，すでに述べましたが，同じ 2.4GHz 帯を使う場合でも，チャネルを分けることで，干渉しないようにできます。たとえば，20MHz の帯域幅を使って通信をする場合，1ch，6ch，11ch の 3 チャネル（または，1ch，5ch，9ch，13ch の 4 チャネル）を使えば，干渉しません。（3-1 章 2 の③「チャネル」の図を参照）

（3）干渉を避けた AP の配置

先ほど，チャネルを分けて干渉しないようにすることを述べました。それを実現するために，AP の配置および AP に割り当てるチャネルを検討します。これは，過去問（H29NW 午後 II 問 2）の図です。

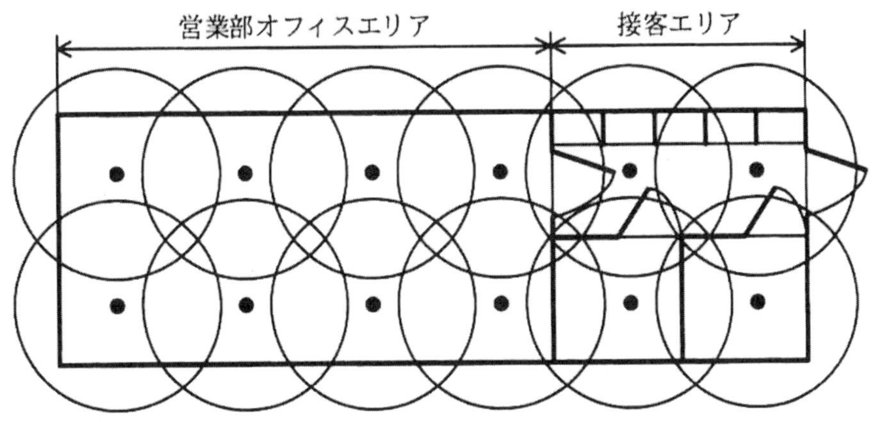

注記　図中の円弧は，AP がカバーするエリア（以下，セルという）を示す。

✚✚ AP の配置イメージ（過去問より）

この問題では，4 つのチャネルを AP に割り当てます。そこで，5GHz 帯の 34,38,42,46ch を割り当てるとすると，例えば，以下のようになります。

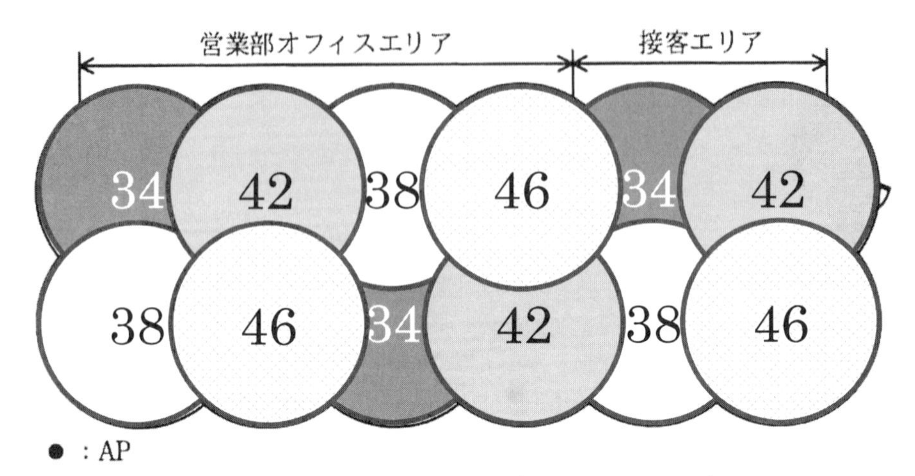

注記　図中の円弧は，AP がカバーするエリア（以下，セルという）を示す。

✚✚ チャネル設計

こうすることで，同じ 34 チャネルが重なることありません。つまり干渉せずに，ここに配置された 12 台の AP が同時に通信をすることができます。

セルを重ね合わせているのは意味がありますか？
もう少し離してもいいと思います。

この点は，この過去問の設問 3（4）で問われました。各 AP のセルを重ねる目的は，以下の 2 つです。

❶ハンドオーバをスムーズに行わせるため

PC を移動する際に，たとえば，ハンドオーバによって AP 1 から AP2 に切り替わるとします。その際，AP1 と通信が切れた際に，AP2 を新たに探していては，通信の切り替えが遅くなります。重なり合う部分があれば，事前に AP 2 を認識することができ，AP 1 から AP 2 への切り替えがスムーズになります。

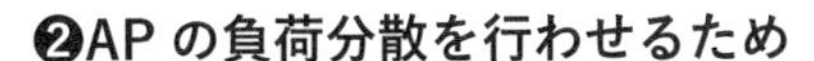

❷APの負荷分散を行わせるため

たとえば，あるAPの配下にPCが密集していると，そのAPにたくさんのPCが接続してしまいます。セルが重なっている範囲があれば，いくつかのPCは別のAPに接続させるというAPの負荷を分散が可能になります。

4　無線LANの規格

無線LANの規格を以下に整理します。上から下に向かって，新しい規格です。

規格	周波数帯	帯域幅	最大速度
11b	2.4GHz	20MHz	11Mbps
11g			54Mbps
11a	5GHz	20MHz	54Mbps
11n	2.4GHz/5GHz	20/40MHz	600Mbps
11ac	5GHz	20/40/80/160MHz	6.93Gbps
11ax	2.4GHz/5GHz	20/40/80/160MHz	9.6Gbps

新

✚✚ 無線LANの規格

この表をすべて覚える必要はありませんが，それぞれの規格がどの周波数帯を使っているかは覚えておきましょう。

異なる規格（たとえば，11aと11g）での互換性はありますか？

残念ながらありません。ですから，異なる規格での相互通信はできません。（IPv4とIPv6での互換性が無いのと同じです。）というのも，規格によって，通信の仕組みがそもそも違うのです。たとえば，IEEE802.11a/gでは，従来のIEEE802.11bから高速化するために，**OFDM**（Orthogonal Frequency-Division Multiplexing：直交周波数分割多重方式）という11bとは異なる方式を採用しました。OFDMでは，データをたくさん送るために，電波が互いに干渉しないように分割し，かつ，それらを重ねて多重化して送れるようにしたのです。

5　無線 LAN の高速化技術

IEEE 802.11n や IEEE 802.11ac などで利用されている無線 LAN の高速化技術を紹介します。

(1) MIMO（Multiple Input Multiple Output）

MIMO は，複数（Multiple）のアンテナを束ねて，同時に通信することで高速化する技術です。アンテナを 2 倍，3 倍，4 倍とすることで，通信速度を 2 倍，3 倍，4 倍にします。

(2) チャネルボンディング

先ほどの MIMO はアンテナを束ねました。今度は帯域幅を束ねます。**チャネルボンディング**は，複数のチャンネル（帯域幅）を結びつける（bonding）ことで，通信を高速化します。通常は 20MHz の帯域幅で通信しますが，チャネルをボンディングして倍の 40MHz の幅で送信すると，速度も約 2 倍になります。

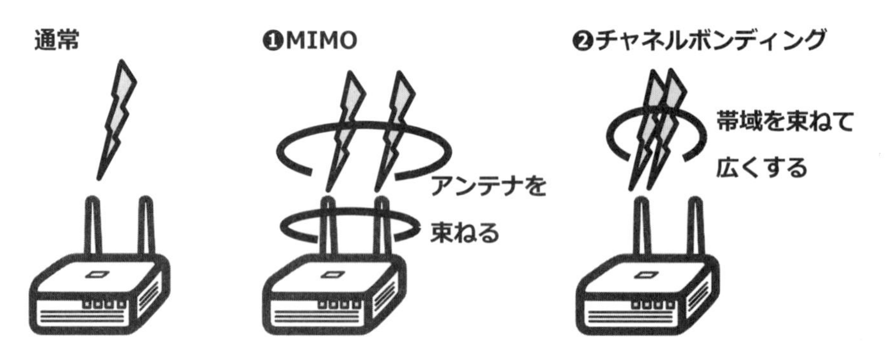

✚✚ MIMO とチャネルボンディング

【補足解説】さまざまな無線の技術

ここでは，Bluetooth と ZigBee という 2 つの無線技術を紹介します。

❶Bluetooth

Bluetooth は，2.4GHz 帯の周波数を使用する無線通信技術の一つです。近距離で低速な通信に限定されますが，消費電力が小さく，ワイヤレスのマウスやキーボード等に利用されています。一つのマスタとなる機器に，最大七つの機器を接続することができます。

以下は，Window10のPCとiPhoneをBluetoothで接続した際のPCの設定画面です。

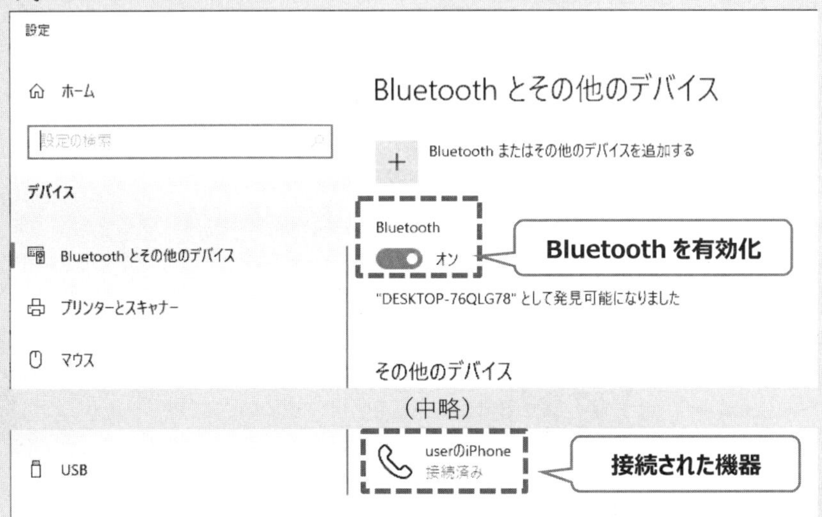

✚✚ PCとiPhoneをBluetoothで接続

全くの余談です。Bluetoothの名前は，デンマークとノルウェーを平和的に統一したバイキングの青歯王の名が由来です。いくつもの無線規格を統一するという意味だそうです。

②ZigBee

ZigBeeは，Bluetoothよりもさらに低速ですが，低消費電力の無線通信方式です。最大で65,536台の機器に接続できることが特徴であり，センサネットワークやスマートメータなどで利用されます。

3-3 PoE

1 PoEとは

PoE(Power over Ethernet)とは，言葉の通りLAN(Ethernet)ケーブルの上（over）で電源（Power）を供給する仕組みです。無線のAPは，天井などの電源コンセントが無い場所に設置することもあります。LANケーブルを使って電源も供給すれば，延長コードなどを天井裏にまで通す必要がないので便利です。

✚✚ 天井への配線は結構大変です

2 PoEの構成

多くの場合，PoEに対応したスイッチングハブと無線APをLANケーブルで接続して，電源を供給します（下図）。このとき，電源を供給するには，無線AP（図①）がPoEに対応している必要があります。加えて，スイッチングハブなどの電源を供給する機器（②）もPoEに対応している必要があります。参考ですが，LANケーブル（③）は日常的に使う通常のLANケーブルで電源供給ができます。

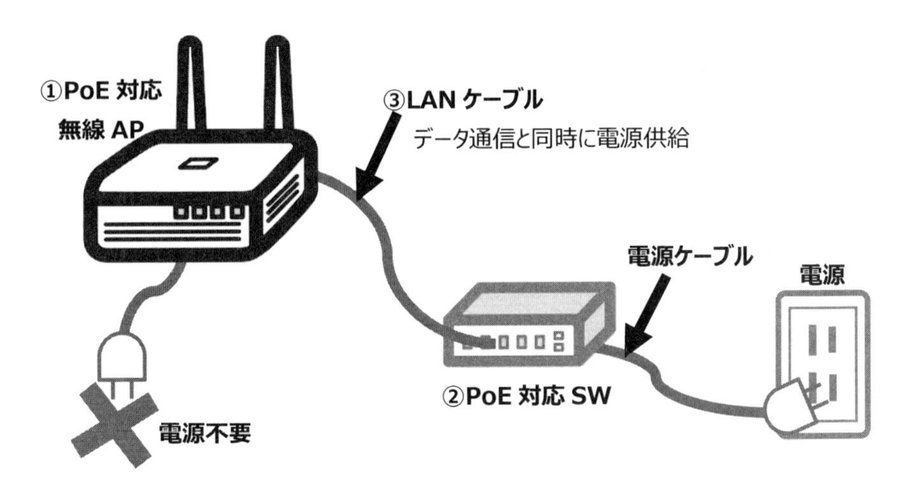

✚✚ PoEの構成図

天井裏でなかったとしても，電源ケーブルが不要というのは便利ですね。

3　PoEの2つの規格

PoEにはIEEE802.3afとIEEE802.3atの2つの規格があります。規格ごとに，消費電力が異なります。たとえば，802.11acなどの高速な通信を実現する規格に対応したAPの場合，多くの電力を必要とします。そのため，電力供給が大きいIEEE802.3at（PoE+）のAPが必須になることがあります。

規格	消費電力	別名
IEEE802.3af	15.4W	PoE
IEEE802.3at	30W	**PoE+**

✚✚ PoEの規格

3-4 無線 LAN のセキュリティ

1　なぜセキュリティ対策が必要なのか

無線 LAN は，ケーブルを物理的に接続する必要がなく，電波の届く範囲なら壁を超えてどこでも通信が可能です。その便利さの反面，有線 LAN に比べて悪意のある攻撃者からも狙われやすくなっています。

具体的には通信を盗聴されたり，社員になりすましてネットワークに接続される危険があります。そこで，通信の暗号化や不正な人を接続させない認証をすることが求められます。

余談ですが，一般家庭にあるアナログ固定電話の通信は暗号化されていませんが，電波を使って通信する携帯電話の通信は暗号化されています。

✚✚ テレビドラマでは，暗号化されている携帯電話の方が安全というシーンも

さて，過去問（H29 秋 NW 午後 II 問 2）では，無線 LAN のセキュリティに関して，「無線 LAN のアクセス制御方式」としてまとめられています。（※アクセス制御なので，暗号化の内容は含んでいません。）

方式	機能
SSID（又は ESSID）	無線 LAN アクセスポイントの識別子によって制御する機能
[c：any] 接続拒否	SSID が空白又は［　c：any　］での接続要求を拒否する機能
SSID 隠蔽	ビーコン信号に SSID を含めない機能
MAC アドレスフィルタリング	送信元 MAC アドレスによって，無線 LAN アクセスポイントに対するクライアントのアクセスを制御する機能
IEEE 802.1X 認証	RADIUS サーバを利用するなどしたクライアント認証機能

✚✚ **無線 LAN のアクセス制御方式（過去問より）**

この内容に関して，これ以降の節で順次を解説します。

2　不十分なセキュリティ対策

上記の無線 LAN のアクセス制御ですが，セキュリティ対策としては不十分なものとして，以下があります。

（1）SSID のステルス機能

「3.1 無線 LAN の概要」のビーコンで解説した通り，皆さんが PC やスマホで無線 LAN の設定をするときには，接続先候補の SSID 名が設定画面に表示されます。

これは，無線 AP からの情報を受け取って表示しているんですよね。

はい，そうです。無線 AP は，ビーコンという信号を定期的にブロードキャストしています。ビーコンの中には SSID 名が含まれており，PC やスマホは受信した SSID 名を表示しているのです。

SSID の**ステルス機能**は，AP にて「定期的に送信するビーコン信号を停止（H28 秋 NW 午後 I 問 2 の解答例より）」します。この結果，端末側では，無線ネットワークの一覧に SSID が表示されなくなります。

【補足解説】
ANY 接続拒否と SSID の隠蔽（ステルス）の違い

ANY 接続拒否と SSID の隠蔽（ステルス）ですが，どちらも SSID に関するアクセス制御です。実際，ANY 接続拒否にすると，自動で SSID 隠蔽も有効になる機器もあります。また，SSID が隠蔽されたら，ANY で接続すればいいと考えることもできるわけで，両者は混同してしまいがちかもしれません。

しかし，両者は別物です。ANY 接続拒否は，SSID は空白または，ANY での接続要求を拒否する機能です。ANY 接続拒否にすると，SSID が隠蔽されるわけではありません。ですから，ANY 接続を拒否して SSID は公開する設定ができます。

(2) MAC アドレスフィルタリング

MAC アドレスフィルタリングは，利用者の PC を MAC アドレスによって認証する方式です。

ではなぜ，これら（1）（2）の対策が不十分なのでしょうか。それは，SSID や MAC アドレスは暗号化ができないので，ツールを使えば簡単に盗聴ができるからです。ですから，SSID をステルス機能で隠蔽したとしても，あまり意味が無いのです。

また，MAC アドレスは，ツールによって簡単に書き換えることができます。ですから，盗聴した MAC アドレスを自分の MAC アドレスに書き換えれば，正規の利用者になりすまして接続することができます。

では，SSID や MAC アドレスを暗号化すればいいのでは？

残念ながら，SSID や MAC アドレスを暗号化したら，そもそも通信ができません。複数の人が同じ空間で通信をしている中，SSID が暗号化されてしまうと，どの電波と接続すればいいのかが分かりません。また，宛先 MAC アドレスが暗号化されれば，パケットをどこに届ければいいのかが分からないのです。

過去問（H28 秋 NW 午後 I 問 2）では，「SSID や MAC アドレスは容易に取得される危険性がある」理由として，「SSID や MAC アドレスは暗号化できず，傍受されるから（解答例より）」とあります。

3　無線 LAN のセキュリティ方式（暗号化方式）

（1）無線 LAN のセキュリティの方式

代表的な無線 LAN のセキュリティの方式には，WEP，WPA，WPA2 の 3 つがあります。3 つがあるといっても，時代とともに改良されてきたため，WPA2 が最新かつ選定すべき方式です。他の 2 つはセキュリティ面でリスクがあり，推奨されません。

これら 3 つの方式を整理すると以下になります。これら 3 つの方式は，暗号化方式として整理されることもありますが，実際には，暗号化だけでなく認証も含めたセキュリティの枠組みです。

	セキュリティ方式（暗号化方式）	暗号化方式（暗号化アルゴリズム）	特徴
①	**WEP**	**RC4**	WEP キーと IV（Initialization Vector）という乱数を基に，暗号鍵であるキーストリームを生成する。しかし，**同一の** WEP キーが使用される（つまりキーを変更しない）ので，暗号化アルゴリズムは単純で，短時間で解読可能。
②	**WPA**	**RC4**	WEP と違い，TKIP によって暗号鍵を生成するので，WEP よりも安全性が高い。しかし，解読される危険もあり，推奨されていない。
③	**WPA2**	**CCMP（AES）**	暗号化アルゴリズムには，RC4 より強固な AES を利用

✚✚ 無線 LAN のセキュリティ方式

❚❚ 補足解説：暗号化アルゴリズム

暗号化アルゴリズムとは，暗号化の技術そのものと考えてください。たとえば，古くからある暗号アルゴリズムに，シーザー暗号という方法があります。これは，アルファベットを A→D，B→E というように，3 文字ずらして暗号文を作ります。BEE（みつばち）を暗号化すると，EHH になります。

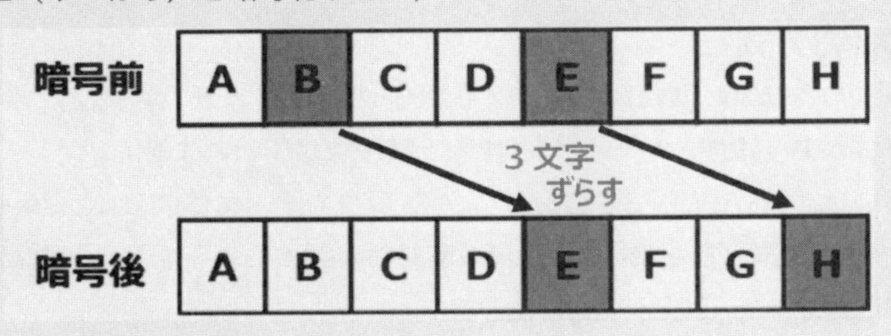

✚✚ シーザー暗号のアルゴリズム

しかし，このような単純なアルゴリズムでは，今の技術では簡単に解読されてしまいます。ですから，暗号化アルゴリズムに何を使うかというのは，セキュリティとして重要なのです。

(2) 暗号化技術

上記の表で説明した暗号化の技術について，TKIP と CCMP に関して補足します。

(1) TKIP

過去問（H29 秋 NW 午後II問 2）の内容をそのまま紹介します。「TKIP では，フェーズ 1 で，一時鍵，IV 及び無線 LAN 端末の［ i：**MAC アドレス** ］の三つを混合してキーストリーム 1 を生成する。フェーズ 2 で，キーストリーム 1 に IV の拡張された部分を混合して，暗号鍵であるキーストリーム 2 を生成する。キーストリーム 1 とキーストリーム 2 は，通信途中に変更される。2 段階の鍵混合，キーストリームの変更によって， WEP よりも高い安全性を実現しているが，脆弱性が報告されているので採用しない。」

(2) CCMP

先ほどの表では，「CCMP（AES)」とありました。どういう意味ですか？

あまり厳密に考える必要はありません。試験でも問われません。簡単に説明しますが，WPA2 では，暗号化アルゴリズムに AES を採用した CCMP（Counter-mode with CBC-MAC Protocol）というプロトコルを使用しています。CCMP は，AES をベースにして無線 LAN 用に改ざん検知などの仕組みを追加したものと考えてください。

4 無線 LAN の認証方式

無線 LAN の認証の方式には，WEP キーによる認証や，MAC アドレス認証，Web 認証など，様々な方式があります。しかし，これらは試験では問われません。

試験で問われるのは，WPA(WPA2) における次の 2 つです。具体的には，**パーソナルモード**で利用される **PSK（Pre Shared Key：事前共有鍵）**による認証と，**エンタープライズモード**で利用される IEEE802.1X 認証です。

(1) パーソナルモード

パーソナルモードの認証方式は，WPA-PSK（WPA2-PSK）です。事前に端末と AP に PSK（事前共有鍵）を設定し，PSK が一致すれば認証が成功です。

(2) エンタープライズモード

エンタープライズモードの認証方式は，認証サーバを使った IEEE802.1X 認証です。認証サーバでは，利用者が入力する ID/パスワード（またはクライアント証明書）が正しいかを確認し，正しければ認証が成功です。

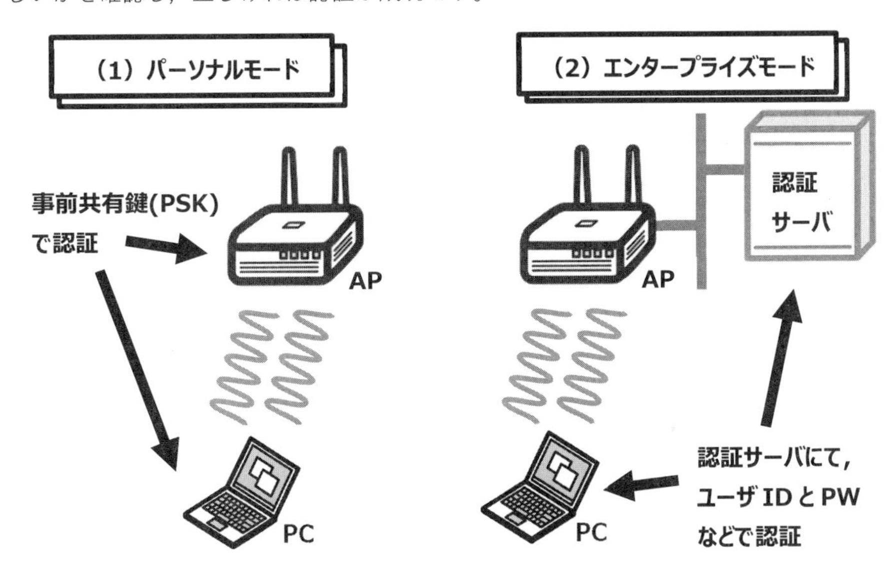

✚✚ パーソナルモードとエンタープライズモードの仕組み

以下に，両者の違いを整理します。

モード	認証方式	認証方法	認証サーバ
パーソナルモード	WPA-PSK（WPA2-PSK）	PSK（事前共有鍵）	不要
エンタープライズモード	IEEE802.1X 認証	・ユーザ ID/パスワード（PEAP） ・クライアント証明書（EAP-TLS）	必要

✚✚ パーソナルモードとエンタープライズモード

参考ですが，以下は Windows のパソコンにおける，無線 LAN の設定画面です。「セキュリティの種類」として，「WPA2-パーソナル」と「WPA2-エンタープライズ」が選べることが分かります。

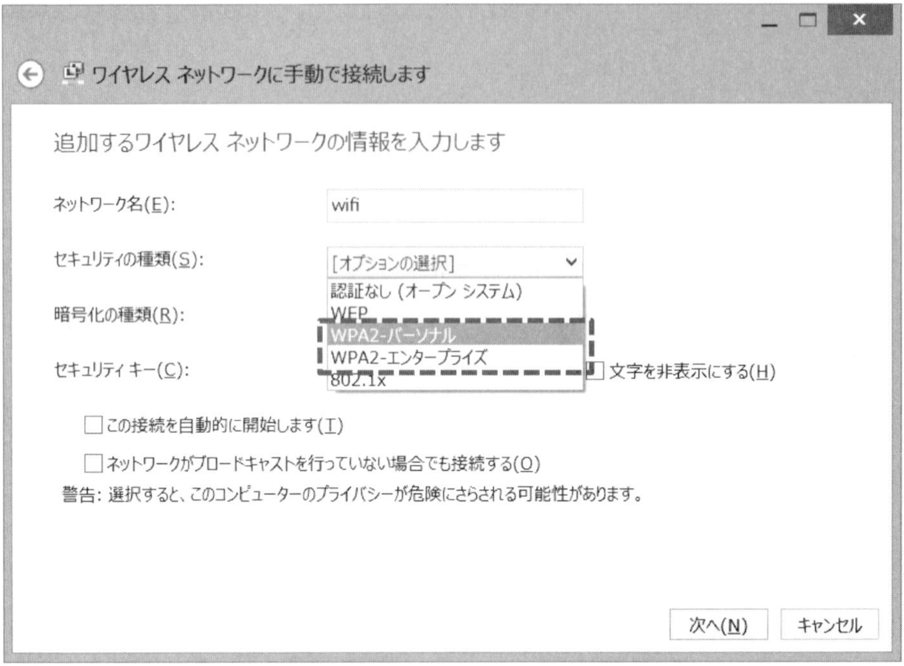

✚✚ パーソナルモードとエンタープライズモードの選択画面

ここで，以下の問題を解いてみましょう。

Q.来訪者にはパーソナルモードで無線 LAN を設定してもらうことにした。来訪者に教える情報を 2 つ述べよ。（H29 秋 NW 午後 II 問 2 設問 5（2））

A.実際の設定画面を見ましょう。

次は，Windows のパソコンにて，WPA2-パーソナルの設定をした画面です。設定は単純で，ネットワーク名（＝SSID）とセキュリティキー（＝PSK）を設定するだけです。

解答例：ESSID（または SSID），PSK

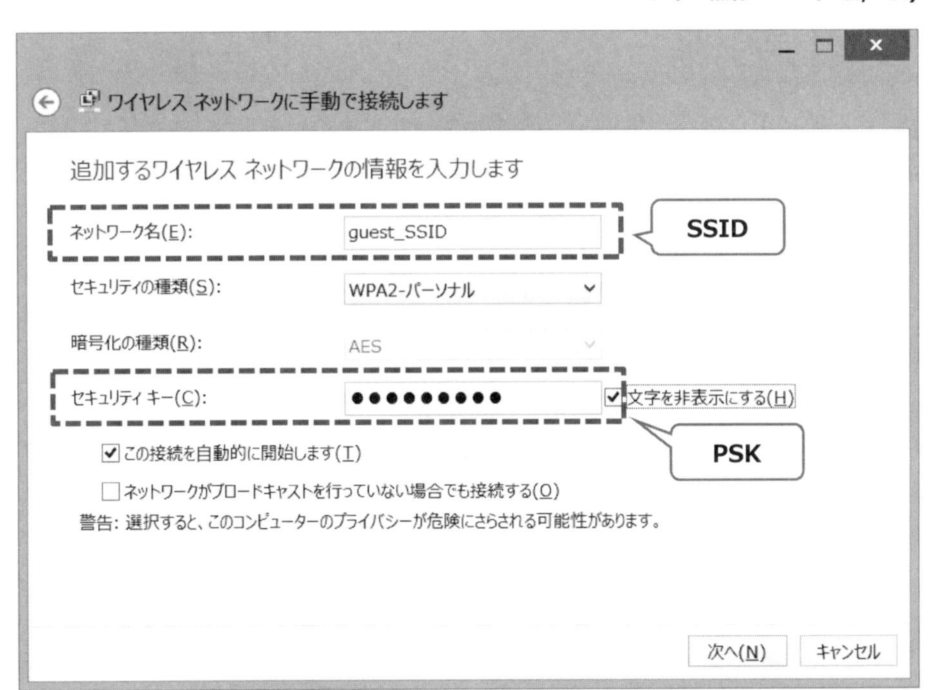

✚✚ パーソナルモードの設定

また，IEEE802.1X 認証に関しては，この後の 7.5 章 認証の 4 節「IEEE802.1X 認証」で詳しく解説します。

5 PMK

無線 LAN の暗号化通信で使われる鍵は，第三者に盗聴されるリスクがあるため，乱数を組み合わせるなどして毎回変更します。そのもとになる鍵を PMK（Pairwise Master Key）といいます。

PMK の生成方法は，パーソナルモードとエンタープライズモードで異なります。

(1) パーソナルモードの場合

PMK は，PSK（事前共有鍵）をもとに生成されます。全ての端末と AP で，同じ PMK を利用します。

++ ホテルの場合はパーソナルモードなので，セキュリティは弱めです

(2) エンタープライズモードの場合

PMK は，IEEE802.1X の認証後（下図①）に，**認証サーバ**が生成します（下図②）。作成された PMK を，PC や AP に共有します（下図③）。この PMK を基に，PC と AP の間で暗号鍵の生成を行います（下図④）。

PMK は PC ごとに別々のものが生成されます。さらに，PC が接続する AP が変わっても，別の PMK が生成されます。パーソナルモードに比べてセキュリティが高い方式です。

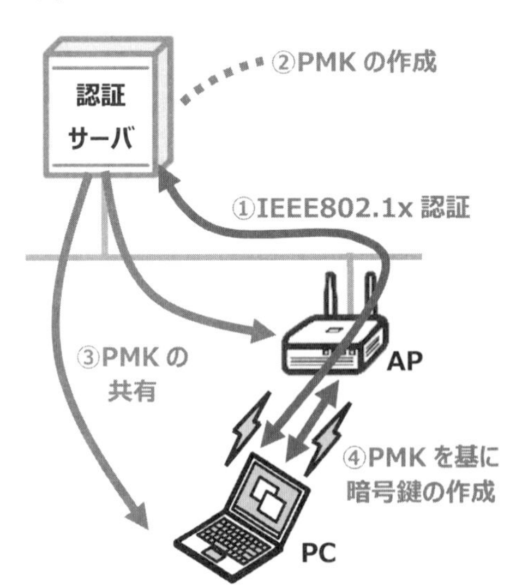

++ エンタープライズモードにおける PMK の作成

6 ローミング

（1）ローミングとは

ローミングとは，異なるアクセスポイントのエリアにPCが移動しても，そのまま通信を継続できるようにする機能です。通信が途切れないので，利用者にとっては便利な機能です。

ハンドオーバとは別物ですか？

まあ，同じものと考えてもらってもいいでしょう。ローミングはどちらかというと，無線LAN（や携帯電話サービス）を提供する側の仕組みで，ハンドオーバは，移動する端末側の仕組み，です。試験対策としては，どちらも同じと思ってもらって構いません。

（2）WPA2でのハンドオーバ時間の短縮

無線LAN端末を移動しながら利用すると，接続するAPが変わります。このとき，接続するAPに改めてPMK（Pairwise Master Key ）の作成などの認証処理が発生するため，少しの間，通信ができなくなります。

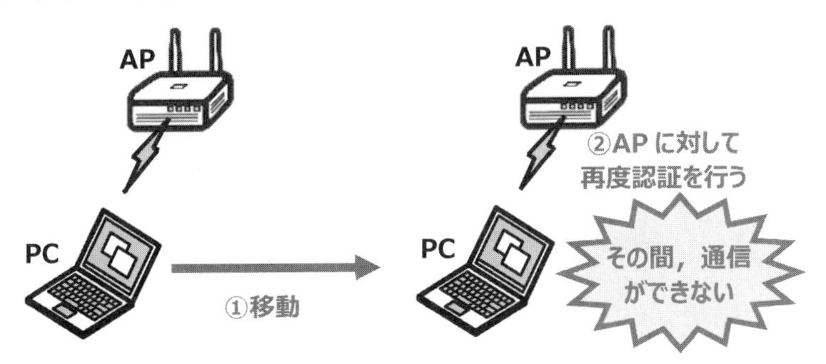

✚✚ ハンドオーバ時の通信断

この切り替わりの時間（ハンドオーバ時間）を短縮するために，WPA2では2つの機能が追加されています。

❶事前認証

APが切り替わるタイミングで認証するのではなく，同じネットワークに接続されている他のAPとは，接続しているAP経由で事前に認証を終えておきます。これを**事前**

認証と言います。こうすることで，AP を移動したときの認証を不要にします。

❷認証キーの保持（Pairwise Master Key キャッシュ）

一度認証した認証キーを AP が保持しておきます。そうすることで，認証済の AP に戻って接続するときに，PMK の再生成が不要になります。その結果，ハンドオーバ時間を短縮します。

以下は，Windows の PC において，WPA2 エンタープライズの「詳細設定」です。「高速ローミング」として「PMK のキャッシュを有効にする」と「事前認証を使用する」を選択することができます。

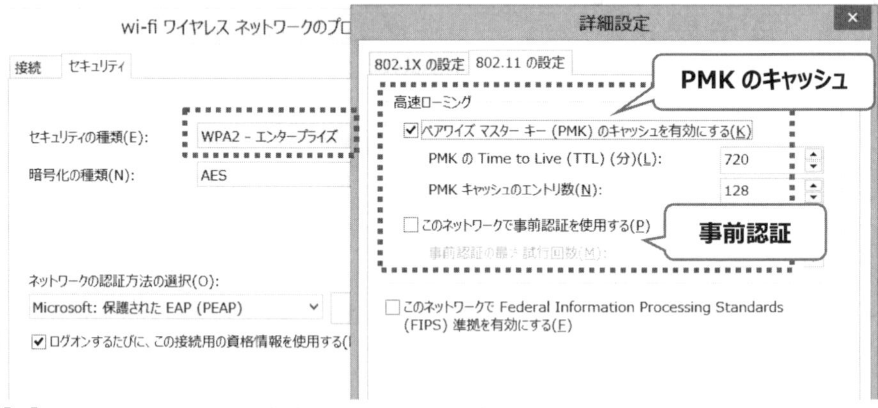

✚✚ Windows における高速ローミングの設定

【補足解説】プライバシセパレータ機能

プライバシセパレータ機能（アクセスポイントアイソレーション）とは，同じ無線 LAN のアクセスポイントに接続している機器（PC やスマホ）同士の直接通信を禁止する機能です。

公衆無線 LAN サービスやホテルなどでは，知らない人と同じ無線 LAN に接続します。同じネットワーク内にいますので，セキュリティ設定が不十分なパソコンの場合，第三者からの攻撃を受けたり，情報が盗まれるなどの危険があります。プライバシセパレータ機能を無線 LAN のアクセスポイントに設定すれば，機器同士の直接通信を簡単に禁止することができます。

4章　IP（3層）

4-1 IP アドレスとサブネット

1 IP アドレスとは

IP アドレスとは，address（＝住所）という言葉がある通り，IP 通信における「住所」の役割をします。IP アドレスを見ることによって，どの地域やネットワークにいる誰なのかが分かります。

また，IP アドレスは以下のように **32 ビット（4 バイト）**の 2 進数で表記されます。

11000000　10101000　00000001　01100100

✚✚ IP アドレスの例

わかりにくいですね

そうなんです。2 進数のままでは分かりにくいので，8 ビット（1 バイト）ずつに区切り，10 進数で表します。

11000000	10101000	00000001	01100100
↓	↓	↓	↓
192.	168.	1.	100

✚✚ IP アドレスを 10 進数で表す

2 ネットワークアドレスとホストアドレス

IP アドレスはネットワークアドレスとホストアドレスからなります。世界が大小さまざまな国からなるように，ネットワークも大小さまざまなネットワークの集まりで構成されています。

そして，その中にパソコンなどの端末（**ホスト**）があります。 どのネットワークに属しているかを表すために用いるのが**ネットワークアドレス**で，その中の端末を特定するのが**ホストアドレス**です。

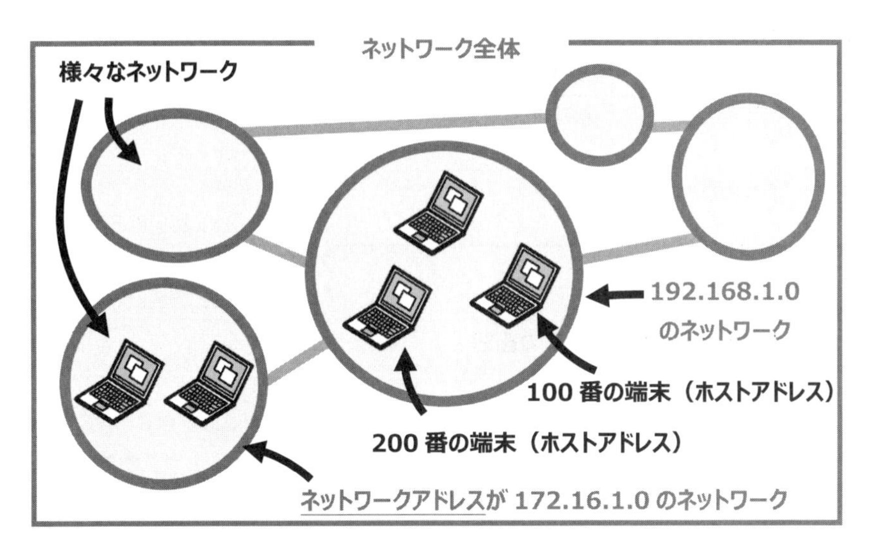

✚✚ ネットワークアドレスとホスト

192.168.1.100 の IP アドレスを持つ PC について考えます。192.168.1.0 のネットワークにおける 100 番のホストであれば，アドレス部とホスト部は以下のように分けられます。

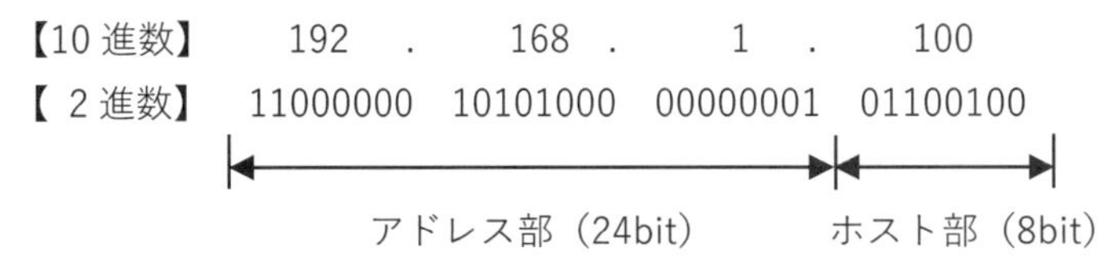

さて，ネットワークアドレスを表記する場合には，一般的にはホスト部をすべて 0 にし，最後に先頭から何ビットがネットワークアドレスであるかを表す数字（上記の場合は 24）を入れます。上記の場合であれば，ネットワークアドレスは 192.168.1.0/24 と表現されます。

一方，ホストアドレスは，ホスト部をそのまま表現します。上記の場合は 100 です。

3　アドレスクラス

IP アドレスは，0.0.0.0～255.255.255.255 までの値をとります。また，ネットワークの規模によって，4 つのクラス分けがされています。クラスごとに，利用する IP アドレスの範囲も決められています。

クラス	用途	ネットワークアドレス	IP アドレスの範囲
クラス A	大規模向け	先頭から 8 ビット	0.0.0.0〜127.255.255.255
クラス B	中規模向け	先頭から 16 ビット	128.0.0.0〜191.255.255.255
クラス C	小規模向け	先頭から 24 ビット	192.0.0.0〜223.255.255.255
クラス D	マルチキャスト	32 ビット	224.0.0.0〜239.255.255.255

✚✚ アドレスクラスと IP アドレスの範囲

しかし実際のネットワークはもっと複雑な場合がほとんどです。上記のような 8 ビット単位の分け方ではなく，さらに細かくわける場合があります。そこで，**サブネットマスク**を使ってネットワークを分離します。クラスで割り当てられたネットワークを，サブネットマスクを使ってさらに小さなネットワークに分けたものを**サブネット**といいます。

4　サブネットマスク

先ほども解説しましたように，クラスで決められた 8 ビット単位のネットワークアドレスではなく，ネットワークアドレスとホストアドレスを柔軟に区分するものがサブネットマスクです。

サブネットマスクを使ったネットワークアドレスの表記方法は，ネットワークアドレス部をすべて 1 にします。たとえば，23 ビットのネットワークアドレスであれば，23 ビットまでが 1，それ以降を 0 とします。なので，255.255.254.0 と表記されます。

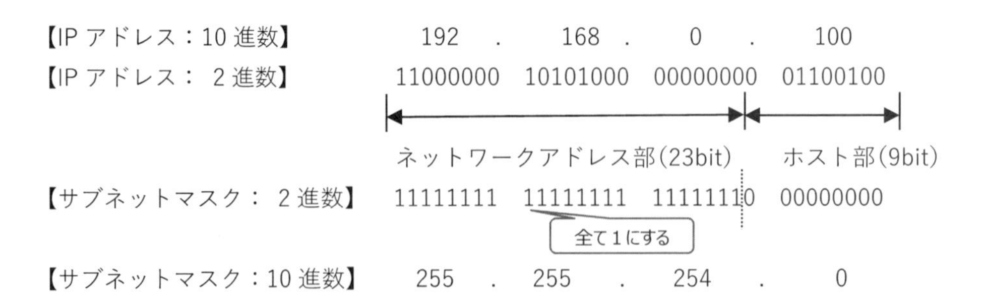

以下は，ネットワークアドレスが 21〜28 ビットまでのサブネットマスクを記載しています。10 進数でどう表現されるのか，一通り見ておくとよいでしょう。

サブネットマスクの桁数	2 進数表記	10 進数表記
21	11111111　11111111　11111000　00000000	255.255.248.0
22	11111111　11111111　11111100　00000000	255.255.252.0
23	11111111　11111111　11111110　00000000	255.255.254.0
24	11111111　11111111　11111111　00000000	255.255.255.0
25	11111111　11111111　11111111　10000000	255.255.255.128
26	11111111　11111111　11111111　11000000	255.255.255.192
27	11111111　11111111　11111111　11100000	255.255.255.224
28	11111111　11111111　11111111　11110000	255.255.255.240

✚✚ サブネットマスクの桁数の 2 進数，10 進数表記

これは覚えるしかないのですか？

いえ，覚えている人はあまりいません。2 進数で表した上で，計算して求める方法を身に付けましょう。

5　ブロードキャストアドレス

ブロードキャストアドレスとは，同一サブネットワーク内に一斉にパケットを送信する際に利用するアドレスです。ホスト部を全て 1 にするとブロードキャストアドレスになります。

例として，192.168.1.0/24 と 192.168.1.192/28 の 2 つのネットワークでブロードキャストアドレスを考えてみましょう。

【10 進数表記】　【ネットワーク部（2 進数）：24bit】　【ホスト部（2 進数）】
192.168.1.0/24　11000000 10101000 00000001　**00000000**
↓ そのまま　↓ **全て 1 に変換**
11000000 10101000 00000001　**11111111**
↓　↓　↓　↓
192.　168.　1.　255 ←**ブロードキャストアドレス**

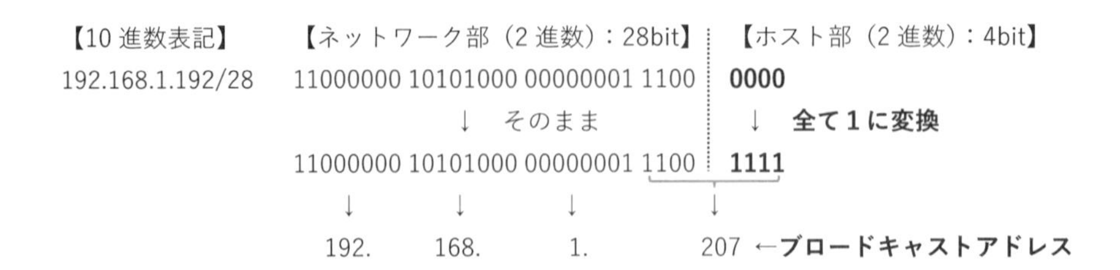

このように，192.168.1.0/24 のブロードキャストアドレスは 192.168.1.255，192.168.1.192/28 のブロードキャストアドレスは，192.168.1.207 です。

5 グローバル IP アドレスとプライベート IP アドレス

IP アドレスには，**グローバル IP アドレス**と**プライベート IP アドレス**の 2 種類があります。両者の違いですが，グローバル IP アドレスは，「グローバル（世界的な）」という言葉の通り，世界とつながるインターネットの通信で利用できます。一方，プライベートアドレスは，「プライベート（私的な）」という言葉の通り，企業内のような私的なネットワークでしか利用できません。逆に，グローバル IP アドレスを私的なネットワークで利用することは可能です。

だったら，すべてグローバル IP アドレスを使えばいいのでは？

確かにそうですが，グローバル IP アドレスの数が足りません。プライベート IP アドレスが登場した背景には，IP アドレスの枯渇があります。グローバル IP アドレスは，世界で約 43 億個しかないので，数が足らなくなってきました。そこで，インターネットに接続しない閉ざされたプライベートネットワークにおいては，グローバル IP アドレスを利用せずに，プライベート IP アドレスを使うようにしたのです。閉ざされたネットワークで利用しますから，IP アドレスが他と重複しても構いません。プライベート IP アドレスは誰かに利用申請する必要もなく，自由に好きな IP アドレスを設定できます。

次の図を見てください。インターネットではグローバル IP アドレスを使い，LAN ではプライベート IP アドレスを使う様子を図にしています。

インターネットではプライベート IP アドレスは使えません。仮に設定をしたとしてもルーティングされないのでインターネットと接続できません（図①）。逆に，LAN でグローバル IP アドレスを使うことはできます（図②）。

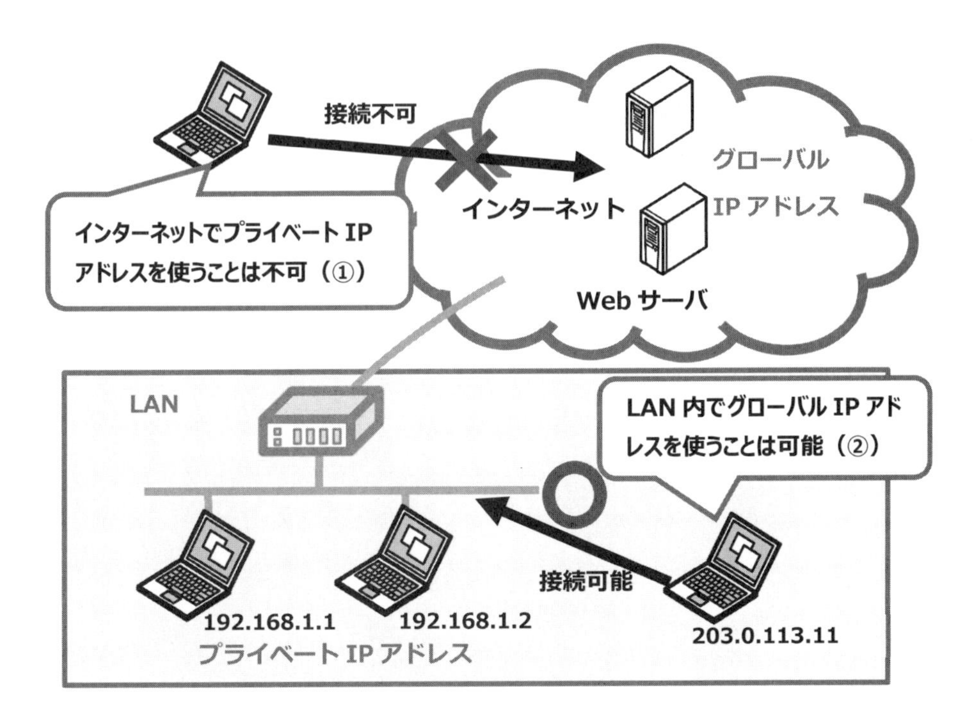

✚✚ グローバル IP アドレスとプライベート IP アドレス

プライベート IP アドレスの範囲は以下です。

クラス	IP アドレスの範囲
クラス A	10.0.0.0～10.255.255.255（10.0.0.0/8）
クラス B	172.16.0.0～172.31.255.255（172.16.0.0/12）
クラス C	192.168.0.0～192.168.255.255（192.168.0.0/16）

逆に，これらのプライベート IP アドレス以外が，（一部例外がありますが,）グローバル IP アドレスです。

【補足解説】ループバックアドレス

ループバックアドレスとは，自分自身を示すアドレスです。IPv4 の場合，一般的には 127.0.0.1 を使われます。実際には，127.0.0.0/8 の範囲であれば利用可能です。両端の IP アドレスを割り当てることはできないので，127.0.0.1～127.255.255.254 の範囲内で利用可能です。

過去問（H25 年 NW 秋午後 I 問 1）では，SSL-VPN でループバックアドレスを活用して通信する記載があります。ここで，「ループバックアドレスの利用は，社内で使用中のプライベートアドレスを利用するよりも利点があり」として「外部からの不正利用が発生しない（解答例）」とあります。

ループバックアドレスは，他の端末からアクセスすることはできません。たとえば，隣の PC から 127.0.0.1 というループバックアドレス宛てに通信をしようとすると，自分自身に通信をしてしまいます。このように，セキュリティ面で利用される場合があります。

以下は，ループバックアドレスである自分自身（127.0.0.1）に ping を送信した様子です。ループバックアドレスは，手動で設定することなく利用できます。

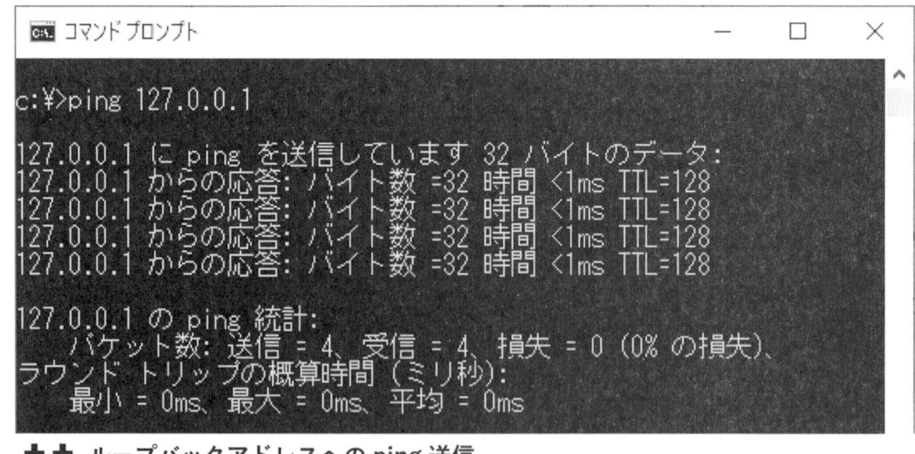

✚✚ ループバックアドレスへの ping 送信

4-2 IP パケットの構成

1　IP パケットとは

「2.2 章イーサネット」にて，LAN では，データを送る際にフレームと呼ばれるまとまった単位でデータを送信することをお伝えしました。フレームとパケットは同じ意味を指すこともありますが，OSI 参照モデルの第 2 層の場合はフレーム，第 3 層の場合は**パケット**と呼ばれることが一般的です。ここでは，元データが第 2 層のフレームや第 3 層のパケットにどう変化するかを含めて解説します。

2　IP ヘッダ

(1) IP ヘッダとは

PC から，FTP サーバにファイルを転送する場合を考えます。荷物を送るときに，宛先の住所・氏名や自分の住所・氏名を書くのと同様に，IP の世界でも宛先と送信元の情報を記載します。この情報が，**IP ヘッダ**です。IP ヘッダには，宛先 IP アドレスや，送信元 IP アドレスなどが含まれます。PC では，送信したいデータに IP ヘッダを付けて IP パケットとして FTP サーバに送信します。

(2) IP ヘッダの内容

参考までに，IP ヘッダの内容を一般的な記載方法（32 ビットで区切り）で書きます。全てを覚える必要はありませんが，太字の部分の「ToS」「プロトコル番号」「送信元 IP アドレス」「宛先 IP アドレス」が IP ヘッダにあることを確認してください。

※ToS はこのあとの QoS の章で解説します。

<table>
<tr><td>version</td><td>IHL</td><td>ToS</td><td colspan="3">パケット長</td></tr>
<tr><td colspan="3">識別子</td><td>フラグ</td><td colspan="2">フラグメントオフセット</td></tr>
<tr><td colspan="2">TTL</td><td>プロトコル番号</td><td colspan="3">ヘッダチェックサム</td></tr>
<tr><td colspan="6">送信元 IP アドレス(32 bit)</td></tr>
<tr><td colspan="6">宛先 IP アドレス(32 bit)</td></tr>
<tr><td colspan="5">オプション(可変 bit)</td><td>Padding(可変 bit)</td></tr>
</table>

✚✚ IP ヘッダの構成

IP ヘッダは **20 バイト**で構成され，IP パケットの最大サイズ（**MTU**：Maximum

Transmission Unit といいます）は，**1500 バイト**と決まっています。

IP ヘッダを含む IP パケットの様子を，次に示します。

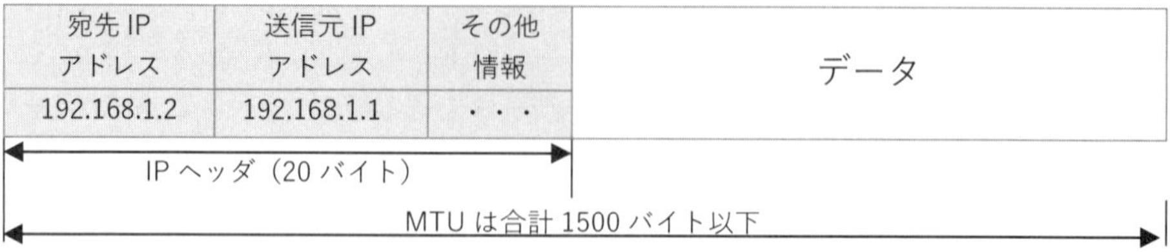

宛先 IP アドレス	送信元 IP アドレス	その他情報	データ
192.168.1.2	192.168.1.1	・・・	

IP ヘッダ（20 バイト）

MTU は合計 1500 バイト以下

✚✚ IP ヘッダと IP パケットのサイズ（MTU）

（3）プロトコル番号

IP ヘッダの中にあるプロトコル番号は，上位層（4 層以上）が何のプロトコルかを示す番号です。たとえば，HTTP や SMTP で利用する TCP（プロトコル番号 6）や，暗号化通信で利用する ESP（プロトコル番号 50）などがあります。

以下に，代表的なプロトコル番号を紹介します。（覚える必要は全くありません。）

プロトコル番号	プロトコル	フルスペル
1	ICMP	Internet Control Message Protocol
6	TCP	Transmission Control Protocol
17	UDP	User Datagram Protocol
47	GRE	General Routing Encapsulation
50	ESP	Encap Security Payload
89	OSPF	Open Shortest Path First

✚✚ 代表的なプロトコル番号

3　IP パケットとイーサネットフレームの関係

上図の IP パケットは，どうやって FTP サーバに届くのでしょうか。実はこのままでは FTP サーバに送ることができません。LAN では，IP アドレスではなく MAC アドレスをもとに通信が行われるからです。そこで，「2.2 章イーサネット」の「イーサネットフレーム」で紹介した通り，「宛先 MAC アドレス」「送信元 MAC アドレス」などの情報を付加してデータを送信します。

以下の図で改めて解説します。PC が FTP サーバにデータ（図①）を送る場合は，宛先 IP アドレスなどの IP ヘッダを付けた IP パケット（図②）を作ります。この IP パケットをイーサネット上（＝LAN）に流すために，宛先の MAC アドレスなどを付けたイーサネットフレーム（図③）を作り，FTP サーバに届けます。

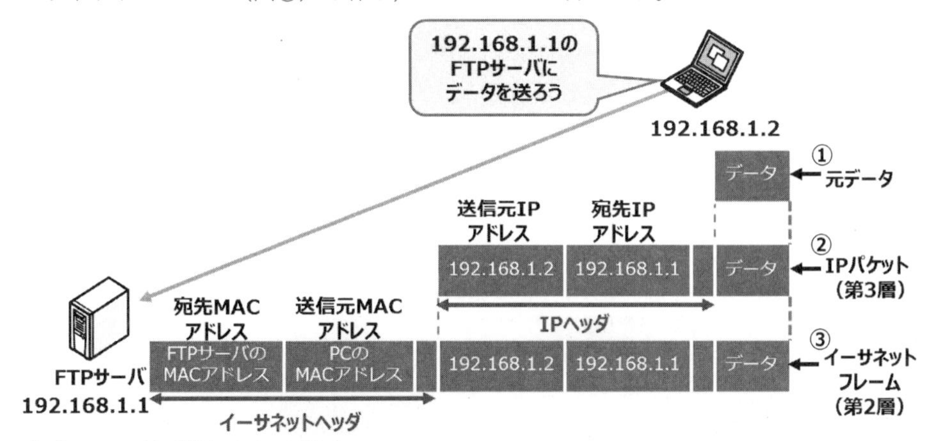

✚✚ ヘッダが付与される様子

4-3 ICMP

1 ICMPとは

ICMPは，ネットワーク層で動作し，送信エラー報告などのメッセージを通知するプロトコルです。ICMPの代表的なコマンドがpingです。たとえば，pingによって，端末の接続状態を調べることができます。

以下がpingコマンドによって，192.168.0.1の端末が動作しているかどうかを確認した結果です。「Reply from」とあり，正常に動作していることが分かります。

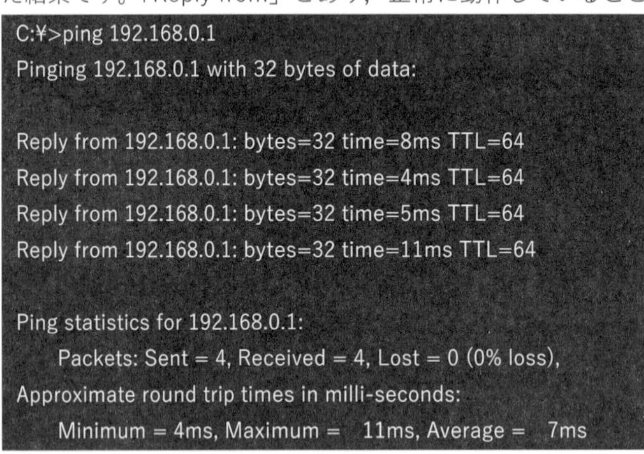

```
C:¥>ping 192.168.0.1
Pinging 192.168.0.1 with 32 bytes of data:

Reply from 192.168.0.1: bytes=32 time=8ms TTL=64
Reply from 192.168.0.1: bytes=32 time=4ms TTL=64
Reply from 192.168.0.1: bytes=32 time=5ms TTL=64
Reply from 192.168.0.1: bytes=32 time=11ms TTL=64

Ping statistics for 192.168.0.1:
    Packets: Sent = 4, Received = 4, Lost = 0 (0% loss),
Approximate round trip times in milli-seconds:
    Minimum = 4ms, Maximum =  11ms, Average =  7ms
```

✚✚ pingの実行結果

2 ICMPリダイレクト

ICMPリダイレクトは，今より適切なルータがあることを伝えるICMPのメッセージの一つです。次の構成図をもとに具体的に解説します。

PCのデフォルトゲートウェイは192.168.1.254のIPアドレスを持つR1（下図①）に設定されています。PCが172.16.1.0/24のネットワークに通信する場合，まずはデフォルトゲートウェイであるR1にパケットを送ります（下図②）。R1はそのパケットをR2に転送（下図③）し，172.16.1.0/24のネットワークにパケットが届きます（下図④）。

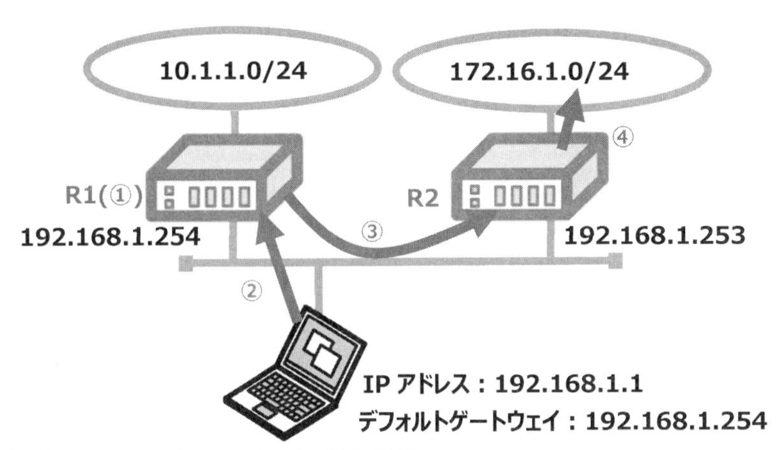

✚✚ ICMPリダイレクトが必要な状況

しかし，もっといい方法があります。それは，PCから直接R2にパケットを送ることです。このように，最適な経路を伝えるのがICMPリダイレクトです。具体的には，R1からPCに対して，「R2に送った方が速いですよ」というICMPリダイレクトメッセージを送ります。

3 ICMPのメッセージ

ICMPには送信するメッセージがいくつかの種類に分けられています。その一つが，先のICMPリダイレクトです。また，冒頭に紹介したpingの応答結果として，「Reply from」とありましたが，これは「Echo Reply」という名前のメッセージです。

以下に，ICMPメッセージをいくつか紹介します。

メッセージの種類	解説
Echo Reply	正常に応答したことを表すメッセージ
Redirect	転送されてきたデータグラムを受信したルータが，そのネットワークの最適なルータを送信元に通知して経路の変更を要請するメッセージ（ICMPリダイレクト）
Time Exceeded	定められた生存時間（TTL：Time To Live）を超えた（Exceeded）ということで，パケットを破棄したことを通知するメッセージ

✚✚ ICMPメッセージの種類

4-4 NAT

1 NATとは

企業や家庭で割り当てられたIPアドレスのほとんどは，プライベートIPアドレスです。しかし，プライベートIPアドレスのままではインターネットに出ることができません。そこで，ルータやファイアウォールなどで，プライベートIPアドレスをグローバルIPアドレスに変換（Translation）します。このように，IPアドレスを変換する仕組みを**NAT**（Network Address Translation）といいます。

以下は，192.168.1.1というプライベートIPアドレスを持つPCが，ルータにて203.0.113.1というグローバルIPアドレスにNAT変換された様子を表しています。

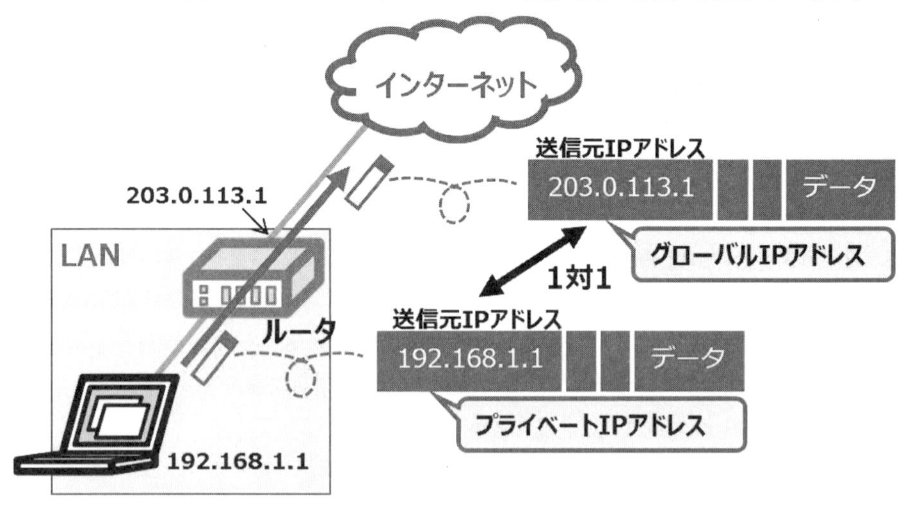

✚✚ NATによるアドレス変換

NATでは，IPアドレスを1対1で変換します。

IPアドレスには，送信元IPアドレスと宛先IPアドレスがあります。どちらを変換するのですか？

どちらもあります。送信元IPアドレスを書き換えるNATを送信元（Source）NAT，宛先 IP アドレスを書き換える NAT を宛先（Destination）NAT といいます。上記の図の場合は，パケットの送信元の IP アドレスを変換しているので，送信元 NAT です。

2 NAPT

NAT と同様の仕組みとして，**NAPT**（Network Address Port Translation）があります。NAPT は，IP アドレスだけでなく，ポート番号も変換します。（ポート番号とは，Web 閲覧は 80 でメール送信は 25 などと決められたアプリケーションやサービスを識別する数字です。）

NAT の場合は，1 対 1 のアドレス変換ですが，NAPT の場合はポート番号も変換（または管理）の対象にすることで，**1 対多**の IP アドレス変換を可能にしています。

たとえば，以下のように，192.168.1.1～3 の IP アドレスを持つ 3 台の PC の IP アドレスを，203.0.113.1 という 1 つのグローバル IP アドレスに変換します。

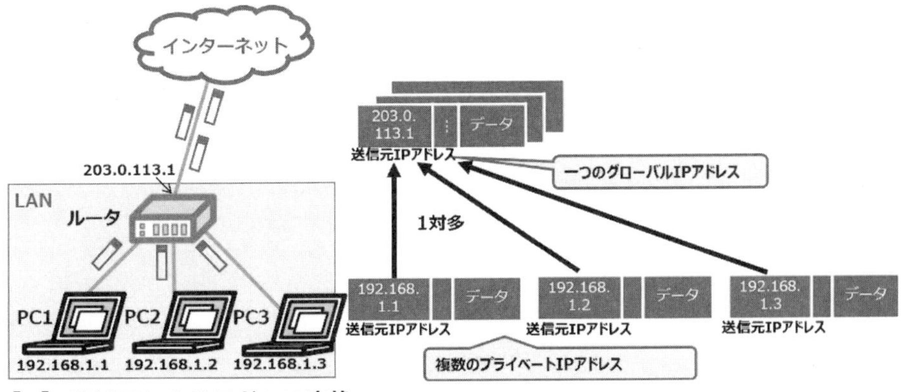

✚✚ NAPT によるアドレス変換

しかし，上図において，203.0.113.1 の IP アドレス宛てにパケットが届いても，そのパケットを 3 台ある PC のどれに届けていいのかが分かりません。そこで，ポート番号を使って，グローバル IP アドレスと複数のプライベート IP アドレスの対応を管理します。次がその対応例です。

変換前		変換後	
IP アドレス	ポート番号	IP アドレス	ポート番号
192.168.1.1（PC1）	1001	203.0.113.1	1001
192.168.1.2（PC2）	1002	203.0.113.1	1002
192.168.1.3（PC3）	1003	203.0.113.1	1003

✚✚ NAPT による IP アドレスとポートの対応

たとえば，IP アドレスが 203.0.113.1 という情報だけでは PC を特定できませんが，1001 というポート番号も付加することで，192.168.1.1（PC1 宛て）のパケットということがわかります。

3 CGN

CGN（Carrier Grade NAT）とは，ISP などの通信キャリア（Carrier）級（Grade）の規模で使う NAT です。CGN ができた背景には，IPv4 アドレスの枯渇問題があります。

IPv4 アドレスの枯渇対策は，IPv6 への移行ではないのですか？

はい，その通りです。しかし，IPv6 の全面移行はあまり普及が進んでいません。そこで，IPv6 に移行するまでの間のつなぎの技術の一つとして，CGN が登場しました。CGN によるアドレス変換技術を活用すれば，少数の IPv4 グローバルアドレスを使って，より多くの端末をインターネットに接続することができます。

CGN にはいくつかの方式がありますが，代表例として，過去問で問われた NAT444 を紹介します。まず，NAT444 の意味を説明します。4 は IPv4 を意味します。NAT444 では，IPv4（グローバル IP アドレス）→IPv4（シェアードアドレス）→IPv4（プライベート IP アドレス）と，3 つの IPv4 アドレスを使います。これが，444 の由来です。

以下は，CGN による NAT の様子を表した図です。（平成 27 年 NW 午後 II 問 2 の図を活用しています。）

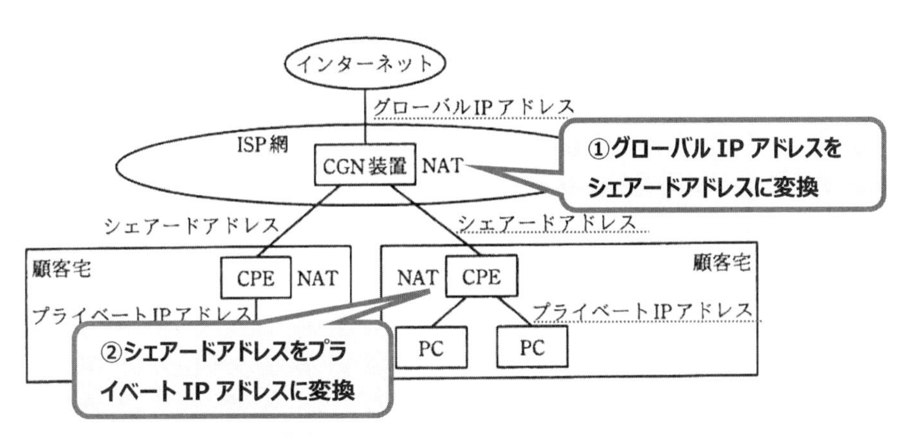

✚✚ CGN によるアドレス変換

まず，インターネットで使われるグローバル IP アドレスが，ISP 網内の CGN 装置でシェアードアドレスに変換されます（上図①），そして，顧客宅の装置にて，シェアードアドレスがプライベート IP アドレスに変換されます（上図②）。

こうすることで，ISP（プロバイダ）では，少ないグローバル IP アドレスで，たくさんの顧客にサービスを提供することができます。

シェアードアドレスを使わずに，全部プライベート IP アドレスでもいいと思います。

素直な疑問ですよね。プライベート IP アドレスをプロバイダが管理できればそれも可能だと思います。しかし，プライベート IP アドレスは，顧客が自由に好きな IP アドレスを設定できるのが利点です。ですから，上記の図において，シェアードアドレスの部分をプライベート IP アドレスにすると，顧客宅のプライベート IP アドレスと重複する危険があるのです。重複すれば，正常に通信が行えません。

シェアードアドレスは RFC で 100.64.0.0/10 と決められています。これを使えば，顧客宅のプライベート IP アドレスと重複することなく利用できます。

4-5 マルチキャスト

1 マルチキャストとは

「2.2 章イーサネット」にて，イーサネットフレームは，誰に送信するかによって，ブロードキャスト，ユニキャスト，マルチキャストの 3 つに分類されることを説明しました。ここでは，マルチキャストについて詳しく解説します。

マルチキャストとは，複数の端末に対して，一つのデータを同時に送信する通信です。ユニキャストで 3 台の PC にデータを送る場合，3 台分のデータが流れます（下図左）。一方，マルチキャストの場合は，1 台分のデータで 3 台の PC にデータを送ることができます（下図右）。その結果，少ない帯域での通信が可能になります。特に，映像配信などの大容量の通信をするときに求められる仕組みです。

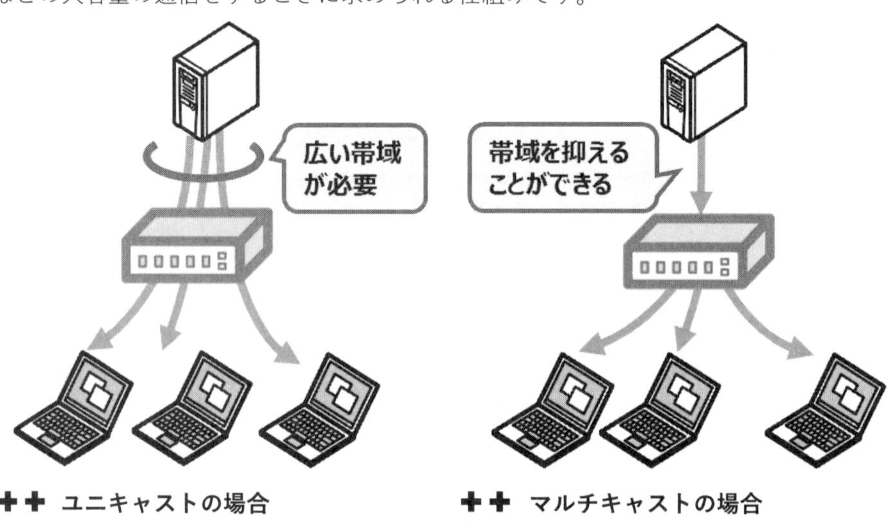

✚✚ ユニキャストの場合　　✚✚ マルチキャストの場合

なるほど，You Tube などの動画配信はこれを使っているのですね？

いえ，You Tube などはユニキャストでやっています。帯域圧縮の仕組みとしては，8 章 7 節で解説する CDN の技術が使われたりします。また，完全に余談ですが，LAN

内では 1Gbps が当たり前で，広帯域化しています。つまり，マルチキャストを使わずにユニキャストで送信しても，それほど問題になりません。これらの理由から，マルチキャストはあまり使われていない技術なのです。

2　マルチキャストの動作

マルチキャストでは，送信者は 224.0.0.0/4 のマルチキャスト専用のアドレスを使ってフレームを送信します。

クラス D のアドレスですね！

そうです。では，実際の流れを見てましょう。たとえば，以下の図のように，宛先 IP アドレスをマルチキャストの IP アドレスである 224.1.1.1 として送信したとします（下図①）。すると，224.1.1.1 のマルチキャストグループに参加したすべての PC にフレームが届きます（下図②）。

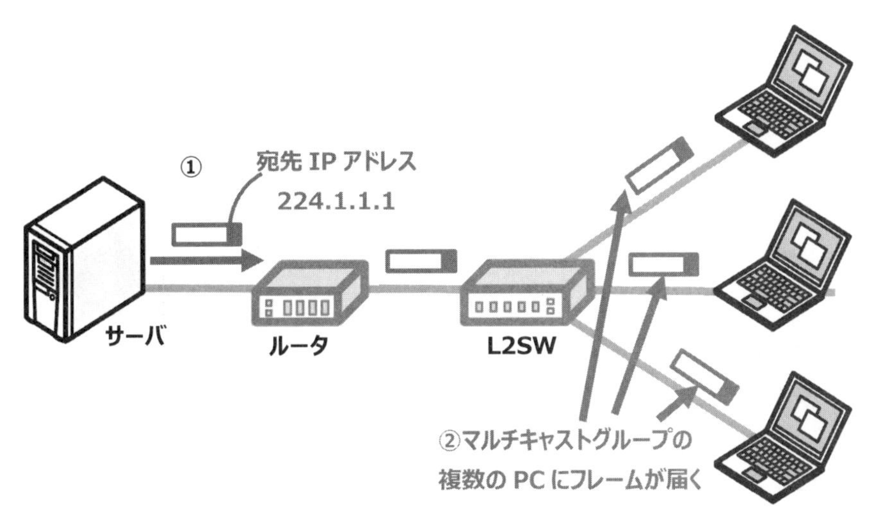

✚✚ マルチキャストの動作

3　IGMP

PC が，マルチキャストグループに所属したり，離脱したりするのに使われるプロトコルが **IGMP**（Internet Group Management Protocol）です。

PC が，あるマルチキャストグループに参加するときは，IGMP join メッセージをルータに送信します。逆に，PC が，参加しているマルチキャストグループから離脱するときは，IGMP leave メッセージを送信します。

グループを管理するから「Group Management」，参加するから「join」，離脱するから「leave」ですね。

そうです。英語の本来の意味を知ると，理解しやすいと思います。

また，IGMP は，マルチキャストグループに参加している端末の有り無しを確認するときにも使用されます。

4 IGMP スヌーピング

IGMP スヌーピングとは，L2 スイッチに実装される機能で，不要な PC にはマルチキャストフレームを送信しない仕組みです。DHCP スヌーピングと同様に，スヌーピング（snooping）には「のぞき見する」という意味があります。IGMP スヌーピングは，IGMP join や IGMP leave メッセージなどをのぞき見します。こうすることで，マルチキャストグループにどの端末が所属しているかを知り，所属している端末だけにマルチキャストフレームを送信します。

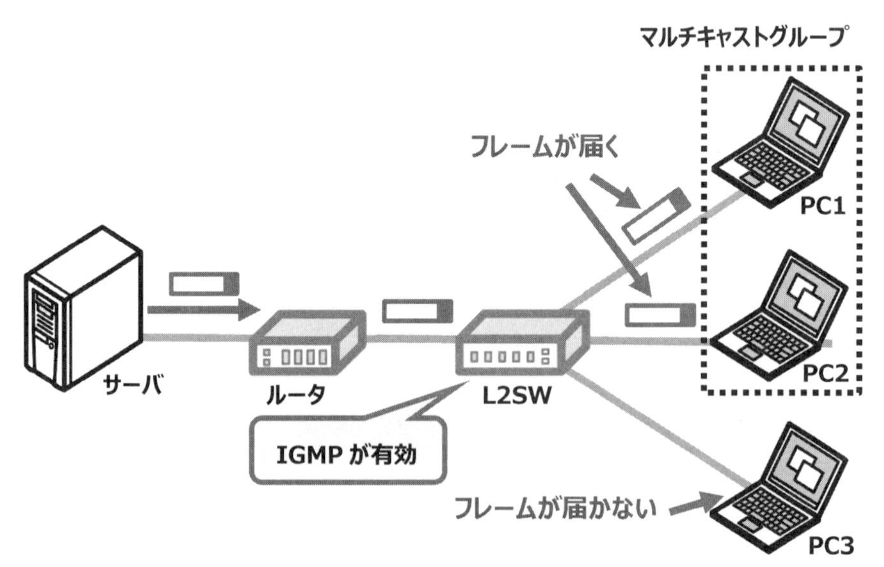

✚✚ IGMP が有効な場合

この図の場合，サーバから送られたマルチキャストのフレームは，マルチキャストグループに参加しているPC1とPC2だけに届きます。一方，PC3にはフレームが届きません。

4-6 IPv6

1 IPv6とは

世界の人口は70億人を超え，一人が1台以上の通信機器を持つ時代になりました。その結果，約43億個の値をとるIPv4アドレスでは，数が足らなくなりました。そこで，**IPv6**アドレス（IPアドレスのバージョン6）の登場です。

IPv4と比べた特徴ですが，まず，IPv4が32ビットなのに対し，IPv6は**128ビット**に拡張されました。ですから，IPv4に比べて2^{96}倍という，ものすごい数のIPアドレスがあります。

IPv6はまだそれほど普及していませんが，多くの機器ではIPv6への対応が順次進んでいます。たとえば，われわれが日頃使うPCでも，実は IPv6に対応しているのです。

2 IPv6のアドレス表記方法

IPv6は，128ビットの値を16ビットずつ「:」を使って8つに区切り，16進数で表します。たとえば，fe80::f:acff:fea9:18のように表記されます。また，以下の簡略化のルールがあります。

・0で始まる場合，0を省略する。(例) 0012 → 12
・すべて0は:0:で省略　(例) :0000: → :0:
・連続する:0:は::に省略可能。(例) :0:0:0:0: → ::　　※ただし1回だけ

✚✚ IPv6表記の圧縮表記のルール

たとえば，以下のIPv6アドレスは，次のように簡略化されます。

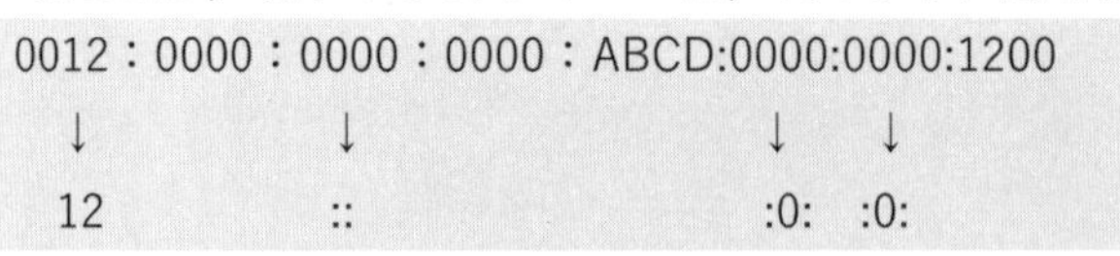

→ 省略形　12::ABCD:0:0:1200

3 IPヘッダの変換

IPv6アドレスは，十分に普及していません。ですから，IPv4とIPv6の2つ環境がしばらくの間，共存することになります。

IPv4とIPv6のプロトコルは，互換性があるのですか？

いえ，残念ながら互換性はありません。ですから，IPv4のアドレスの端末とIPv6アドレスの端末は相互に通信もできません。ただ，多くのPCやネットワーク機器は，IPv4とIPv6の両方に対応しています。なので，IPv4とIPv6のどちらのプロトコルでも通信を行うことができます。（覚えなくていい言葉ですが，この仕組みを「デュアルスタック」と言います。）

また，IPv6の端末とIPv4の端末間で通信を可能にするために，**IPv4/IPv6トランスレーション**という技術があります。トランスレーションは「変換」という意味で，IPv4ヘッダをIPv6ヘッダに変換（またはその逆）を行います。IPv4とIPv6を変換する装置はトランスレータといわれます。

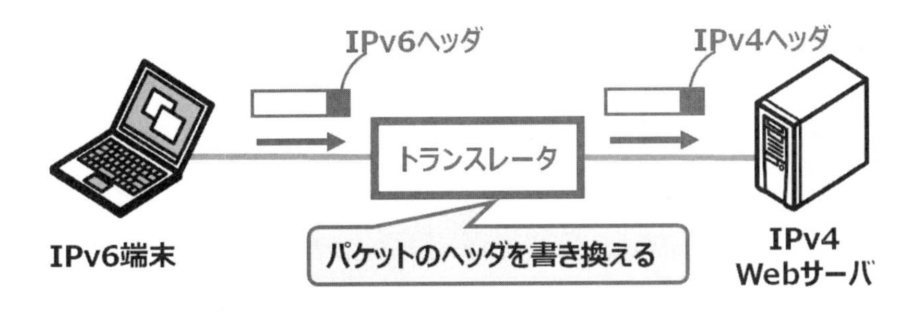

✚✚ トランスレータによるIPヘッダの変換

4　IPv6アドレスの種類

IPv4アドレスでは，グローバルIPアドレスとプライベートIPアドレスの2種類がありました。IPv6の場合，グローバルIPアドレスに該当するのがグローバルユニキャストアドレスで，プライベートIPアドレスに該当するのがユニークローカルユニキャストアドレスです。

IPv6では，それに加えて，**リンクローカルユニキャストアドレス**があります。リンクローカルユニキャストアドレスは，ルータを介さずに直接接続できる相手との通信だけに使用できるアドレスです。このアドレスは，グローバルユニキャストアドレスやユニークローカルユニキャストアドレスとは別に，常に設定されます。たとえば，Windows

のPCにてipconfigを実行すると，以下のように，ユニークローカルユニキャストアドレスと，リンクローカルユニキャストアドレスの2つのIPが設定されていることがわかります。

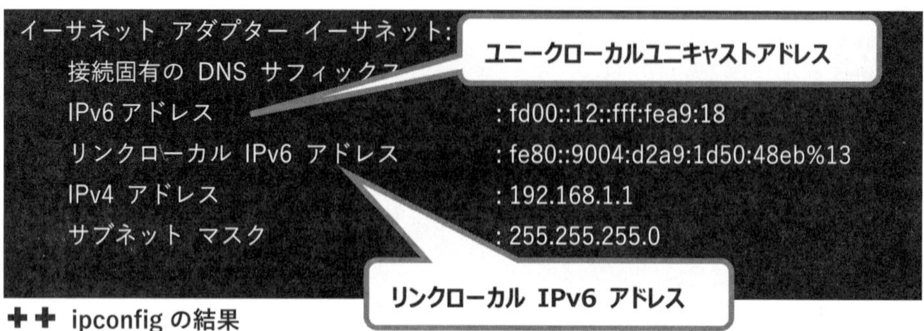

✚✚ ipconfigの結果

このリンクローカルユニキャストアドレスを使わないことも可能ですが，通信上の取り決めとして，設定することが定められています。

以下に，これらのIPアドレスを整理します。

アドレス	IPv4	IPv6
プライベートIPアドレス	プライベートIPアドレス 【IPアドレスの範囲】 ・クラスA：10.0.0.0/8 ・クラスB：172.16.0.0/12 ・クラスC：192.168.0.0/16	ユニークローカルユニキャストアドレス 【IPアドレスの範囲】 fd00::/8
グローバルIPアドレス	グローバルIPアドレス 【IPアドレスの範囲】 上記以外	グローバルユニキャストアドレス 【IPアドレスの範囲】 2000::/3 ※二進数では「001」で始まるアドレス
（リンクローカルアドレス）	APIPA（Automatic Privete IP Addres）による自動プライベートIPアドレス 【IPアドレスの範囲】 169.254.X.X	リンクローカルユニキャストアドレス 【IPアドレスの範囲】 fe80::/10

✚✚ IPv4とIPv6におけるIPアドレスの整理

5　マルチキャスト

IPv6 からはブロードキャストがなくなりましたが，マルチキャストは IPv4 と同様の機能として残ります。

IPv4 の場合のマルチキャストアドレスは 224.0.0.0/4 でしたが，IPv6 のマルチキャストは，**FF00::/8**（つまり，FF00 で始まるアドレス）です。

6　IPv4 と IPv6 の違い

ここでは，IPv4 と IPv6 の違いについて，これまでに解説したことも含めて整理します。

IPv4 と IPv6 の違いは，単に IP アドレスの長さが 32 ビットから 128 ビットになっただけではありません。たとえば，IPv6 では，DHCP が無い環境でも，IP アドレスを端末に自動設定することが可能です。また，IPv6 で標準ヘッダの他に拡張ヘッダが導入されています。この拡張ヘッダによって，パケットを暗号化したり送信元を認証したりするセキュリティ機能（IPsec）を実現できます。

項目	IPv4 （例）192.168.1.1	IPv6 （例）fe80::f:acff:fea9:18
ビット数（バイト数）	32 ビット（4 バイト）	128 ビット（16 バイト）
表記	10 進数	16 進数
IP パケットのヘッダサイズ	20 バイト	40 バイト
IP アドレスの自動設定	×	○
セキュリティ機能（IPsec）	×	○
DNS サーバにおいて,IP アドレス情報を登録するレコード	A レコード	**AAAA レコード**
IP ドレスから MAC アドレス解決機能するプロトコル	ARP	**ICMPv6**

✚✚ IPv4 と IPv6 の違い

5章
TCPとUDP（4層）

5-1 TCP と UDP

1　トランスポート層のプロトコル

ネットワーク層の上位であるトランスポート層では，順序制御や再送制御などの，通信の品質を保つ役割を持ちます。トランスポート層で利用されるプロトコルは，TCP と UDP の 2 つです。

アプリケーション層で使うプロトコルごとに，トランスポート層で使うプロトコルが決められています。以下に，その対応の例を紹介します。

種類	特徴	アプリケーション層のプロトコル例
TCP	信頼性の高い通信を実現するプロトコル	HTTP, SMTP, POP3, SSH, FTP, Telnet, DNS（ゾーン転送）
UDP	高速性を優先したプロトコル	SNMP，NTP，DNS（問合せ），SNMP，DHCP，TFTP，ストリーム配信のプロトコル

✚✚ TCP と UDP の比較

この章では，TCP と UDP について詳しく解説します。

2　TCP

まず，TCP について詳しく見ていきましょう。

(1) TCP とは

TCP は Transmission Control Protocol という名前のとおり，伝送（Transmission）を"制御（Control）"するプロトコルです。たとえばパケットの順番をきちんと並べたり，通信に矛盾が無いかを確かめたり，必要に応じて再送したりします。

(2) TCP と 3 ウェイハンドシェイク

TCP では，通信の信頼性を高めるために，**3 ウェイハンドシェイク**という方式でコネクション（通信の接続）を確立します。具体的には，SYN，SYN+ACK，ACK の 3 つのパケットを順に送り，両者で同期をとって通信を開始します。

SYN は SYNchronize（同期する）から来ており，通信相手と通信を同期しながら確立するためのパケットです。**ACK** は ACKnowledgement（了承する）から来ており，

通信を受け取ったことを了承することを通知するパケットです。

以下は，PCからサーバに接続（たとえば，Webサーバのページを閲覧）した場合に必ず行われる3ウェイハンドシェイクの流れです。

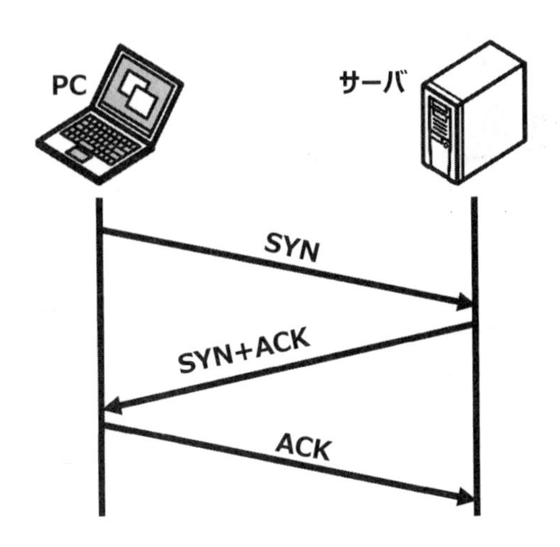

✚✚ 3ウェイハンドシェイクの流れ

TCPでは，このようにコネクションを確立してから通信を始めるので，コネクション型のプロトコルともいわれます。

毎回こんな面倒なことをやっているんですか・・・

はい。しかし，このやりとりによって，IPアドレスを偽装した通信や，コネクションを横取りした通信を排除することができます。たとえば，送信元のIPアドレスが偽装されていれば，SYN+ACKのパケットが相手に届かないので，通信が開始されません。

一方，TCPにはデメリットもあります。このような3ウェイハンドシェイクやこの後に記載する応答確認を行うため，UDPに比べて低速になってしまうのです。

(3) ACKとウィンドウサイズ

TCPでは，パケットを受け取った応答確認として，送信元にACKパケットを返信します。ACKは，データを受け取る都度送られます（下図左側）。しかし，毎回ACKを送り返していると，通信が遅延します。そこで，毎回 ACK を返すのではなく，まとまったデータを受け取ってから ACK を返すことで，通信の効率化を図ります。(下図右側)。

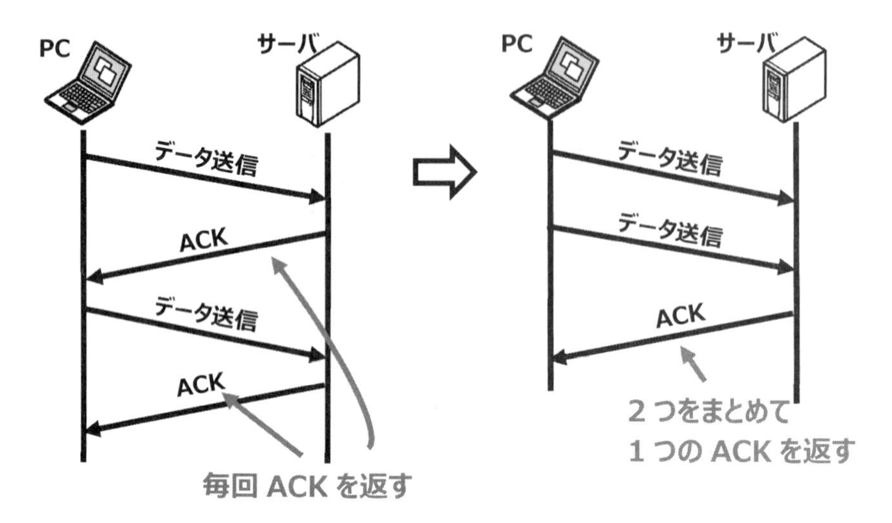

✚✚ ACK 応答とウィンドウサイズ

このように，受信側からの確認応答（ACK）を待たずに送信できるデータ量のことを**ウィンドウサイズ**といいます。

3　UDP

UDP（User Datagram Protocol）は，TCP のデメリットを解消するために作られたプロトコルです。UDP は，信頼性よりも高速性を優先していますから，3 ウェイハンドシェイクをしませんし，再送や順序を並び替えたりもしません。高速な通信が可能ですから，動画，音声のストリーミングなどに適しています。

余談ですが，UDP は，3 ウェイハンドシェイクをしないので，送信元の IP アドレスに対して SYN+ACK を返して応答を待つことをしません。ですので，UDP の場合は，送信元 IP アドレスを偽造して通信をすることができるのです。

情報セキュリティスペシャリストの過去問からの引用になりますが，過去問（H26SC 春午後 1 問 2）の採点講評にも，以下の記述がありました。「SMTP は TCP 上で動作しているので，事実上，IP アドレスを詐称することはできないことを理解してほしい。」

✚✚ 郵便は宅配便などと比べて手続きが簡単なので，差出人をチェックしない

では，次のTCPとUDPのヘッダを見てください。確認すべきは，両者に共通する送信元ポート番号，宛先ポート番号くらいで，それ以外は覚える必要はありません。ですが，UDPヘッダがとてもシンプルであることが分かってもらえると思います。

	TCPヘッダ
1	送信元ポート番号
2	宛先ポート番号
3	シーケンス番号
4	確認応答番号
5	データオフセット
6	予約
7	フラグ
8	ウィンドウサイズ
9	チェックサム
10	緊急（Urgent)ポインタ
11	オプション
12	Padding

UDPヘッダ
送信元ポート番号
宛先ポート番号
セグメント長
チェックサム

✚✚ TCPヘッダとUDPヘッダ

6章
アプリケーション
（7層）

6-1 HTTP

1 HTTPとは

HTTP（HyperText Transfer Protocol）とは，インターネットに通信で利用されるプロトコルです。実際，皆さんがインターネットに接続する際には，ブラウザに http:// で始まる URL をと入力することと思います。

完全な余談ですが，HTTP（HyperText）の意味ですが，通常のテキスト文書よりすごい（Super)だけでなく，とびぬけてすごいという意味のハイパー（Hyper）です。Web ページは HTML(Hyper Text Markup Language）という言語で作成されます。リンクや画像や動画なども記載できるので，ハイパーな言語であるとも感じます。

2 HTTPのリクエストとレスポンス

(1) HTTP のリクエストとレスポンス

HTTP は，クライアント（のブラウザ）と Web サーバとの間の通信です。情報を取得したいなどの理由で，クライアントから Web サーバに対して行う通信をHTTP リクエストと言います。その結果を受けて，Web サーバからクライアントへ返す応答の通信をHTTP レスポンスと言います。

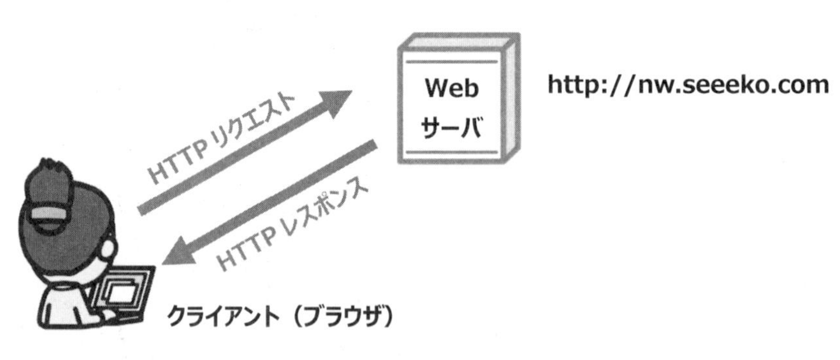

✚✚ HTTP のリクエストとレスポンス

過去問（H25SC 秋午後 II 問 1）にリクエストとレスポンスの具体例があります。

❶HTTP リクエスト

HTTP リクエストは，GET などの HTTP のメソッド（後述）を指定して情報を取得しに行きます。

```
GET /javarhino/ HTTP/1.1
Accept: image/gif, image/x-xbitmap, image/jpeg,
image/pjpeg, application/×-shockwave-flash., */*
Accept-Language: ja
Accept-Encoding: gzip, deflate
User-Agent: Mozilla/4.0 (compatible; MSIE 6.0;Windows NT 5.1; SVI)
Host: D.D.D.D
Connection: Keep-Alive
```

❷HTTP レスポンス

一方，HTTP レスポンスは，「200　OK」などの，HTTP のステータスコード（後述）からはじまります。

```
HTTP/1.1 200 OK
Content-Type: text/html
Connection: Keep-Alive
Server: Apache
Content-Length: 12e
<html><head></head><body><appletarchiveR"exploit.jar"
code="exploit.class" width="1" height="1"></applet></body></html>
```

（2）HTTP のメソッド

HTTP には，「GET」「POST」などのいくつかの手順があります。これをメソッドといいます。たとえば，GET メソッドは Web サーバから，コンテンツを取得（GET）します。逆に Web サーバに送信するのが PUT などと，役割によってメソッドを変えます。

HTTPS による暗号化通信の場合は，プロキシサーバを透過させるように依頼する **CONNECT メソッド**を使用します。

HTTPSのときだけ特別なメソッドを使うのですか？

そうなんです。理由を順に説明します。

HTTPS の場合，PCのブラウザとWEBサーバの間では，暗号化通信をします。プロキシサーバでHTTPSの中継処理をしようにも，暗号鍵がわからないので暗号を解くことができません。ですから，プロキシサーバが本来実施すべき中継処理ができません。そこでPCは，CONNECTメソッドを使うことで，プロキシサーバによる中継せずに，そのまま何もせずに通過させるように依頼します。

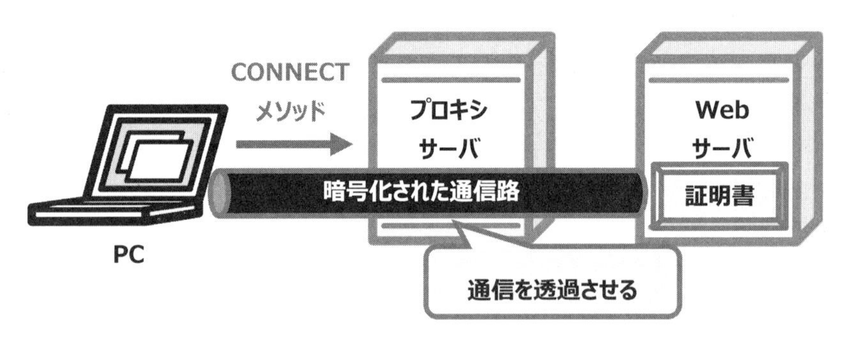

✚✚ CONNECTメソッド

(3) HTTPのステータスコード

HTTPのステータスコードは，HTTPサーバからの返信であるHTTPレスポンスに含まれる3桁の数字です。このレスポンスコードを見ると，処理結果が分かります。

以下は，RFCで規定されているHTTPのステータスコードの概要です。覚える必要はありませんが，200番台が正常，302がリダイレクト，400番と500番がエラー，と，ざっくり理解しておきましょう。

コード	意味	例
100番台	処理中	
200番台	正常終了	200　OK（正常終了）
300番台	さらに追加の処理が要求される状態	302 Found　リダイレクト
400番台	クライアント側エラー	401　Unauthorized（認証に失敗） 404　Not Found（指定されたページが無い）
500番台	サーバ側エラー	503　Service Unavailable（サービス利用不可） ※CGIのスクリプトがエラーになるなど

✚✚ HTTPのステータスコード

(4) リダイレクト

リダイレクトとは,「(方向を) 変える」という意味です。以下のHTTPヘッダを見てください。

```
HTTP/1.1 302 Found
（中略）
Location: http://www.example.com/
```

✚✚ リダイレクトする場合のHTTPヘッダ

HTTPステータスコードの「302 Found」はリダイレクトを意味します。そして,Locationヘッダで指定されたURIに（方向を変えて＝リダイレクトして）アクセスします。この仕組みにより，WEBサーバにアクセスすると，自動的に別のサーバに転送します。Webサイトの URL が変更した場合や，ネットワークスペシャリスト試験で問われるような，SSOにおける認証サーバに自動転送する際などに利用されます。

(5) XFFヘッダ

XFF（X-Forwarded-For）は，HTTPのヘッダのフィールドの一つです。接続元（クライアント）のIPアドレス情報を追記することができます。

追記しなくてもいいのですか？

はい。たとえば代表的なProxyサーバであるsquidの場合，forwarded_for on　と設定するのですが，必要があれば設定します。

では，どんな場合に X-Forwarded-For ヘッダフィールドを追加するのでしょうか。多くの場合，負荷分散装置（LB）や Proxy サーバによって IP アドレスが変換される場合です。

たとえば，ある企業のネットワークは，プロキシサーバを経由し，FW からインターネットにアクセスします。このとき，クライアント PC からの通信がプロキシサーバで終端され（下図①），再度 Proxy サーバの IP アドレスによって通信が行われます。

この結果, FW を経由する通信の送信元 IP アドレスは全てプロキシサーバ（下図②）になってしまいます。これでは，通信したクライアント PC の IP アドレスは分かりません。

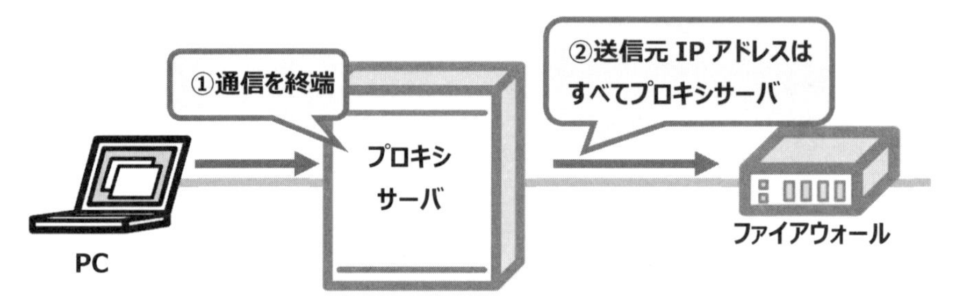

✚✚ プロキシサーバを経由すると，PC の IP アドレスが分からない

そこで, HTTP ヘッダフィールドに，XFF として，IP アドレス変換をする前の PC の IP アドレスを追記します。こうすれば，たとえば，FW にて不正な通信のログが発見された場合に，XFF の情報を見ることで，不正が行われた PC の IP アドレスを知ることができます。

3　クッキー（Cookie）

Web サイトでは，クライアントとサーバ間で情報を保持するセッション管理を行っています。なぜなら，セッション管理を行っていれば，ページが変わっても，クライアントの情報を保持できるからです。

たしかに，一度ログインをすると，ページが変わっても私の情報が保持されています。

そうです。たとえば，Web サイトから買い物をするときに，商品を選ぶページから決済をするページに画面が切り替わります。このとき，情報が引き継がれないと，改めて情報を入力する必要があります。困りますよね。

さて，このセッション管理ですが，一般的にはCookieが用いられます。具体的に見ていきましょう。

PCがサイトAで買い物をし，サイトBで決済をするとします。まず，PCがサイトAのWebサーバにアクセしします。Webサーバは，PCからのHTTPリクエストに対してHTTPレスポンスを返します。このHTTPレスポンスの**Set-Cookie**ヘッダフィールドに，session_idがuid205045という情報をPCのブラウザに保持するように指示します（図①）。以下がSet-Cookieの例です。

```
Set-Cookie：domain=example.com;
session_id=uid205045;secure;path=/874045/
```

これを受け取ったPCは，cookie情報を保持します。そして，Webサーバにアクセスするときには，HTTPリクエストの**Cookie**ヘッダフィールドに，uid205045というsession_idを入れて送信します（下図②）。こうすることで，Webサイトはセッションを維持することができます。 仮に違うサイトであるサイトB（決済サイト）に遷移したとしても，セッションを引き継ぐことが可能です（下図③）。

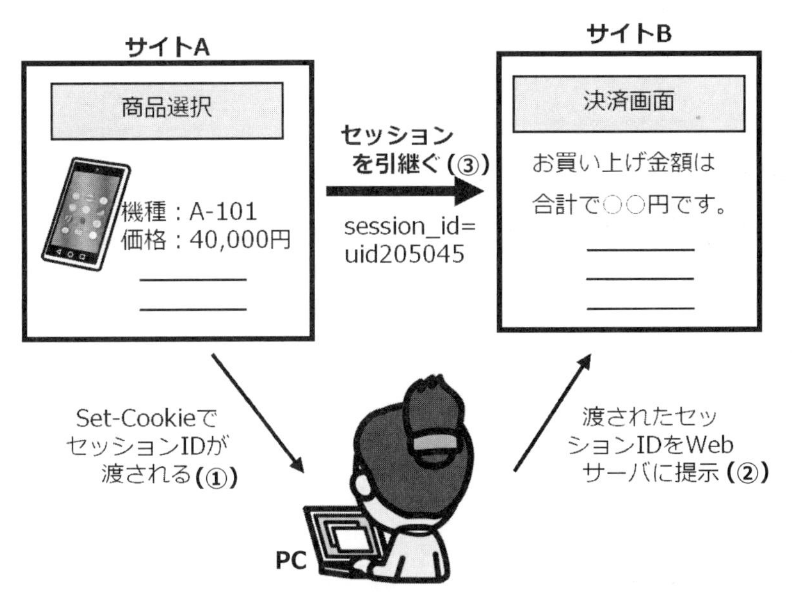

✚✚ クッキーによるセッション管理

先ほど紹介したCookieに関して，指定される属性を以下に整理します。

属性	解説
name	Cookieの名前
expires	Cookieの有効期限。値を指定しない場合は，ブラウザを閉じた時点で有効期限が切れる。
domain	Cookieを送るドメイン名。クライアント端末が次回Webサーバに接続した際に，ここで指定したドメインと一致した場合にCookieを送る。 （例）domain=seeeko.com
path	ドメイン名に加えて，URLのパスを指定したい場合に指定する。 （例）path=/cgi
secure	暗号化された通信（HTTPS）の場合にのみ Cookie を送る。domain，pathが一致しても，HTTP通信の場合はCookieを送らない。

✚✚ Cookieの主な属性

この中で，試験で問われたことがあるのは，domainとsecure属性です。過去問（H27秋NW午後I問1）では，「Webブラウザから Cookieが平文で，ネットワーク上に意図せず流れてしまう可能性がある。これを防ぐために，SSOサーバがCookieを発行するときに実施すべき方策」として，「Cookieに Secure属性を付ける」と記載されています。

3 WebDAV

WebDAVとは，HTTPを使って，Webサーバのコンテンツのアップロードするプロトコルです。

コンテンツのアップロードにはFTPが一般的ですよね？

いえ，そうとも限りません。FTPの場合だと，FTPソフトを使ってファイルを転送することが一般的です。FTPは操作性がそれほど高くなく，機能も限定されてます。

一方，HTTPを使ったWebDAVを使うと，サーバ上のファイルおよびフォルダが，まるで自分のデスクトップ上にあるように操作できます。ファイルの参照や作成，削除が簡単に行え，操作性が高いので便利です。

【補足解説】WebSocket

WebSocket プロトコルは，チャットアプリケーションのような Web ブラウザと Web サーバ間でのリアルタイム性の高い双方向通信に利用されます。

これは，従来の HTTP の仕組みではできません。というのも，HTTP ではクライアント側から Web サーバに情報を送ることができても，サーバからクライアントのブラウザに情報を送ることは簡単ではないからです。そこで，WebSocket によって，両者に通信路を作り，双方向の通信を実現できるようにしたのです。

WebSocket は専用のプロトコルを使用しますが，最初に Web サーバに通信をする際は HTTP を使ってハンドシェイクの要求を送ります。その後，WebSocket のプロトコルに切り替えます。

6-2 プロキシサーバ

1 プロキシサーバ

①プロキシサーバとその目的

プロキシ（Proxy）サーバは，社内ネットワークからインターネット接続を行うときに，インターネットへのアクセスを中継する仕組みです。一度閲覧したサイトのコンテンツを記憶（キャッシュといいます）することによって，次からのアクセスを高速にします。また，最近では，ウイルスチェックなどの機能を備えたプロキシサーバが増えており，セキュリティを強化する目的でも利用されます。

なぜプロキシサーバでセキュリティチェックをするのですか？

セキュリティの脅威は，攻撃者がたくさん存在するインターネットにあります。プロキシサーバは，PC がインターネットに接続する際に，必ず通る場所だからです。

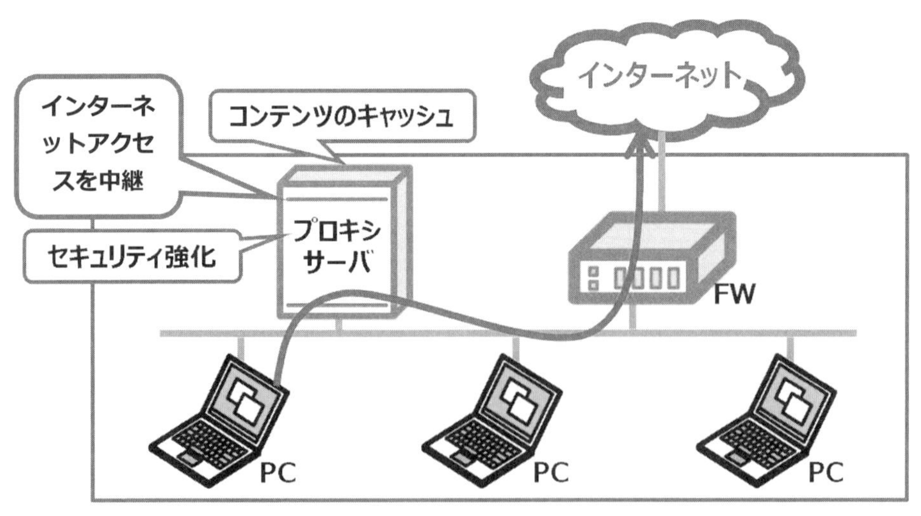

✚✚ プロキシサーバの機能

②プロキシの設定

プロキシサーバの設定を，みてみましょう。インターネットエクスプローラの場合，「ツール」「インターネットオプション」「接続」タブから「LANの設定」ボタンを押します。

ここで，プロキシサーバのIPアドレス（またはFQDN）を設定します。また，ポート番号は，8080や3128番を使うことが一般的です。（もちろん，80番でもそれ以外のポートにしても構いません。）

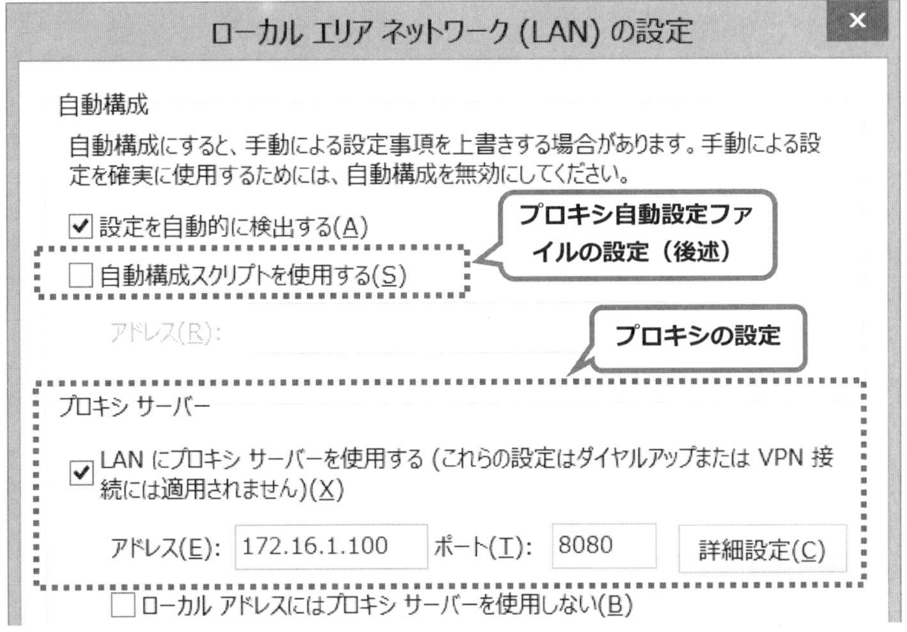

✚✚ プロキシサーバの設定例

③プロキシ自動設定ファイル（PACファイル）

プロキシサーバを利用するには，上記のように，プロキシサーバのIPアドレスを直接設定する方法以外に，プロキシ自動設定ファイル（PACファイル）をWebサーバに登録する方法があります。（H18NW午後1問2より）

上の図でいうと，「自動構成スクリプトを使用する」の部分です。その下の「アドレス」部分に，PACファイル（例えば，proxy.pac）を置いたURLを指定します。（例えば，http://www.example.com/proxy.pac）

PAC ファイルを使うメリットは何ですか？

メリットは，プログラムを書いたり，複雑な設定ができることです。たとえば，一つ目の Proxy サーバ A がダウンしたら，もう一つの Proxy サーバ B に接続させる，などの設定が可能です。または，送信元の IP アドレスによって，接続する Proxy サーバを変えることも可能です。

以下は，H30 午後 1 問 1 の問題をベースにした，プロキシ自動設定ファイル（PAC ファイル）の具体例です。SaaS のドメインを saas.example.com とし，この宛先へはプロキシサーバを経由させません。また，それ以外の宛先へはプロキシサーバ（IP アドレスを 172.16.1.100）へ接続します。

```
function FindProxyForURL(url, host) {
    // saas.example.com のホストへはプロキシサーバを経由せずに直接接続
    if (shExpMatch(host," saas.example.com ")) {
        return "DIRECT";
    }
    // それ以外の URL は，以下のプロキシサーバ（172.16.1.100）を利用する
      return "PROXY 172.16.1.100:8080";
    }
```

✚✚ PAC ファイルの設定

2　プロキシサーバとセキュリティ

ここでは，プロキシサーバにおけるセキュリティを強化する方法について述べます。

①プロキシサーバの認証

セキュリティ強化のために，プロキシサーバで認証を実施することがあります。

でも，社内の PC からしかプロキシサーバにアクセスできませんよね？どんな不正通信を防ごうとしているのですか？

たとえば，マルウェアによる外部の不正サイト（C&C サーバと言います）への通信

です。仮にマルウェアがPCに侵入したとしても，プロキシサーバのIDとパスワードを知らなければ，外部の不正サイトへの通信ができません。マルウェアを経由して遠隔操作されるなどの被害を抑えることができます。

以下に，プロキシサーバで簡易な認証(Basic認証)を有効にした場合の様子を紹介します。インターネットにアクセスするためにブラウザを開くと，以下のような認証画面が表示されます。

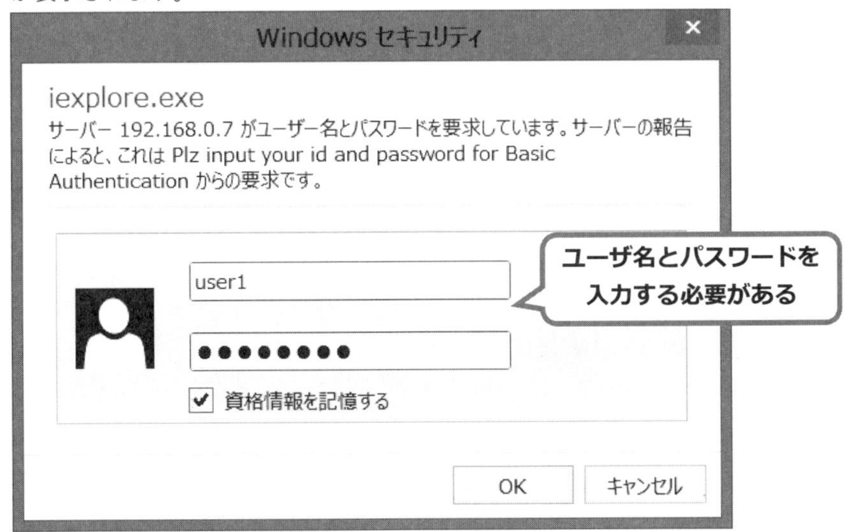

✚✚ プロキシサーバの認証画面

毎回パスワードを入れるのですか？

いえ，最初のWeb閲覧時だけです。それと，多くの企業では，WindowsのAD（Active Directory）サーバなど認証連携をしています。この場合，WindowsのPCにログインした認証情報がProxyサーバに送られます。利用者がパスワードを入力する必要はありません。

②プロキシサーバのログ

プロキシサーバでは，通信のログを取得することができます。これにより，いつ，どのIPアドレスの端末が，どのサイトにアクセスしたかの記録が残ります。マルウェア感染にて不正サイトへ通信した際などの解析にも役立ちます。

実際のログのイメージをつかんでもらうために，過去問（H30SC 秋午後 II 問 2）の問題文にあるログを引用します。※利用者 ID を追加しています。

```
27:[08/Sep/2018:03:39:04+0900] "GET http://IPn/login/pro.php user1 HTTP/1.1" 200 563 "-" "▽▽"
28:[08/Sep/2018:03:39:04+0900] "POST http://IPn/admin/g.php user1 HTTP/1.1" 200 35618 "-" "▽▽"
```

↑日時　↑メソッド　↑アクセス先の URL　↑利用者 ID

ここにありますように，Proxy のログには，通信日時以外に，アクセス先 URL や利用者 ID（認証した場合）などが記載されます。

3　HTTPS 通信の中継処理

ここでは，HTTPS 通信を中継して暗号を解除（復号）し，再度暗号化する処理について解説します。

①HTTPS 通信における CONNECT メソッド

HTTP の場合は GET メソッドなどを使いますが，HTTPS による暗号化通信の場合，**CONNECT メソッド**を使うことで，プロキシサーバを通過させるとお伝えしました（「6.1 HTTP」の章を参照）。

たしか，そのまま何もせずに通過させるんですよね。

そうです。つまり，暗号化された通信をそのまま転送するのです。その結果，プロキシサーバによるウイルスチェックや URL フィルタリングなどのセキュリティチェックが行えません。なぜなら，HTTPS で暗号化されているので，URL も暗号化されていますし，マルウェアがダウンロードされたかも分からないからです。

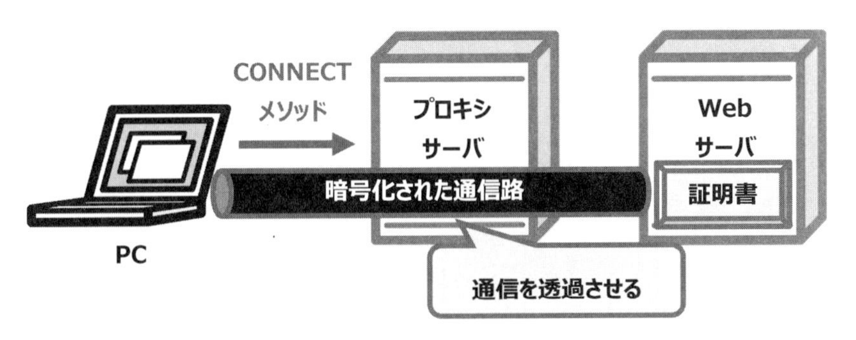

↑セキュリティチェックができない

✚✚ CONNECTメソッドで透過されるとセキュリティチェックができない

ここで，この通信に関して何点かQ&Aを記載しますので，CONNECT通信の理解を深めてください。

Q1.プロキシサーバに対し，GETで送るのか，CONNECTメソッドにするかの判断をするのは誰か。

A1. ブラウザです。少なくとも利用者である人間は，メソッドなんて意識しませんよね。

Q2.CONNECTメソッドの場合，プロキシサーバはCONNECTパケットを透過させて，CONNECTメソッドのままWebサーバに転送するのか？

A2. Noです。CONNECTメソッドは，プロキシサーバまでしか送られません。

Q3.そもそもですが，なぜ，CONNECTメソッドを使うんでしたっけ？

A3.HTTPS通信であることをプロキシサーバに通知するためです。

Q4.では，通知が終わったらGETやPOSTで通信するのですか？

A4.まあ，そんな感じです。HTTPSですから，TLSによる暗号化処理が行われます。暗号化された通信の中で，GETやPOST通信が行われます。実際のパケットをお見せすると分かりやすいのですが，暗号化されているので見せできなくて残念です。

Q5.プロキシサーバは，HTTPS 通信を透過するのであれば，PC は Web サーバと直接通信をしますか？

A5.いいえ。あくまでも PC の通信先はプロキシサーバです。パケットをキャプチャーして確認するとわかりますが（皆さんも是非やってください），PC の宛先 IP アドレスはプロキシサーバです。

なので，暗号化通信でもプロキシサーバは中継処理をしています。とはいえ，暗号鍵は Web サーバと PC しか持っていないので，プロキシサーバはパケットを転送するだけです。

②プロキシサーバによる通信の復号と再暗号

HTTPS の暗号化通信であってもセキュリティ対策をするにはどうしたらいいでしょうか。それは，HTTPS の通信を復号処理することです。

具体的に説明します。復号機能を持つプロキシサーバでは，HTTPS の通信をプロキシサーバで一旦終端します（下図①）。そして，通信を復号してセキュリティチェックをします（下図②）。その後，再度暗号化して HTTPS 通信をするのです（下図③）。

ただし，PC とプロキシサーバの間でも HTTPS 通信をしますから，暗号化通信のために必要なサーバ証明書がプロキシサーバに必要です（下図④）。

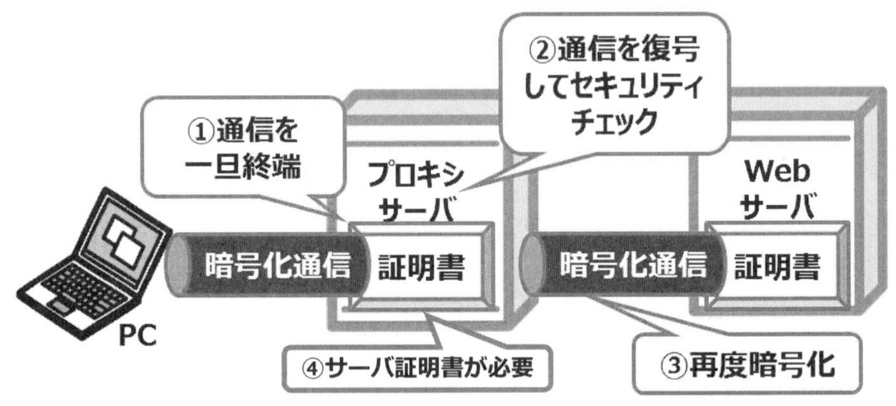

✚✚ 復号機能を持つプロキシサーバの動作

③通信の復号と再暗号における証明書エラー

SSL の復号ですが，このままだと問題が発生します。PC のブラウザ上で以下のような「証明書は信頼できません」というエラーメッセージが出るのです。（この内容は，H30NW 午後 I 問 1 などで出題されました。）

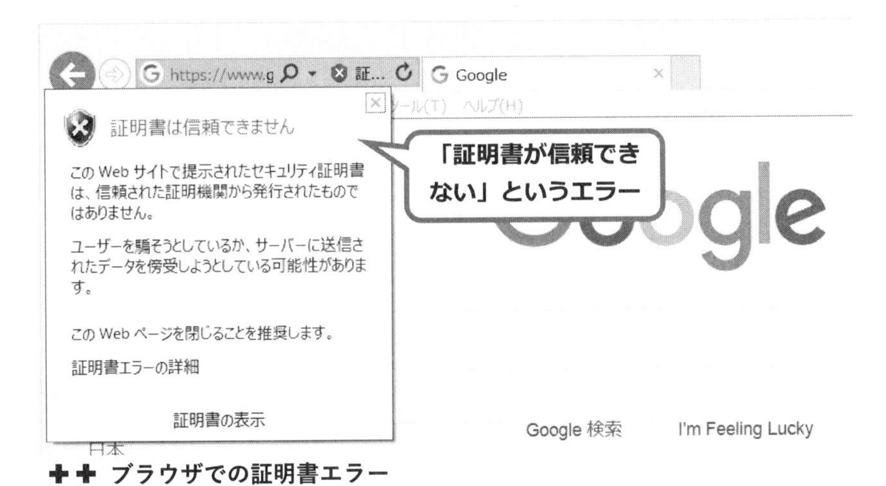

✚✚ ブラウザでの証明書エラー

この点に関して，Q&Aを入れながら詳しく解説します。

Q1.プロキシサーバ上のサーバ証明書（上記のエラーとなった証明書）は，誰が作るの？

A1.プロキシサーバです。

そうなんですか？
公的な認証局に発行してもらうサーバ証明書ではダメですか？

はい，ダメです。なぜなら，通信するWebサーバごとに，サーバ証明書が変わるからです。詳しくは7章の証明書のページで解説しますが，証明書はドメイン（正しくはFQDN）ごとに作成されます。よって，www.yahoo.co.jp や www.seeeko.com という違うドメインであれば異なる証明書が必要なのです。

このように，毎回異なる（独自の）証明書を発行できるのは，プロキシサーバしかいません。

Q2.プロキシサーバが作成した証明書を署名するのは誰？

A2.プロキシサーバです。公的な認証局に申請している時間もありませんし，そもそも（ある意味）偽の証明書ですから，公的な認証局は署名してくれません。自分で署名するしかないのです。

プロキシサーバで作成されたこの証明書には，公的な署名がありません。よって，PCは「証明書が信頼できない」というエラーメッセージを出すのです。そこで，このサーバ証明書を信頼してあげる必要があります。そのために，PCにはプロキシサーバのルート証明書を入れます。※このあたりは，7章の証明書の解説も合わせて確認してください。

4　リバースプロキシ

リバースプロキシとは，従来とはReverse（逆）方向のプロキシサーバです。従来のプロキシサーバは，内部から外部への通信をプロキシ（代理）します。一方，リバースプロキシは，外部から内部への通信をプロキシ（代理）します。

リバースプロキシによる通信の代表例が，SSL-VPN装置を使ったリモートアクセスです。社員が外出先からリバースプロキシサーバにアクセスし（下図①），社内のシステムに通信します（下図②）。

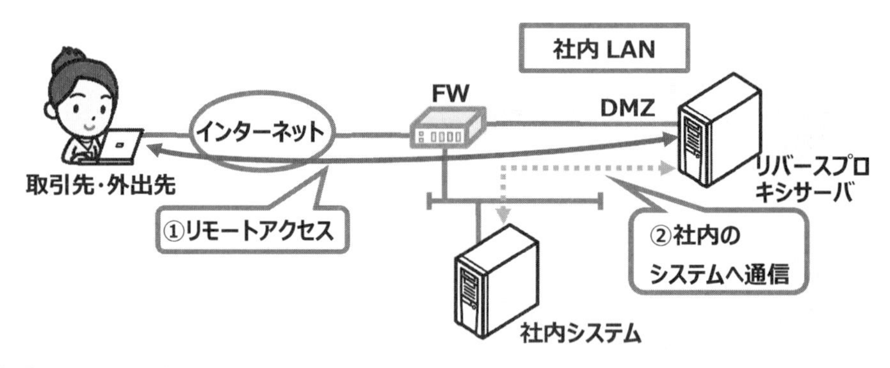

✚✚ リバースプロキシサーバによる改ざん防止

また，Webサーバの改ざんを防ぐ目的で，リバースプロキシサーバをWebサーバの前段に設置することもあります。上の図において，社内システムを公開Webサーバと置き換えてください。外部からは公開Webサーバに直接アクセスすることができませんので，公開Webサーバが改ざんされるのを防ぐのです。まあ，プロキシサーバは代理人ですから，外部からの攻撃を「身代わり」になって守ってくれるのです。

✚✚ プロキシは「代理」の意味。自分の身代わりとして身を守ってくれる意義も

加えて，リバースプロキシを設置することで，キャッシュによる応答速度の向上，及び複数のサーバでの負荷分散をすることもできます（H30NW 午後 I 問1より）。

6-3 DHCP

1 DHCPとは

DHCP（Dynamic Host Configuration Protocol）とは，IP アドレスやデフォルトゲートウェイ，DNS などのネットワーク情報を DHCP サーバから自動的に取得するプロトコルです。また，DHCP サーバでは，PC に払い出す IP アドレスや DNS サーバの情報を管理しています。

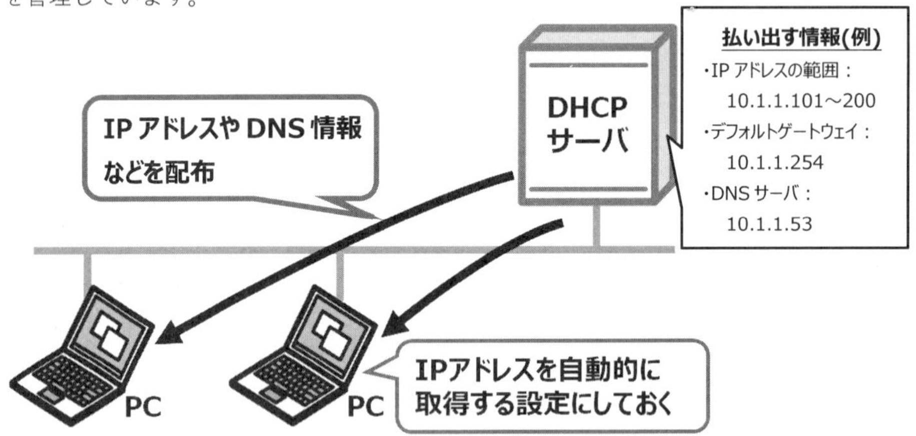

✚✚ DHCP による自動取得

DHCP を使えば，固定で IP アドレスを割り当てるのに比べ，簡単に PC のネットワーク設定が行えます。また，払い出した IP アドレスや端末を DHCP サーバにて一元管理できるという利点もあります。

一元管理するとメリットがあるのですか？

固定で IP アドレスを設定する場合を考えてください。誰がどの IP アドレスを使っているかを把握しておかないと，IP アドレスの重複が起こって通信ができなくなります。DHCP を利用すれば，そういった管理の手間が軽減できます。

2　DHCPメッセージのやり取り手順

PCがDHCPサーバからネットワーク情報を取得する際，以下の4つのメッセージをやり取りします。このような手順を踏むことで，複数のPCが同じIPアドレスを取得しないようにしています。

手順	メッセージ	動作
①	DHCP ディスカバ（DISCOVER）	PCがネットワーク上のDHCPサーバを探す。
②	DHCP オファー（OFFER）	DHCPサーバは，提供できるIPアドレスなどのネットワーク設定情報をDHCPクライアントに通知する。
③	DHCP リクエスト（REQUEST）	PCが通知されたIPアドレスを了承することを伝える。
④	DHCP アック（ACK）	DHCPサーバは，PCにIPアドレスを使っていいことを最終通知する。

✚✚ DHCPの4つのメッセージ

図にすると以下のようになります。

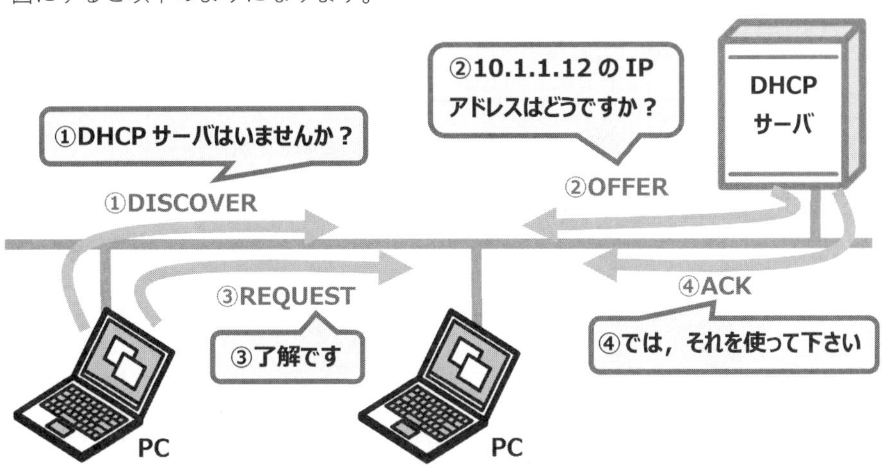

✚✚ DHCPメッセージのやり取り手順

3　DHCPリレーエージェント

DHCPリレーエージェントとは，PCからのDHCP要求をルータなどが中継する仕組みです。DHCPの要求は，ブロードキャスト通信で行われますから，同一セグメントにしか届きません。企業には複数のセグメントがあるでしょうが，セグメントごとに

DHCP サーバを用意するのは大変です。

たしかに，社内に 10 個のセグメントがあれば，10 台の DHCP サーバが必要ですね。

そうです。そこで，DHCP リレーエージェントにて，DHCP のブロードキャストパケットを DHCP サーバがある違うセグメントに伝達できるようにします。

以下の図を見てください。セグメント 1 とセグメント 2 には DHCP サーバがありません。PC が DHCP の要求をすると（図①），DHCP リレーエージェントが有効になった L3SW がそのパケットを DHCP サーバに中継するのです（図②）。DHCP サーバから IP アドレスなどのネットワーク情報を受け取った L3SW は，その情報を PC に返します。

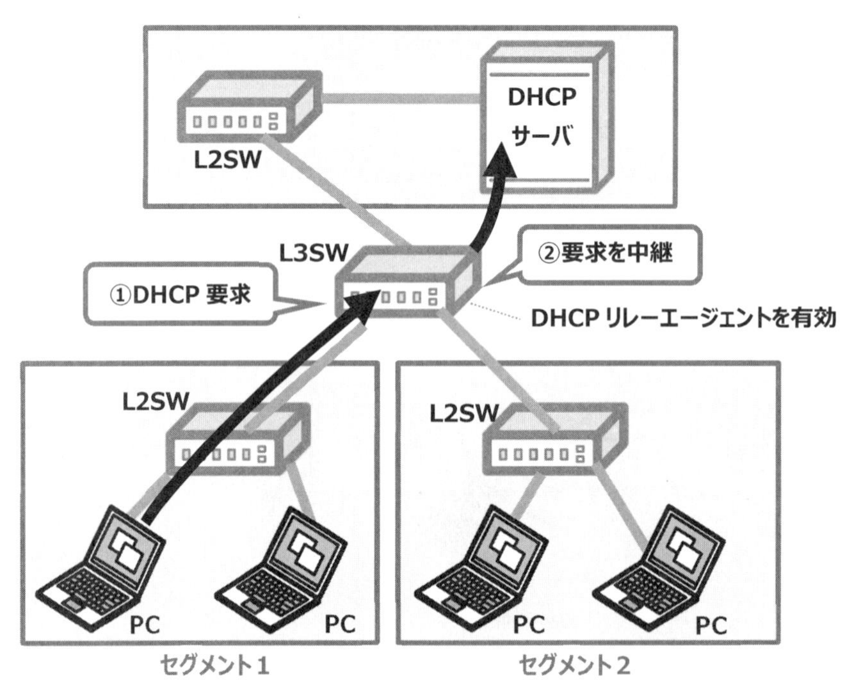

✚✚ DHCP リレーエージェント

こうすれば，複数のセグメントがあっても，1 つの DHCP サーバで IP アドレスの払い出しを行うことができます。

4　DHCP スヌーピング

スイッチングハブの機能の一つに，**DHCP スヌーピング**があります。これは，DHCP のパケットをスヌーピング（のぞき見）し，不正な通信をブロックする機能です。具体的に禁止する不正な接続は以下です。

❶不正な DHCP サーバを勝手に設置して，端末に IP アドレスを払い出すこと

登録された DHCP サーバ以外の, 不正な DHCP サーバからのフレームを破棄します。

❷PC に固定で IP アドレスを割り当てること

正規の DHCP から IP アドレスを払い出された PC の MAC アドレスを記憶し，そのフレームだけを通過させます。こうすることで，固定 IP アドレスを割り当てた PC の通信を拒否します。

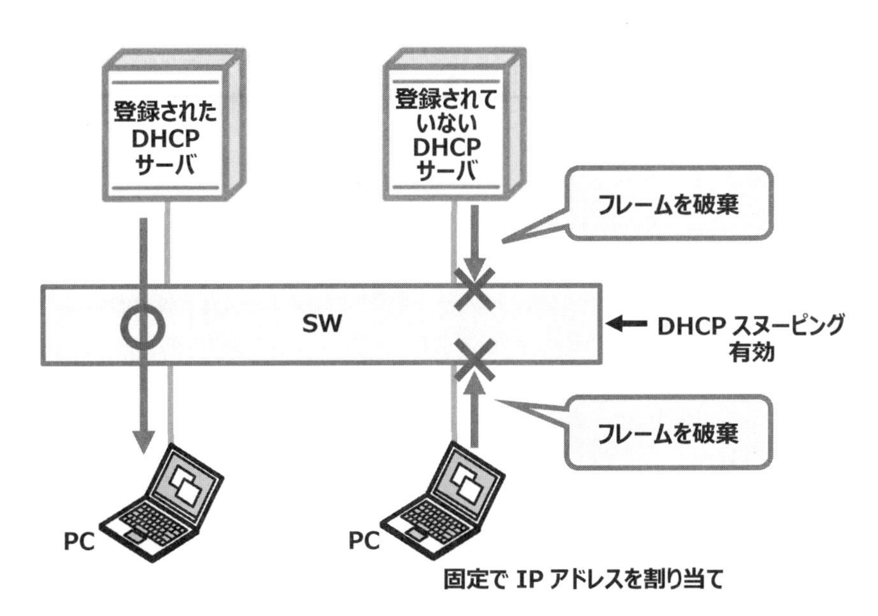

✚✚ DHCP スヌーピングの動作

6-4 FTP

1 FTPとは

FTP（File Transfer Protocol）とは，言葉の通り，ファイル（File）を転送（Transfer）するプロトコル（Protocol）です。その方法は，FFFTPなどのFTPクライアントに入れたソフトから，FTPサーバに対してファイルをアップロードしたりダウンロードしたりします。

FTPでは，二つのコネクションを用いてデータ転送を行います。これら二つのコネクションはセッションを確立する制御用（21番ポート）と，データ転送用（20番ポート）に分かれています。

2 FTPのモード

FTPのモードには，アクティブモードとパッシブモードの2つがあります。

(1) アクティブモード

アクティブモードは，古くからあるモードです。FTPの通信では，制御用コネクション（21番ポート）の確立はFTPクライアントからFTPサーバに対して行います（図❶）。それを受け取ったFTPサーバは，FTPクライアントに対してデータ転送用コネクション（20番ポート）の確立を行います（図❷）。

しかし，このモードでは問題が発生する場合があります。たとえば，社外のFTPサーバの場合，データ転送用コネクション（20番ポート）がファイアウォールでブロックされるのです。

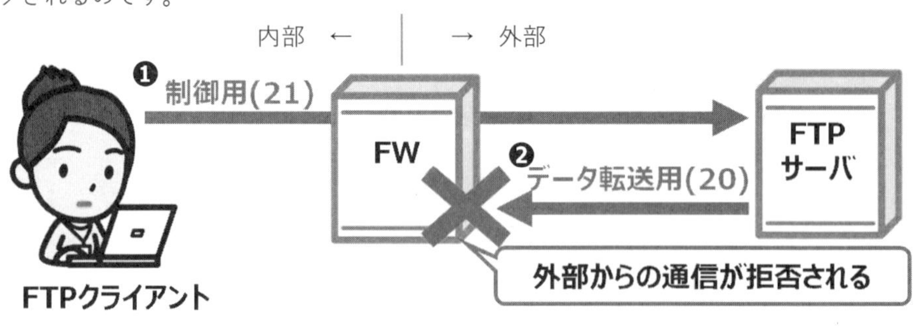

✚✚ データ転送用の通信がFWで拒否される

(2) パッシブモード

アクティブモードの上記の問題点を解消するために作られたのが**パッシブモード**です。パッシブモードでは，データ転送用コネクション（20 番ポート）もクライアントから送ります。内部からの通信なので，ファイアウォールで拒否されにくくなります。

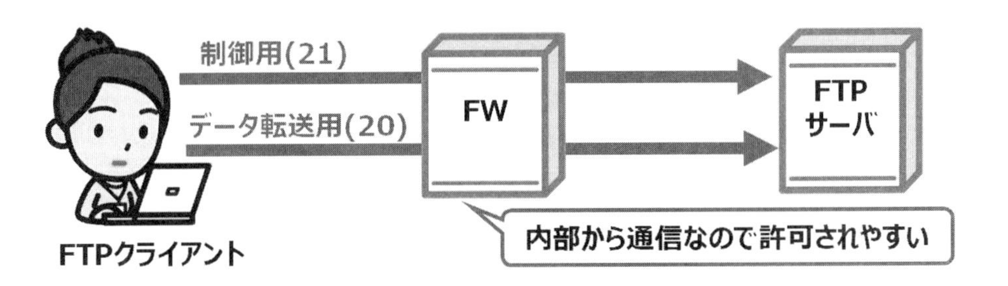

✚✚ FTP のパッシブモード

3　TFTP

TFTP（Trivial FTP）は，Trivial（ささいな）FTP という言葉の通り，簡易型のファイル転送用プロトコルです。FTP との違いは以下の 2 つです。

①ユーザ認証をしない
②TCP ではなく UDP を利用する

6-5 DNS

1 DNSとは

IPアドレスは，インターネットの世界における「住所」に例えられます。しかし，203.0.113.123などとIPアドレスを言われても，どこの国のサーバかさえもわかりません。そこで，ホームページのURLに記載する場合は，人間が視覚的に分かりやすいドメイン名を使います。ドメイン名とIPアドレスの対応を管理するのが，**DNS**(Domain Name System)です。

たとえば，DNSでは203.0.113.123のIPアドレスと，www.seeeko.comというWebサーバのドメイン（正しくはFQDN）を対応づけます（下図❶）。DNSサーバでは，クライアントからの「www.seeeko.comのIPアドレスは何ですか？」という問い（下図❷）に，「203.0.113.123です」と答えます（下図❸）。

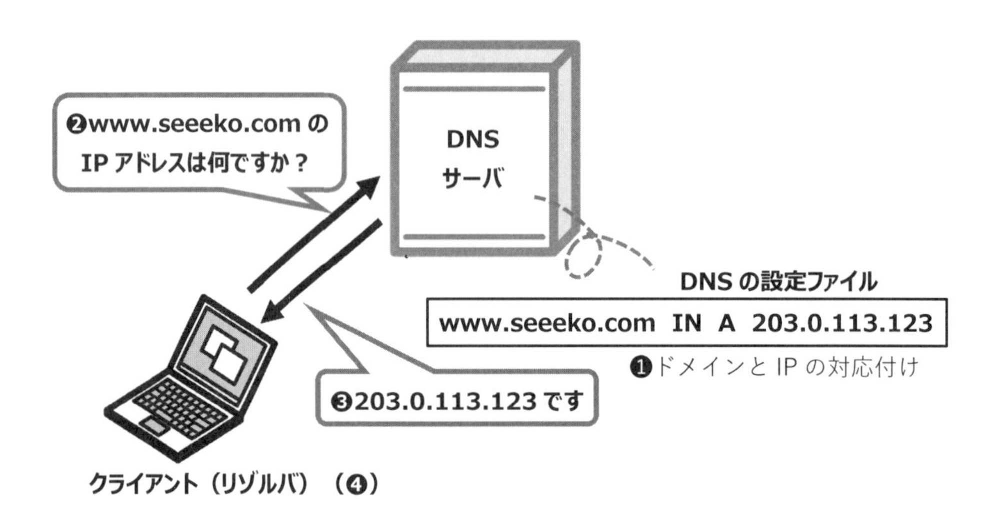

✚✚ DNSサーバの動作

また，ネームサーバに問合せを行うクライアントPCのソフトを，リゾルバと呼びます（図❹）。Windowsなどの OSには，標準でリゾルバの機能が備わっています。

2　ドメイン名とは

以下の情報をもとに，URL，FQDN やホスト名，ドメイン名などの言葉を整理します。

❶ホスト名

ホスト名は, コンピュータにつけられた名前です。たとえば, Web サーバには www, DNS サーバには ns，メールサーバには mx などの名前を付けます。

www って，ホスト名なんですか。インターネットを閲覧するときのおまじないかと思っていました。

Web サーバは必ず www にする必要はありません。たとえば，nw という名前を付けて，http://nw.seeeko.com という URL にもできます。

❷ドメイン名

冒頭にも説明しましたが，**ドメイン名**とは，会社や個人が自分たちのメールアドレスや Web サイトに使うための名前です。みなさんもよくご存知の yahoo.co.jp, google.com などがドメイン名です。

❸FQDN

FQDN（完全修飾ドメイン名）は，ホスト名を含めたドメイン名のことです。1つのドメインに対して，関連するサーバはいくつもあります。たとえば，メールサーバや Web サーバ，DNS サーバなどです。ドメイン名にホスト名が加わることで，サーバを1つに特定できます。

❹URL

URL（Uniform Resource Locator）は，Web ページの場所を示します。

【補足解説】国際化ドメイン名（IDN）

国際化ドメイン名（IDN:Internationalized Domain Name）とは，従来のアルファベットや数字によるドメイン以外の，日本語などの各国の言葉を使ったドメインのことです。（たとえば，「ネスペ２９.com」）

では，このような日本語のドメイン名ですが，DNS サーバには，日本語で登録されるのでしょうか？

正解は，日本語ではありません。一定のルールによって，アルファベットに置き換えられます。

たとえば，「ネスペ２９.com」なら「xn--29-fi4a7c0c.com」です。我々がブラウザに「http://www.ネスペ２９.com」と入力すると，ブラウザが自動で「http://www.xn--29-fi4a7c0c.com」に読み替えます。ですから，DNS サーバには「xn--29-fi4a7c0c.com」というドメインが登録されます。

また，全角は半角に変換されますので，ネスペ２９.com もネスペ 29.com もどちらも「xn--29-fi4a7c0c.com」になります。

3　ツリー構造

DNS は，多数の DNS サーバで構成される分散型データベースで，ルート DNS サーバと呼ばれるサーバを頂点としたツリー構造になっています。DNS のツリー構造の最上位に位置するルート DNS サーバの配下には，ドメイン名（例:jp ドメイン，co.jp ドメインなど）に対応した DNS サーバがあります。

次の図を見ながら，具体的な問い合わせの流れを見ていきましょう。

例えば，http://www.example.com というサーバにアクセスしたいとします。このとき，まずはルート DNS サーバ（下図①）に，「com ドメイン」のサーバの IP アドレスを問い合わせます。次に，その IP アドレスをもとに「com ドメイン」の DNS サーバ（下図②）に，「example.com ドメイン」の DNS サーバの IP アドレスを問い合わせます。さらに，「example.com ドメイン」の DNS サーバ（下図③）に，www のサーバの IP アドレスを問い合わせます。

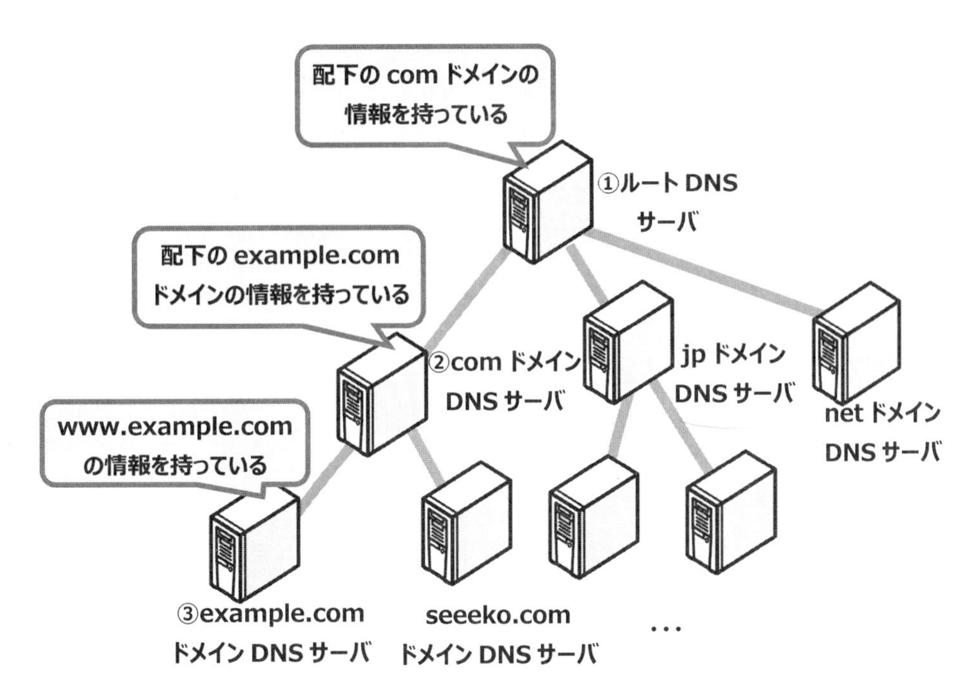

✚✚ DNS のツリー構造

しかし，実際には DNS 情報がキャッシュされていることが多いので，多くの場合，ルート DNS サーバまで問い合わせません。

4　プライマリ DNS サーバとセカンダリ DNS サーバ

DNS サーバは，可用性を高めるために，2 台以上設置する必要があります。ゾーン情報のマスタを保有するサーバをプライマリ（又はマスタ）DNS サーバ，複製を保有するサーバをセカンダリ（又はスレーブ）DNS サーバと言います。

また，プライマリ DNS で保持しているゾーン情報をセカンダリ DNS に同期させることを**ゾーン転送**といいます。

ゾーン転送の流れですが，セカンダリ DNS サーバからプライマリ DNS サーバへ，ゾーン転送を要求します（下図①)。ゾーン情報が更新されていた場合に，ゾーン転送を行います（下図②)。

セカンダリ DNS サーバが，プライマリ DNS サーバにゾーン情報が更新されているかを確認する間隔は，このあとの記載する「DNS のゾーンファイル」の「refresh」の値で設定されます。

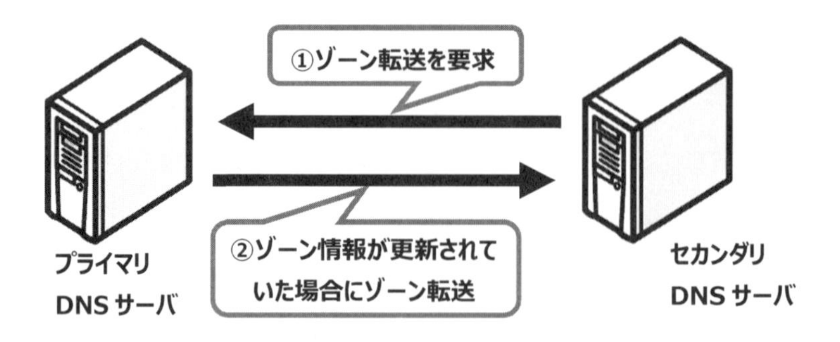

✚✚ ゾーン転送

それだと，タイムラグが生じないですか？

その通りです。そこで，DNS のソフトである BIND8 から DNS NOTIFY が実装されました。プライマリ DNS は，ゾーン情報を更新すると，セカンダリ DNS サーバに更新通知（NOTIFY メッセージ）を送信します。これを契機としてゾーン転送が行われます。

ただし，プライマリ DNS は更新通知（NOTIFY メッセージ）を送るだけです。ゾーン転送は，これまでと同様にセカンダリ DNS サーバから行われます。

5　DNS キャッシュサーバ

DNS キャッシュサーバとは，ドメイン情報を管理せず，キャッシュ情報を保有して PC からの問い合わせに答える DNS サーバです。

インターネットを閲覧するときのプロキシサーバと同じ役割ですか？

はい，プロキシサーバの目的は，キャッシュによる応答速度の向上でしたね。DNS キャッシュも同じようなものと考えてください。キャッシュ DNS サーバがあることで，PC からの DNS 問い合わせに対して，迅速に回答をすることができます。

また，DNS キャッシュサーバは，名前解決をフルに（最後まで）行うことが一般的なので，フルリゾルバ（またはフルサービスリゾルバ）とも呼ばれます。

6 DNSのレコードとゾーンファイル

DNSサーバでは，ドメインのホストに対するIPアドレスの情報以外に，そのドメインのメールサーバや，ネームサーバ（DNSサーバ）の情報など，いくつかの情報を管理します。

以下に，DNSのレコードを解説します。

❶Aレコード

A（Address）レコードは，名前に対応するIPアドレス（Address）を指定するレコードです。たとえば，www.seeeko.comというWebサーバのIPアドレスが203.0.113.123である場合，seeeko.comドメインのDNSサーバにて以下のように設定します。

```
                                  ↓IPアドレス
www.seeeko.com.    IN    A        203.0.113.123
 ↑ドメイン（FQDN）      ↑Aレコードの意
```

ここで，203.0.113.123というのは，このレコードにおけるリソースのデータ部分で，RDATA（Resource DATA）と言われます。

または，省略形で次のようにホスト名のみを記載します。ドメインがseeeko.comであることは分かっているからです。

```
www                IN    A    203.0.113.123
↑ホスト名
```

また，上記はIPv4アドレスの場合ですが，IPv6の場合は**AAAAレコード**を用いますので，以下のようになります。

```
                                  ↓IPv6アドレス
www.seeeko.com.    IN    AAAA    2001:db8::ff00:42:8329
                         ↑AAAAレコードの意
```

❷MXレコード

MX（Mail eXchanger）レコードは，そのドメインのメールサーバを指定するレコードです。たとえば，user1@seeeko.comというメールアドレスにメールを送る場合，seeeko.comのメールサーバがどれなのかをDNSサーバに問い合わせます。seeeko.comドメインのメールサーバがmx1.seeeko.comとmx2.seeeko.comの2つがある場合，DNSサーバでの記載例は以下です。

```
                              ↓ MXレコードの意    ↓メールサーバのFQDN
seeeko.com.          IN    MX    10    mx1.seeeko.com.
seeeko.com.          IN    MX    20    mx2.seeeko.com.
  ↑ドメイン名                          ↑優先度
```

ここで，10や20の数字はサーバの優先度を表します。小さい方（この場合は10のmx1.seeeko.com）のサーバが優先して使用されるメールサーバです。

❸NSレコード

NS（Name Server）レコードは，自分のドメインや下位ドメインに関するDNSサーバのホスト名を指定するレコードです。たとえば，seeeko.comドメインのDNSサーバがns1.seeeko.com.である場合，DNSサーバでの記載例は以下です。

```
seeeko.com.        IN    NS      ns1.seeeko.com.
                         ↑NSレコードの意
```

❹CNAMEレコード

CNAME（Canonical NAME）レコードは，別名をつけるレコードです。作家がペンネームを持つようなイメージで，たとえば，wwwというホストにwebという別名をつた場合の設定は以下です。　　↓CNAMEの意

```
web.seeeko.com.    IN    CNAME    www.seeeko.com.
   ↑別名                             ↑本来のFQDN
```

【補足解説】DNSのゾーンファイル

ここで紹介したDNSのレコードは，DNSサーバの設定ファイルに記載されます。具体的には，ゾーンファイルと呼ばれるファイルです（サンプルは以下）。細かい内容を覚える必要はありません。ただ，過去問（たとえば，H29秋NW午後II問1）で登場していますので，雰囲気だけはつかんでおきましょう。

```
$ORIGIN   example.com.      ←【1】
$TTL 86400       ←【2】
@ IN SOA ns1.example.com. hostmaster.example.com.(
```

```
      2019090101 ; serial 番号      ←【3】
      43200 ; refresh    ←【4】
      1800 ; retry
      604800 ; expire
      10800 ); negative cache

          IN NS ns1.example.com
          IN NS ns2.example.com
          IN MX 10 mx1.example.com
          IN MX 20 mx2.example.com
ns1 IN A 203.0.113.53
ns2 IN A 203.0.113.54
mx1 IN A 203.0.113.25
mx2 IN A 203.0.113.26
www IN A 203.0.113.80
```

✚✚ DNSのゾーンファイル

少し補足します。（試験で問われたのは【4】のみ。）

【1】は，これを記載しておくと，example.com.の部分を@ に置き換えた簡略化表現が使えます。ただ，記載しない場合は，ドメイン名が自動で指定されます。よって，必須の記載ではありません。

【2】は，DNS情報の生存時間です。たとえば，wwwのAレコードのIPアドレスが 203.0.113.1 という回答を PC が受け取っていたとします。TTL が 24 時間（＝86400秒）だった場合，PC側でキャッシュとして24時間保持します。24時間が経過すると，有効期限が切れているので，再度DNSサーバに問い合わせます。

【4】は，PCではなく，セカンダリDNSサーバが，プライマリDNSサーバに情報を取得する間隔です。この場合だと，12時間（＝43200秒）間隔で，情報を再取得に行きます。このとき，【3】のserial番号の値が増えていると，ゾーン情報に変更があったとして，ゾーン転送が行われます。

7　DNS ラウンドロビン

DNS ラウンドロビンとは，DNS の仕組みを利用して，サーバの負荷分散をする仕組みです。設定としては，サーバのホスト名に，複数の Web サーバの IP アドレスを対応させます。

たとえば，WWW サーバを，10.1.1.1 と 10.1.1.2 の IP アドレスを持つサーバに対応させる場合の設定は以下です。

```
www                IN    A    10.1.1.1
www                IN    A    10.1.1.2
```

✚✚ 2 つのサーバを DNS ラウンドロビン

この設定をすると，DNS サーバは PC からの問い合わせに対し，毎回，値を変えて回答をします。たとえば，以下の図ですと，PC 1 と PC 2 が DNS サーバに，www サーバの IP アドレスを問い合わせています。DNS サーバは，2 台の PC に違う IP アドレスを回答しています。その結果，PC から通信する www サーバが，2 台で負荷分散されます。

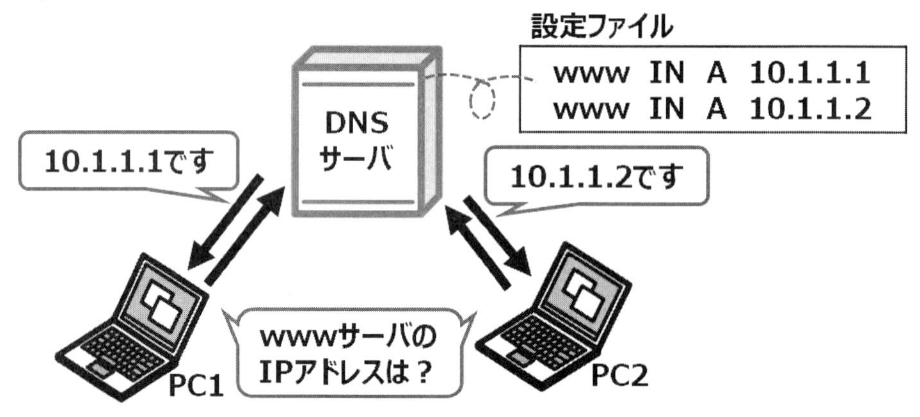

✚✚ DNS ラウンドロビンの動作

DNS ラウンドロビンは，負荷分散装置を導入せずに負荷分散ができるので便利な機能です。しかし，振り分け先のサーバのスペックや負荷状況を判断できないので，万能な仕組みではありません。

【補足解説】DNSSEC

DNSキャッシュサーバの情報が不正に書き換えられると，意図せず悪意のあるサーバに接続してしまう可能性があります。そこで，**DNSSEC**（DNS Security Extensions）によって，DNS応答の正当性を確認します。

DNSSECでは，ディジタル署名を用いることで，DNSキャッシュサーバからの応答が正しいもの，つまり，改ざんされていない情報であることを確認します。

6-6 電子メール

1 電子メール

電子メールを送るには，PC のメールソフト（例：Outlook や Thunderbird）を使って，メールサーバに送信します（下図①）。メールサーバはそれを相手のメールサーバに転送します（下図②）。

一方，メールの受信に関しては，外部から送られてきたメール（下図❶）はメールサーバに保存されます（下図❷）。PC は，メールサーバにメールに取りに行くことで（下図❸），メールを受信します。

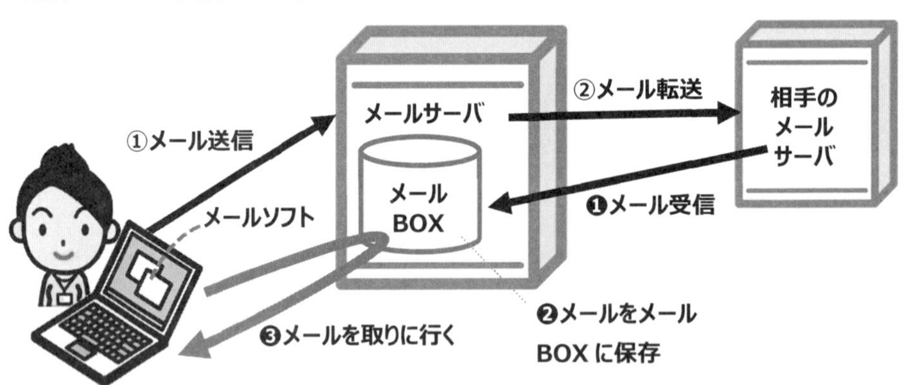

✚✚ メールの送受信

2 メールのシステム構成

メールサーバは通常，DMZ に設置される外部メールサーバ（中継メールサーバ）と内部セグメントに設置される内部メールサーバで構成されます。

外部メールサーバと内部メールサーバを分けなければいけないのですか？

分けないとメールの送受信ができないわけではありません。しかし，セキュリティを確保するため分けることが望まれます。というのも，外部からメールを受信するためには，メールサーバはDMZに公開する必要があります（下図❶）。しかし，メールサーバには機密性が高いメールデータもあります。内部メールサーバを構築して，内部メールサーバにメールデータを蓄積する方が望ましいのです（下図❷）。

以下に，メールサーバの構成例を紹介します。社外からのメールが社内のPCに届く流れとともに確認をしてください。

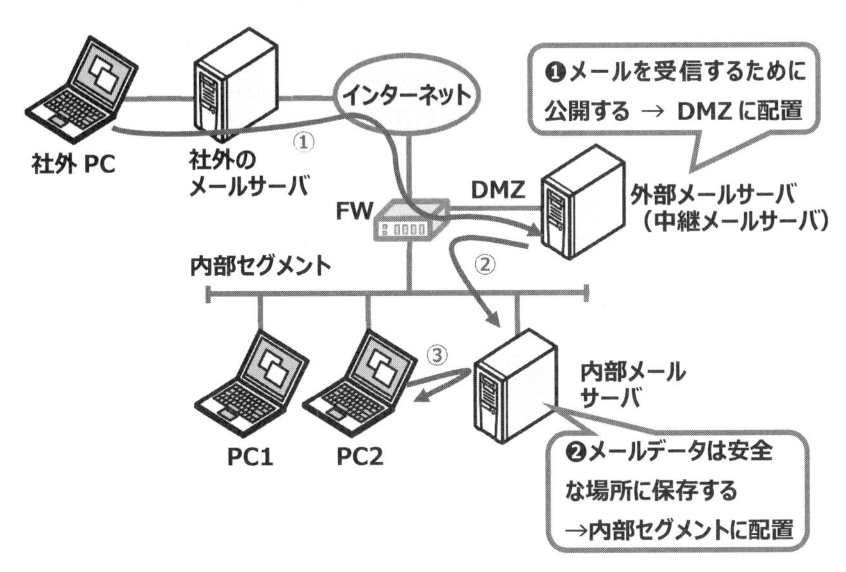

✚✚ メールシステムの構成

社外からのメールがPCに届く流れを解説します。社外からのメールは，DMZにある外部メールサーバに届きます（図①）。外部メールサーバは，そのメールを内部メールサーバに転送します（図②）。PC は，内部メールサーバにメールを取りに行きます（図③）。

内部のPCから外部にメールを送る場合は，この逆の経路ですか？

基本的にそうなります。ただ，外部メールサーバを経由することは必須ではありません。内部メールサーバから通信相手のメールサーバに，直接送信する場合もあります。

3　送信プロトコル

代表的なメールの送信プロトコルには，以下があります。

❶SMTP（Simple Mail Transfer Protocol）　【ポート番号：25】

SMTP は，メール（Mail）を転送（Transfer）するためのプロトコル（Protocol）です。広く普及しているプロトコルですが，SMTP には認証機能がありません。この点を改良したプロトコルが，以下の POP before SMTP と SMTP AUTH です。

❷POP before SMTP　【ポート番号：25】

POP before SMTP は，直訳の通り SMTP 通信の前（before）に POP の通信をします。まず，認証が必要な POP3 による通信を行わせます。そして，その通信が成功した送信元 IP アドレスからの SMTP の通信を，一定時間（たとえば 5 分）許可します。なので，特別なポート番号を使うのではなく，25 番ポートをそのまま使います。

ただ，今では次に述べる SMTP-AUTH が中心で，POP before SMTP はほとんど使われていません。

❸SMTP AUTH　【ポート番号：587】

SMTP AUTH は, SMTP 通信において, ユーザ名とパスワード認証 (Authentication) を行います。SMTP AUTH は，このあとの迷惑メール対策で解説する OP25B でも利用される技術です。

❹SMTP over TLS (SMTPS)　【ポート番号：465】

SMTP over TLS は，非暗号の SMTP の通信を，TLS（古くは SSL）を用いて暗号化するものです。補足解説に記載していますが，SMTP を TLS によって暗号化する仕組みには，後述する STARTTLS もあります。

4　受信プロトコル

代表的なメールの受信プロトコルには，以下があります。

❶POP3　【ポート番号：110】

POP3（Post Office Protocol version 3）は，電子メールを受信するプロトコルです。メールサーバのメールボックスから電子メールを取り出します。

❷IMAP4　【ポート番号：143】

IMAP4（Internet Message Access Protocol version4）は，POP3を改良したプロトコルです。IMAPは，PCにメールをサーバからダウンロードするのではなくサーバ上で管理します（PCにメールを取り込むことも可能です）。POPの場合は，PCにメールを取り込んで管理します。よって，自宅PCにメールを取り込んだあとに，違うPCやスマホなどでメールを見ることができません。

サーバ上のメールが自宅PCに取り込まれ，無くなるからですね。

そうなんです。一方，IMAPはサーバ上でメールを管理するので，自宅のPCでメールを取り込んでもメールはメールBOXに残ります。ですから，すでにPCに取り込んだメールでも，別のPCでメールをみることができます。

この点は，クラウド上でメールを管理するGmailなどのWebメールに似ています。

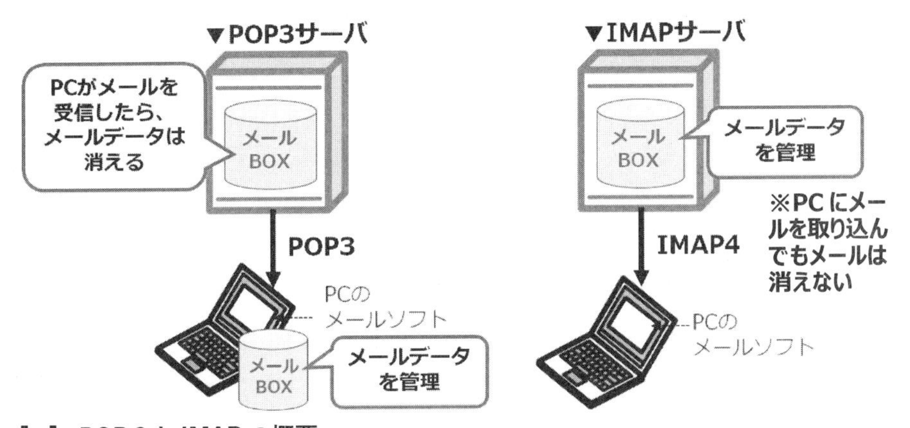

✚✚ POP 3とIMAPの概要

❸POP3S　【ポート番号：995】

POP3の通信も，SMTPと同様に暗号化されていません。そこで，**POP3S**（POP3 over TLS)によって，POP通信をTLS（古くはSSL）で暗号化します。

POPを暗号化する仕組みとして，APOPというのもありましたよね？

APOP（Authenticated POP）は，メールサーバとの通信時にパスワードのみを暗号化します。メールの通信そのものが暗号化されるわけではありません。

参考ですが, IMAPをTLSで暗号化するプロトコルとして, IMAPS(ポート番号993)もあります。IMAPもPOP3と同様に，メール本文だけでなくパスワードも暗号化されていませんでした。インターネット経由でメールサーバにアクセスする場合はTLSによる暗号化は必須と言えます。

【補足解説】STARTTLS

STARTTLSは，SMTPやPOP3などで利用できる暗号化技術です。すでに紹介しましたが，SMTP通信の暗号化であれば，SMTP over TLSがあります。

STARTTLSもSMTP over TLSも，どちらもTLS（SSL）による暗号化です。STARTTLSの特徴は，SMTP over SSL（465）やPOP3 over SSL（995）と違って，ポート番号を従来のSMTP（25）やPOP3（110）をそのまま利用できることです。

そして, 通信相手と暗号化通信ができると確認した上で, ポート番号を変えずに暗号化通信を行います。仮に, 相手がSTARTTLSに対応していなければ, 通常のSMTPやPOP3で通信を行います。

5　SMTPコマンドによるメール送信の流れ

メールを送信するSMTPプロトコルについて解説します。

SMTPのセッションの開始を表すコマンドは，HELO（Helloの意）または**EHLO**（Extended Helloの意）です。EHLOは「Extended（拡張された）」という言葉があるとおり, 拡張機能を確認するために使われます。たとえば, SMTP-AUTHや, STARTTLSなどは，通信相手のサーバもこれに対応していなければ，利用できません。そこで，送信側メールサーバがEHLOを送り，その応答にSTARTTLSの文字が含まれているかを確認します。STARTTLSが含まれていれば，STARTTLSに対応していることが分かります。

では，EHLO以外も見ていきましょう。SMTPプロトコルでは，メール本文を送信する前に, 次の図のように**MAIL FROM**コマンドにて送信元のメールアドレスを通知し，

RCPT TO コマンドにて宛先メールアドレスを通知します。

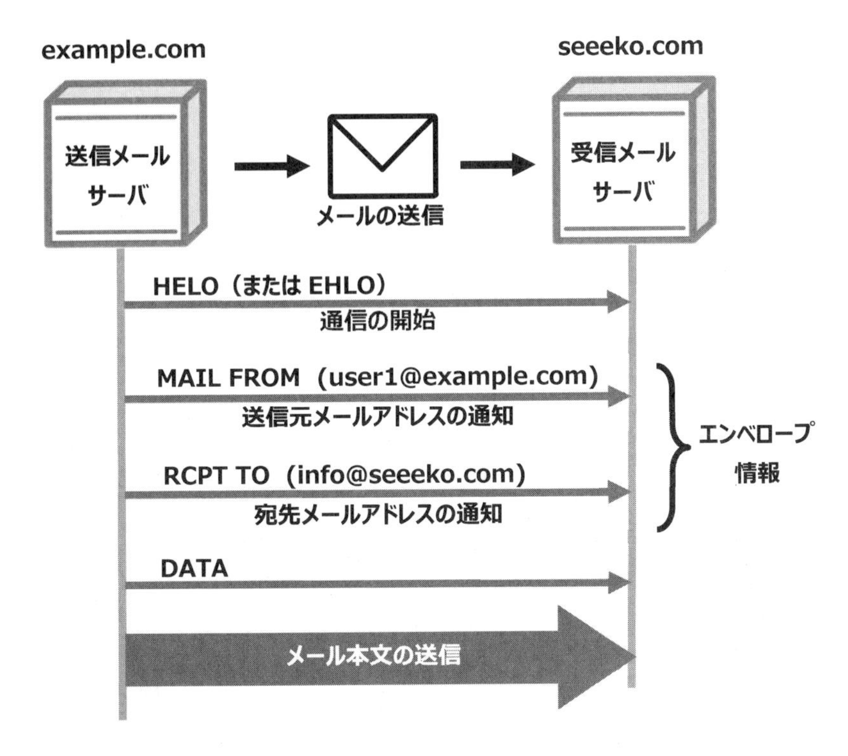

✚✚ SMTP コマンドによるメール送信の流れ

このとき，MAIL FROM と RCPT TO に入れられた送信元メールアドレスと宛先メールアドレスの情報は，エンベロープ情報と呼ばれます。

MAIL FROM：user1@example.com（送信元メールアドレス）
RCPT TO：info@seeeko.com（宛先メールアドレス）

✚✚ エンベロープ情報

エンベロープ情報は，メールのヘッダ（Subject や From などの情報）にある FROM（送信元メールアドレス），TO（宛先メールアドレス）とは異なるので注意が必要です。

どう違うのですか？

実際の手紙で考えましょう。皆さんは手紙に手紙に「○○さんへ」と宛先を書いたり，自分の名前を書くことでしょう。そしてさらに，封筒に宛名と差出人を書きます。エンベロープ(envelope)は，「封筒」という意味です。封筒に書いたものがMAIL FROMやRCPT TOによるエンベロープ情報です。そして，手紙そのものに書いた宛先などがメールヘッダです。

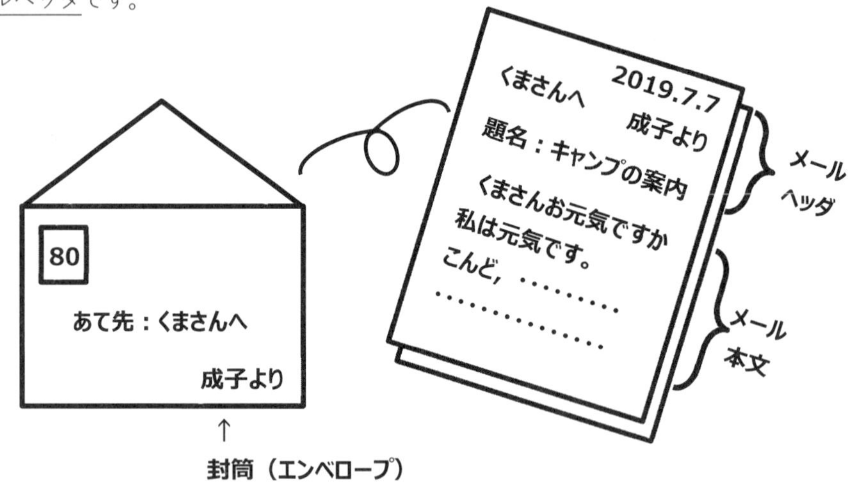

✚✚ エンベロープ情報とメールヘッダのイメージ

エンベロープ情報とメールヘッダを整理すると，以下になります。

エンベロープ（封筒）	MAIL FROM：送信元メールアドレス RCPT TO：宛先メールアドレス
メールヘッダ	DATE:時刻 FROM：**表示名<送信元メールアドレス>** TO:表示名<宛先メールアドレス> Subject：題名 ・・・・・・
メール本文	くまさん，お元気ですか

✚✚ エンベロープ情報とメールヘッダ

メールヘッダにある「表示名」ってどういう意味ですか？

皆さんのクライアントPCにて，メールアカウントの設定をするときに，メールアドレス（例：FT002153@example.co.jp）以外に，本名の「剣持成子」などを設定することと思います。これが表示名です。メールソフトでは，メールアドレスではなく，「表示名」が表示されることが一般的です。

6-7 VoIP

1　アナログ方式の電話とデジタル方式の電話

古くからある家庭の電話は固定電話といわれ，今でも多くの方が使っています。

✚✚ 固定電話のイメージ

この固定電話ですが，細い銅線でつながれたアナログ方式の電話です。最近では，携帯電話や，NTTの「ひかり電話」などのデジタル方式の電話が増えています。

2　VoIPとは

VoIP(Voice over Internet Protocol)とは，言葉の通り，音声（Voice）をパケット化してIP上（over Internet Protocol）で通信する技術です。VoIP化するときに利用されるのが，**VoIPゲートウェイ**です。

単純なVoIP化の例を紹介します。従来，固定電話の電話機は，アナログ電話線を伝って，NTTなどの電話会社につながっています。

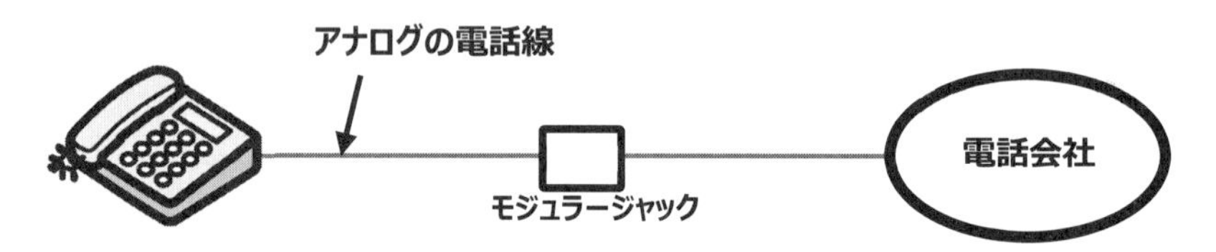

✚✚ アナログ電話の場合

これをVoIP化するには，VoIPゲートウェイを接続し，アナログの音声をデジタルの音声に変換します（**符号化**といいます）。このとき，ケーブルは，アナログ電話線からLANケーブルに変わります。そして，ルータなどを経由してWAN回線を通じて音声データを運びます。当然ながら，接続先ではVoIPに対応した装置で電話を受ける必要があります。

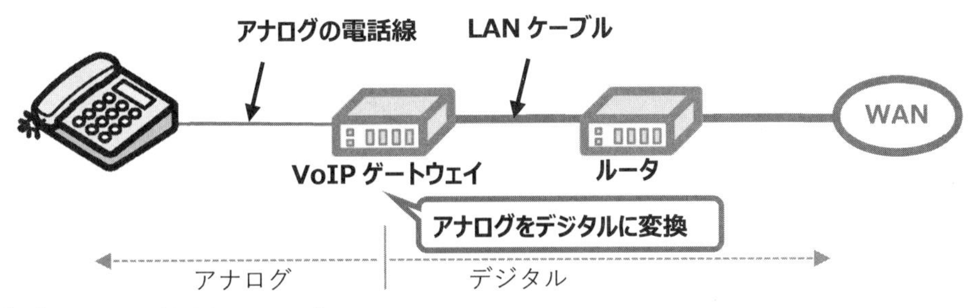

✚✚ アナログ電話のVoIP化

VoIPにすると，いいことがあるのですか？

はい。VoIPを進めることで，電話とLAN配線の二重配線が不要になったり，拠点間の音声通話を無料にすることができます。

3 音声データと呼制御データ

電話の通信には，「もしもし」「こんにちは」などの話す音声データ以外に，電話をかけたり相手を呼び出したり切断したりなどの呼制御といわれるデータがあります。

順に解説します。

（1）呼制御データ

通話をするには，まずは相手と接続しなければなりません。普通は，受話器を上げて，電話番号を押します。すると，「プルルル」または「プー・プー・プー（話中）」などいう音が聞こえ，相手が出ると電話がつながります。また，電話を切ると，相手にも切断を知らせます。こういった一連の処理をするのが**呼制御**です。従来のアナログ電話の場合は，PBXがこの処理を行います。

VoIPにおいて，呼制御を行う代表的なプロトコルを**SIP**といいます。そして，呼制御を行う装置をSIPサーバといいます。(SIPに関しては，このあと詳しく解説します。)

（2）音声データ

実際の通話をする音声データです。このときに利用されるプロトコルは**RTP**です。(RTPに関しても，章後半の第7節にて詳しく解説します。)

【補足解説】R 値

IP 電話の音声品質を表す指標のうち，ノイズ，エコー，遅延などから算出されるものを **R 値**（Rating factor）といいます。

また，聞き手側（Opinion）が感じる動画や音声の品質のことで，「非常によい」「よい」などの 5 段回のスコア（Score）の平均（Mean）した値を MOS（Mean Opinion Score）値といいます。

4 SIP の機能と音声通話の流れ

呼制御プロトコルの SIP(Session Initiation Protocol)の機能について説明します。ここでは, 次の図の音声通話の流れに沿って解説することで, VoIP の機能を紹介します。すでに述べたように，音声通話は，呼制御データと音声データの 2 段階です。

(1) 呼制御データ

内線 100 の電話機 1（UA：User Agent）から内線 200 の電話機 2 に，SIP サーバを経由して電話をかける場合を考えます。まず，電話機 1 は，SIP サーバに対して「内線 200 の電話機と通信したい」という通話要求（**INVITE** メッセージ）を送ります（図①）。SIP サーバでは，電話情報のデータベースから，該当する IP アドレスを検索します（図②）。検索した結果を踏まえ，SIP サーバは，通話要求を内線 200 の電話機 2 に転送します（図③）。電話機 2 は，SIP サーバ経由で応答を返します（図④）。

(2) 音声データ

呼制御によって通話相手との接続が終わると, 2 台の電話機が SIP サーバを介さずに直接通信をします（図⑤）。

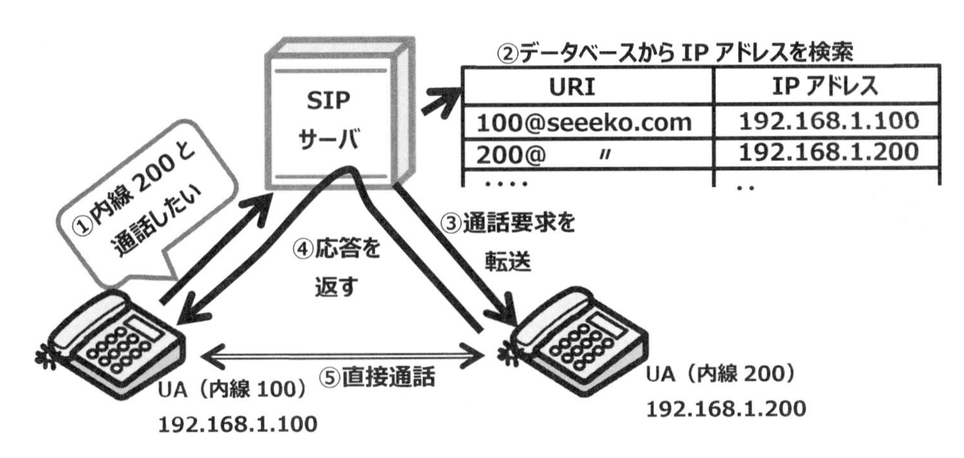

✚✚ 音声通話の流れ

このように，SIP サーバは，電話番号データベースの管理や，電話機間のメッセージの仲介を行います。

5　SIP メッセージ

過去問（H26 年 NW 秋午後 2 問 2）には，SIP のメッセージの例として INVITE リクエストが記載されています。

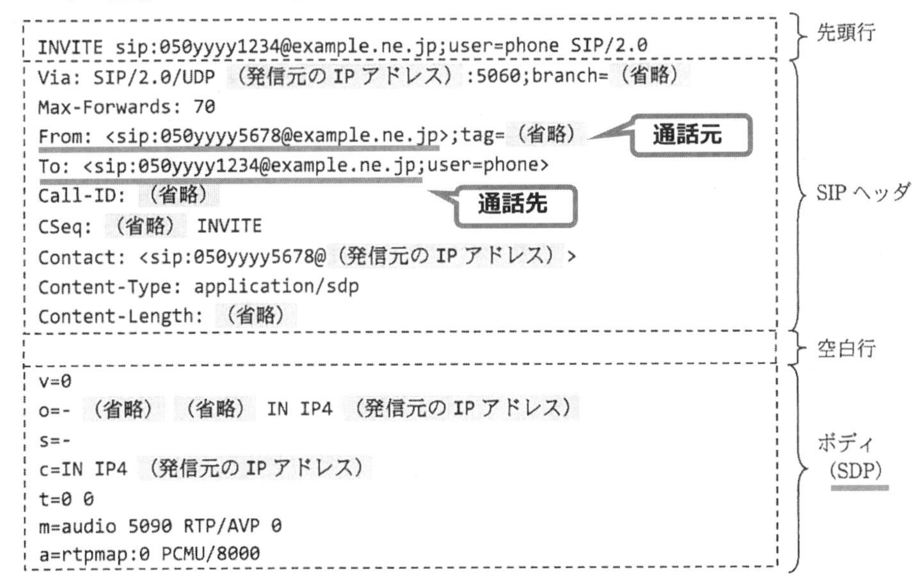

```
INVITE sip:050yyyy1234@example.ne.jp;user=phone SIP/2.0
Via: SIP/2.0/UDP （発信元の IP アドレス）:5060;branch=（省略）
Max-Forwards: 70
From: <sip:050yyyy5678@example.ne.jp>;tag=（省略）
To: <sip:050yyyy1234@example.ne.jp;user=phone>
Call-ID: （省略）
CSeq: （省略） INVITE
Contact: <sip:050yyyy5678@（発信元の IP アドレス）>
Content-Type: application/sdp
Content-Length: （省略）

v=0
o=- （省略） （省略） IN IP4 （発信元の IP アドレス）
s=-
c=IN IP4 （発信元の IP アドレス）
t=0 0
m=audio 5090 RTP/AVP 0
a=rtpmap:0 PCMU/8000
```


✚✚ INVITE リクエストの内容例

SIP ヘッダの中にある「From: <sip:050yyyy5678@example.ne.jp>」と「To: <ip:050yyyy1234@example.ne.jp>」の記述を見てください。通信相手をメールアドレスのような表記で記載しています。一方，かつて使われた H.323 という音声のプロトコルは，「バイナリ形式」で記述されていました。

バイナリ形式って，たしか 16 進数で「AD 15 20 3C 84 04 2A 3F…」などの表記ですよね。

そうです。これでは人間には解読できません。一方の SIP では，上図のように「テキスト形式」で記述されます。人間にもわかりやすい表記になっています。

また，SIP ボディ部には「SDP」と記載があります。**SDP**（セッション記述プロトコル：Session Description Protocol）は，SIP メッセージを記載する記述ルールのことです。ボディ部には，SDP のルールに従って使用するプロトコルやポート番号などを記述します。

6　音声通話のシーケンス

4 節で解説した音声通話の流れを，通信シーケンスで表します。前半部分が「プルルル・・・」と相手を呼び出したりする呼制御データで，後半部分が，「もしもし」「元気？」などと会話をする音声データです。

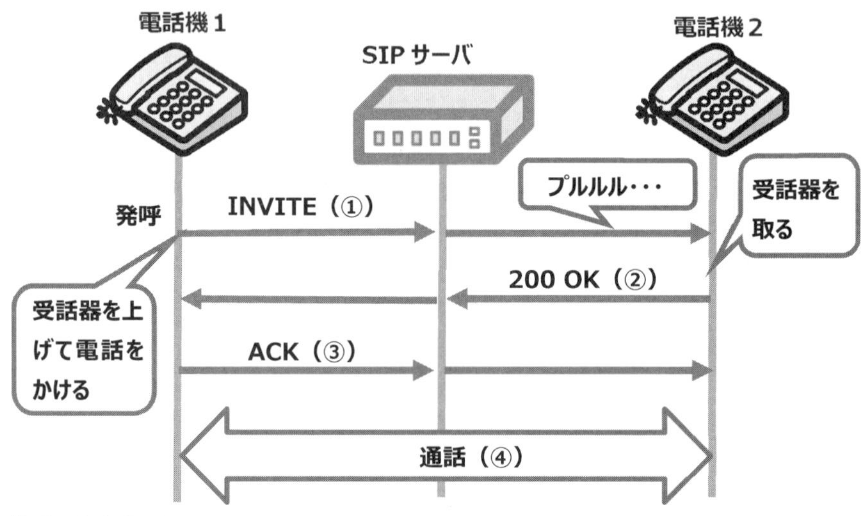

✚✚ 音声通話のシーケンス

これらのメッセージを少し補足します。※①～③は呼制御である SIP のシーケンス。

①INVITE

受話器を上げて電話機をかけると，通話の開始を意味する INVITE メッセージ（INVITE は招待するの意）が SIP サーバを経由して通信相手に送られます。このとき，通信相手は電話の着信音が鳴り，発呼側は「プルルル―」という音が流れます。

②200 OK

通話の相手が，受話器を取ると，SIP サーバを経由して相手に送られます。参考ですが，話中の場合は「486 Busy Here」が返されます。

③ACK

3way ハンドシェークの確認応答と同じと考えてください。発呼側から通話相手に ACK が送られ，通話のセッションが確立されました。

④音声通話

その後，RTP を使って実際の音声通話が実施されます。

【補足解説】B2BUA

B2BUA（Back to Back User Agent）は，異なる SIP ネットワーク間の境界に配置され，両者の仲介役を担うものです。具体的な装置としては，VoIP ゲートウェイが該当します。

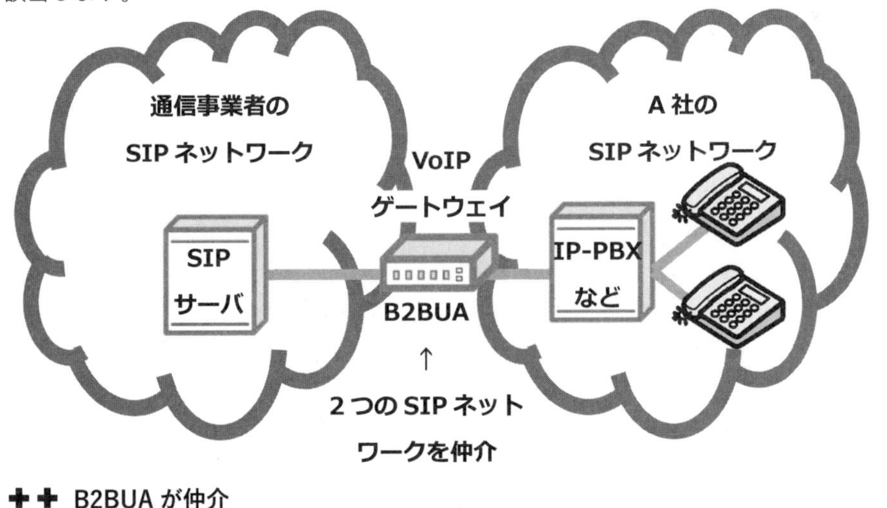

✚✚ B2BUA が仲介

たとえば，上図では，左側が通信事業者の公衆 IP 電話の SIP ネットワークで，右側が A 社の SIP ネットワークです。A 社では，左側の通信事業者から 050 の電話番号が割り当てられ，IP 網による音声通話が可能になっています。
B2BUA は，２つの SIP ネットワークの中間に配置され，異なる２つの SIP ネットワークを仲介します。動作としては，どちらの SIP ネットワークからも UA（User Agent，電話機と考えてください）として振る舞います。

SIP は標準化されているプロトコルですから，B2BUA が無くても相互通信が可能なのでは？

確かに SIP は RFC で標準化されています。しかし，SIP は特定のメーカなどに依存しないオープンな仕組みです。RFC では細かいところまで決められておらず，メーカ毎に実装の違いがあります。ですから，複数の SIP ネットワークの差異を吸収するために，B2BUA の仕組みが必要になります。

7　RTP

呼制御のプロトコルは SIP ですが，音声データで使われるプロトコルは **RTP** です。RTP はアプリケーション層（7 層）のプロトコルで，トランスポート層（4 層）には TCP ではなくて UDP を使います。

なぜですか？

UDP の方が通信を高速化することができるからです。しかし，UDP ではシーケンス管理（順序管理）をしません。ですから，[こんにちは]と送ったデータが[んこにはち]のように，順番が変わってしまう可能性があります。そうならないように，UDP でも番号管理をする必要があり，RTP（Real time Transport Protocol）を使います。RTP は，フルスペルを見てもらうと分かりますが，UDP でリアルタイム通信を実現するプロトコルという意味です。
UDP と RTP のフレームフォーマットは次です。RTP も UDP の一部ですから，基本は同じです。違いは，RTP ヘッダが含まれている点です。この RTP ヘッダには，順番を管理するシーケンス番号と，時刻情報を記載したタイムスタンプなどが含まれます。

IP ヘッダ	UDP ヘッダ	データ
←20 バイト→	←8 バイト→	

✚✚ UDP のパケット構造

シーケンス番号などを含む

IP ヘッダ	UDP ヘッダ	RTP ヘッダ	音声データ
←20 バイト→	←8 バイト→	←12 バイト→	

✚✚ RTP のパケット構造

また，RTP は圧縮された音声データなので，データ部分はとても小さいです。

【補足解説】呼量

1 回の通話を「呼」といいます。また，単位時間当たりの呼の量のことを「**呼量**」といい，単位に**アーラン**を用います。そして，電話をつないでいる時間（通話時間と考えてもいいでしょう）のことを回線保留時間といいます。

次のケースで考えます。

180 台の電話機のトラフィックを調べたところ，電話機 1 台当たりの呼の発生頻度（発着呼の合計）は 3 分に 1 回，平均回線保留時間は 80 秒であった

3 分に 1 回の呼があるということは，1 時間当たりの 20 回の呼が発生します。1 回の呼で 80 秒の通話をしているわけですから，1 時間で 20 回×80 秒×180 台＝288,000 秒の呼が発生します。この単位を時間に変換すると 288,000÷60（秒）÷60（分）＝80。つまりこのケースの呼量は 80 アーランです。

6-8 その他のプロトコル

1 RADIUS

(1) RADIUSとは

RADIUS（Remote Authentication Dial In User Service）とは，認証サーバに認証情報を問い合わせるプロトコルです。かつてはアナログ回線やISDN回線を使ったダイヤルアップの認証に使われていたため，Dial In という名称がついています。しかし，RADIUSは，ダイヤルアップに限定されるものではありません。無線LANの認証やSSL-VPNによるリモートアクセスの認証など，ネットワークを介した認証に幅広く利用されています。

(2) RADIUS認証の構成例

SSL-VPN装置の認証にRADIUS認証を使う場合の構成を紹介します。利用者がSSL-VPN装置にアクセスしてユーザ情報を入力すると（下図①），SSL-VPN装置は，**RADIUSサーバ**に**RADIUSプロトコル**で問い合わせます（下図②）。RADIUSサーバにはユーザIDとパスワードが保存されているので，認証情報が正しいかを確認し，結果を返します。認証情報が正しければ，利用者はSSL-VPN装置にアクセスすることができます。

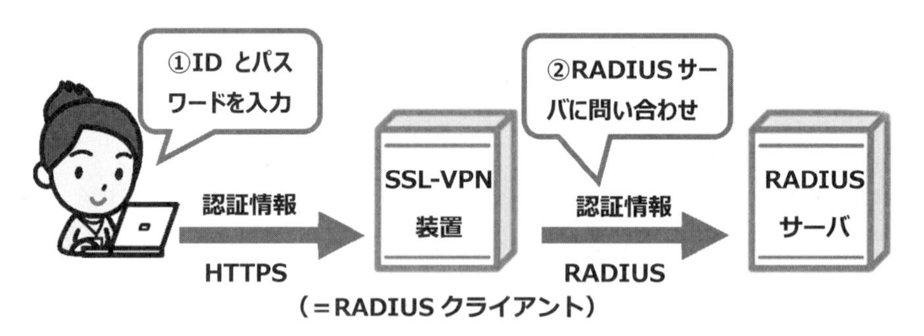

✚✚ RADIUSの構成例

このとき，RADIUSサーバにIDやパスワード情報を送信する装置を，RADIUSクライアントといいます。今回の場合は，SSL-VPN装置がRADIUSクライアントです。

2　LDAP

LDAP（Lightweight Directory Access Protocol）とは，Radius と同様に認証サーバに認証情報を問い合わせるプロトコルです。RADIUS とは互換性がなく，仕組みも生い立ちも違いますが，ユーザ認証を実現できるという点では，共通しています。

RADIUS とどう使い分けるのですか？

外部からのリモートアクセスや無線LANの認証などでは，RADIUSが利用されます。一方，LDAP サーバでは，階層構造で管理される社員の情報および部署やアクセス権など，多くの情報を管理できます。それらの複雑な社員の属性情報を管理する場合に，LDAP サーバおよび LDAP のプロトコルが利用されます。

3　NTP

（1）NTP とは

NTP(Network Time Protocol)は，ネットワーク(Network)上の機器の時刻(Time)を正確に維持するためのプロトコル（Protocol)です。

また，TCP/IP のプロトコルを使って，端末（NTP クライアント）に時刻を配信するサーバを NTP サーバと言います。

NTP は，stratum と呼ばれる階層構造をもち，最上位の機器が，原子時計や標準電波，**GPS** 用人工衛星などの正確な時刻源から時刻を取得し，下位の機器に提供します。遅延時間にばらつきがあると，時刻の精度に影響するので，時刻を同期させる機器はネットワーク的に近い方がよいと言えます。ここで，「ネットワーク的に近い」とは，「経由するネットワーク機器が少ない状態」や「伝送遅延時間が小さい状態」のことです。（※この内容は過去問（H19NW 午後 1 問 3）を活用しています。）

余談ですが，東京都小金井市にある NICT（国立研究開発法人 情報通信研究機構）では，日本標準時を決定・維持しているとともに，NTP サーバ（ntp.nict.jp）にて標準時を配信しています。

✚✚ NICTの外観

（2）GMTとUTC

NTPで使用される標準時は，**UTC**（Coordinated universal time）です。皆さんにとって，標準時と言えばグリニッジ標準時のGMTがなじみ深いかもしれません。

参考ですが，GMT（Greenwich Mean Time）は，グリニッジ標準時ですので，経度0であるイギリスのグリニッジ天文台の時刻を指します。

UTCは協定世界時と言われ，GMTの世界標準版です。GMTとはコンマ何秒のズレしかなく，ほぼ同じ時刻を指します。同じものとして考えてもいいでしょう。

（3）NTPの必要性

各種サーバやネットワーク機器では，手動で時刻設定をすることができます。だったら，NTPサーバは不要では？

もちろんNTPサーバが無くても正確な時刻を刻むことは可能です。しかし，手動設定の場合，機器を再起動すると時刻設定が初期化されたり，時間の経過とともに時刻がずれることがあります。時刻がずれると，ファイルやデータベースを共有した場合に不具合が発生したり，複数の機器のログを分析するときの突合が大変になります。

そこで，サーバやネットワーク機器が共通のNTPサーバを指定し，NTPサーバから時刻を取得します。こうすることで，各機器が正確な時刻を維持することができます。

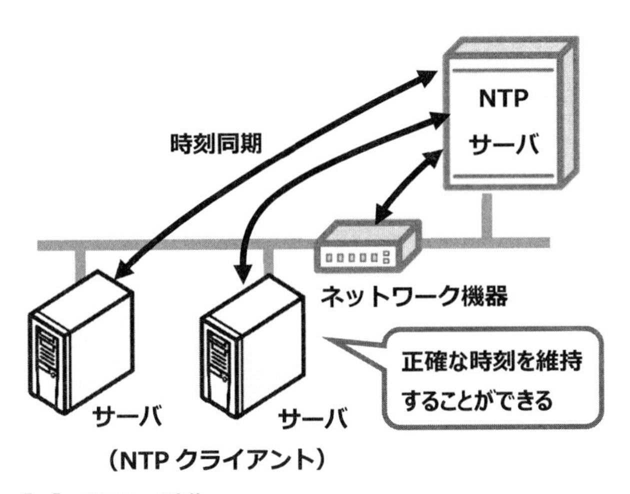

✚✚ NTP の動作

7章　情報セキュリティ

7-1 情報セキュリティとは

1 情報資産とは

情報資産とは，顧客情報，技術情報など，企業において価値がある情報のことです。これらが第三者に漏えいすると，お客様に迷惑をかけたり，ライバル企業にノウハウが流出してしまいます。そうならないように，情報資産のセキュリティを保つ必要があります。

2 リスクとは

まず，脆弱性（ぜいじゃくせい）とはセキュリティの脅威につながるソフトウェアのバグや欠陥のことです。

次に**リスク**とは，脅威が情報資産の脆弱性を利用して，情報資産に損害を与える可能性のことです。整理すると，リスクは次の式で表されます。

リスク ＝ 情報資産（の価値） × 脆弱性 × 脅威

3 情報セキュリティの３大要素

情報セキュリティとは，情報の機密性（Confidentiality），完全性（Integrity），可用性（Availability）を確保することです。この３つの言葉の意味は次です。

❶機密性（Confidentiality）

機密性とは，情報が第三者に見られない状態にすることです。機密性が脅かされる例は，データの盗聴やなりすまし，第三者による不正アクセスです。

❷完全性（Integrity）

完全性とは，データが「完全」である状態を保つことです。完全性が脅かされる例は，Web サイトの改ざんです。

❸可用性（Availability）

可用性とは，システムが利用できる状態を保つことです。可用性が脅かされる例は，攻撃者からのサービス妨害攻撃（DoS 攻撃など）です。

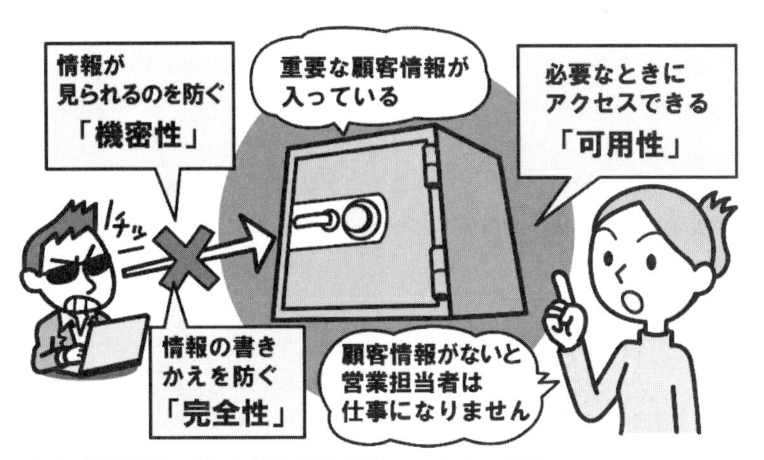

✚✚「機密性」「完全性」「可用性」のイメージ図

7-2 脅威

1　脅威の種類

情報資産を脅かす脅威には，大きく 3 つあります。盗難は不正侵入などの物理的脅威，不正アクセスや改ざんなどの技術的脅威，ソーシャルエンジニアリングに代表される人的脅威です。

✚✚ パスワード管理が甘いことも，人的脅威の一つです

ソーシャルエンジニアリングは，パスワードを盗み聞きしたり，パソコンの画面を盗み見たり，ごみ箱から顧客情報を拾うなど，技術的ではなく人の隙を突いてセキュリティを脅かす行為です。

この章では，これら 3 つの脅威の中で，技術的脅威について具体例を紹介します。

2　技術的脅威

(1) コンピュータウイルスとマルウェア

コンピュータウイルスとは，コンピュータに対して意図的に何らかの被害を及ぼすように作られたプログラムのことです。最近では，コンピュータウイルスという言葉ではなく，Malicious(悪意のある) Software の省略形である**マルウェア**という言葉が使われます。マルウェアとは，コンピュータウイルス，スパイウェア，ボットなどの不正プログラムの総称のことです。

✚✚　ウイルスのイメージ

(2) なりすまし

なりすましとは，第三者の情報を偽って利用することです。他人の ID/パスワードを利用して本人になりすます場合もあれば，IP アドレスを偽装（スプーフィング）する IP スプーフィングもあります。

(3) パスワードクラック

パスワードクラックとは，パスワードで保護されたシステムを無理やり突破する攻撃です。かつては，文字を組み合わせてあらゆるパスワードでログインを試みる総当たり攻撃（ブルートフォース攻撃）などが行われていました。最近では，どこかの Web サイトから流出した利用者 ID とパスワードのリストを用いてログインを試行する，**パスワードリスト攻撃**が増えています。

以下の図をもとに，パスワードリスト攻撃を解説します。利用者が同じパスワードを使いまわしていたとします（図①）。なんらかの理由で ID/パスワードが流出する（図②）と，それがパスワードリストとして不正にリスト化（図③）されます。攻撃者は，パスワードリストを用いて他のサーバにもログインを試行します（図④）。パスワードリストを用いているので，効率よくパスワードクラックが行われます。

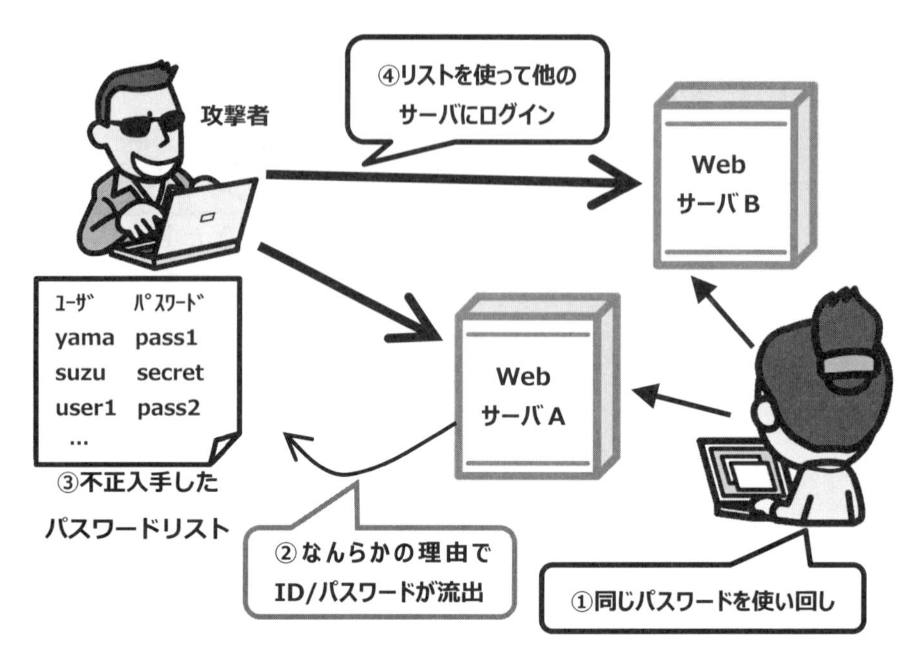

✚✚ パスワードリスト攻撃

(4) インジェクション攻撃

インジェクション（Injection）とは「注入」という意味です。インジェクション攻撃は，攻撃用のスクリプトをサーバやWebサイトの入力フォームに注入して，情報を抜き出したり不正な処理を実行させたりします。

❶OSコマンドインジェクション

OSコマンドインジェクションとは，たとえば，WebサーバのURLにOSのコマンドを追加して記述することで，不正な処理を実行させます。これにより，不正なコマンドやプログラムがOS上でダウンロードされたり実行されたりします。

❷SQLインジェクション

SQLインジェクションは，SQL文を操作する文字列をWebフォームなどに注入（Injection）し，データベースに不正にアクセスする攻撃です。詳しい解説は省略します。

（5）標的型攻撃

標的型攻撃は，無差別に攻撃をしかけるのではなく，標的となる組織に対して，電子メールを送信するなどして攻撃を仕掛けます。

以下に，標的型攻撃の流れを紹介します。

①攻撃者が，だまされやすい文面のメールを従業員に送信する。
②メールの添付ファイル又は本文中の URL を従業員に開かせて，マルウェアに感染させる。
③マルウェアが，C&C サーバ（※補足解説参照）との通信を開始する。
④マルウェアが，ファイアサーバなどから機密ファイルを盗み出す。
⑤マルウェアが，盗み出した機密ファイルを C&C サーバから指示された攻撃者のサーバに送信する。

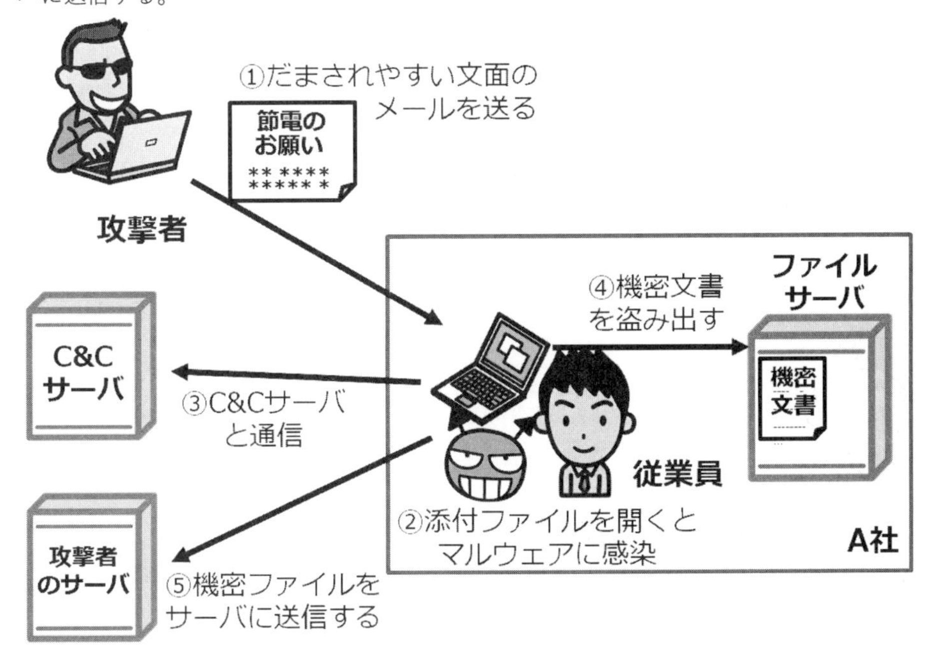

✚✚ 標的型攻撃の流れ

【補足解説】C&C サーバ

C&C（Command and Control）サーバとは，攻撃者が用意した悪意のあるサーバです。インターネットから PC のマルウェアに対して Command を送って，遠隔で Control します。

（6）DoS 攻撃

DoS（Denial of Service）攻撃とは，大量のパケットをサーバに送りつけるなどして，サービスを提供できないようにすることです。国内でも，いくつかの Web サーバが DoS 攻撃を受け，Web サーバがダウンしたりつながりにくくなったりしました。

また，分散された（Distributed）複数の拠点から行う DoS 攻撃のことを，**DDoS**（Distributed DoS）攻撃といいます。

ここでは，DDoS 攻撃攻撃の例として，DNS amp 攻撃（DNS reflection 攻撃という場合もあります）を紹介します。この攻撃は，DNS の問い合わせをする際に，送信元の IP アドレスを攻撃対象のサーバの IP アドレスに偽装します。こうすることで，問い合わせの回答が攻撃対象のサーバに送られます。

送信するパケットの送信元が「攻撃対象のサーバ」のパケットであれば，応答パケットは「攻撃対象のサーバ」に送り返されるからですね！

そうです。（参考ですが，これは UDP の通信だからできることであって，TCP の場合は 3 ウェイハンドシェイクにて送信元を確認するので，この攻撃はできません。）

このとき，応答パケットのデータ量が多くなるように増幅することで，大規模な攻撃にします。

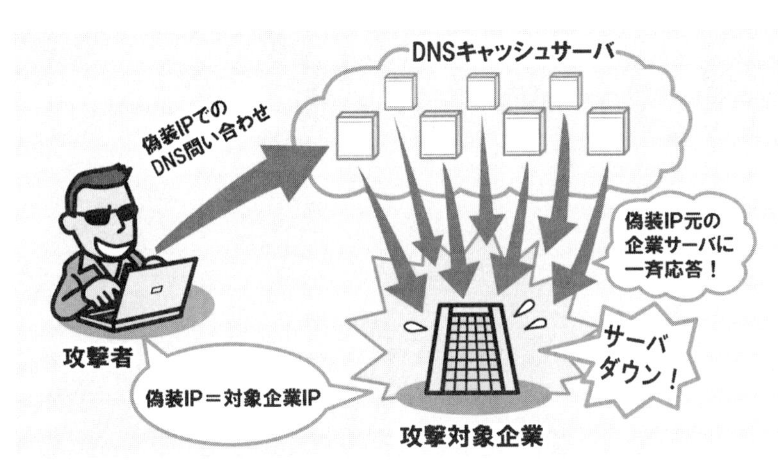

✚✚ DNS amp 攻撃の概要

参考ですが，amp は「増幅する」，reflection は「反射」という意味です。

たしかに，攻撃者を反射させて，増幅させていますね。

【補足解説】NTP を使った DDoS 攻撃

DNS リフレクション攻撃の仕組みは，NTP サーバでも実行できます。

では，具体的な攻撃の流れを簡単に解説します。攻撃者は，送信元 IP アドレスを，攻撃対象の IP アドレスに書き換えて NTP の問合せをします。問い合わせを受けた NTP サーバは，攻撃対象のサーバに結果を返します。このとき，NTP サーバの状態確認機能である monlist というコマンドを利用すると，データ容量が大きくなります。つまり，より大きな DDoS 攻撃を仕掛けることができます。

この攻撃の対策としては，NTP サーバの状態確認機能（monlist）を無効にします。

7-3 ファイアウォール

1 ファイアウォールとは

ファイアウォール（Firewall，省略形 FW）は，インターネットからの不正アクセスを防ぐことを目的として，インターネットと内部ネットワークの間に設置する装置です。

最近では，アンチウイルス機能や URL フィルタリング機能などのセキュリティ機能を兼ね備えたファイアウォールが増えてきて，**UTM**（Unified Threat Management）と呼ばれます。

UTM を直訳すると，「統合された（Unified）脅威（Threat）管理（Management）」ですね！

2 ファイアウォールの機能

ファイアウォールの基本的な機能は，特定の IP アドレスやポート番号の通信だけを許可する**フィルタリング**機能です。たとえば，Web サーバを公開している場合，この Web サーバの IP アドレスとポート番号（80 と 443）への通信のみを許可し，それ以外の通信をフィルタリングで拒否します。こうすることで，外部からの不正な通信を防ぐことができます。

また，ファイアウォールは，ネットワークをインターネット，DMZ，内部セグメントの 3 つに分ける機能も持ちます。**DMZ** とは，インターネット（外部）と内部 LAN の中間にあり，両者がお互いに行き来できるエリアです。ここにはメールサーバや Web サーバなどの公開サーバが設置され，内部からだけでなく，インターネット側（外部）からもアクセスができます。

3 フィルタリングの考え方

ファイアウォールは，ネットワークをインターネット，DMZ，内部セグメントの 3 つに分けた上で，以下の考え方でフィルタリングルールを作成します。

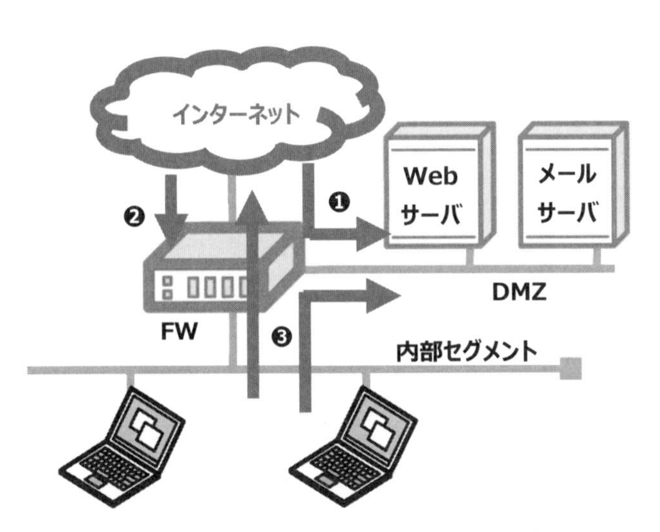

✚✚ フィルタリングの考え方

❶外部（インターネット）から DMZ

DMZ にて公開するサーバへの通信のみを許可します。例えば，DMZ の公開メールサーバであれば，そのメールサーバの IP アドレスに限定し，かつ，ポート番号を SMTP（25）に限定します。

❷外部から内部セグメントへのアクセス

原則として，すべての通信を拒否します。

❸その他の通信

上記の①②以外の内部セグメントからインターネットや DMZ への通信も考え方は同じです。必要な通信のみを許可します。たとえば，内部のメールサーバから DMZ にある公開メールサーバへの通信や，プロキシサーバからインターネットへの通信を，IP アドレスやポート番号を限定して許可します。

4　フィルタリングのルール

以下の構成における，ファイアウォールの実際のルールを考えます。要件は以下とします。

【要件 1】DMZ に公開 Web サーバを設置する（HTTP のみを利用）（図①）

【要件 2】PC からはプロキシサーバを経由してインターネットに接続する（図②）
【要件 3】それ以外の通信は拒否する（図③）

この要件を図にすると以下になります。

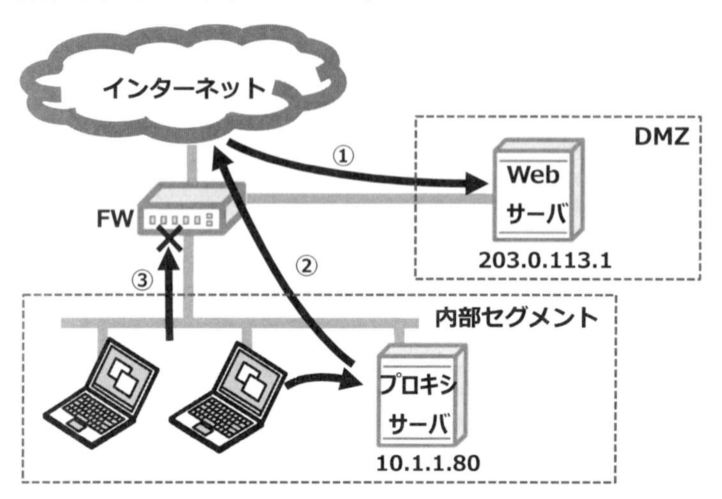

✚✚ ルールを適用する構成図

この場合のパケットフィルタリングのルールは，以下です。

項番	方向	送信元アドレス	宛先アドレス	プロトコル	宛先ポート	アクション
1	インターネット→DMZ	任意	203.0.113.1	TCP	80	許可
2	内部セグメント→インターネット	10.1.1.80	任意	TCP	80 443	許可

✚✚ パケットフィルタリングのルール

少し補足します。項番 2 ですが，インターネットの閲覧は，HTTP 通信（80 番ポート）と HTTPS 通信（443 番ポート）の両方があります。

また，ルールにない通信は拒否されます（「暗黙の DENY」と言われます）。これにより，要件 3 を満たします。

【補足解説】静的フィルタリングと動的フィルタリング

たとえば，PC から Web サーバにアクセスする場合，PC からは「Yahoo！のサイトを見たい」という通信を送り（下図①），Web サーバからは Yahoo！の情報（テキストや画像）が送られてきます（下図②）。このときの②の戻りのルールを，FW に記載しなくていいのでしょうか。

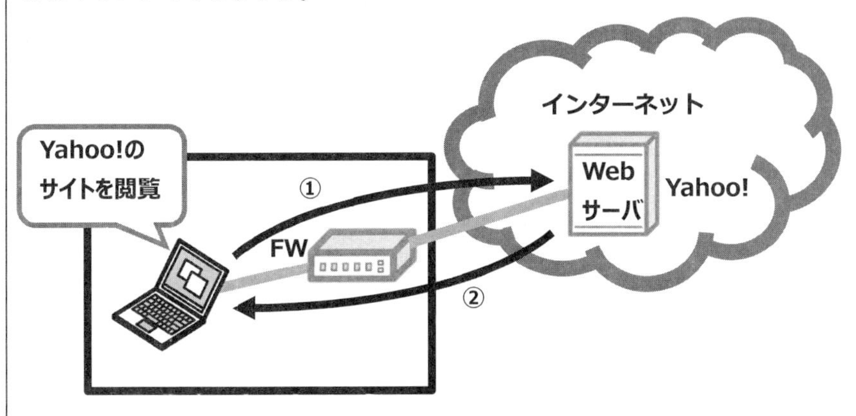

✚✚ Web サーバへアクセスした場合の通信

ファイアウォールには静的フィルタリングと動的フィルタリングがあり，静的フィルタリングの場合は戻りのルールを書く必要があります。しかし，一般的には，戻り通信のルールは記載する必要がありません。多くのファイアウォールでは，動的フィルタリングが有効で，戻りのパケットは自動で許可されるからです。また，動的フィルタリングは，ステートフルインスペクションといわれることもあります。

4　ファイアウォールの冗長化

ファイアウォールはインターネットに接続する重要な機器ですから，信頼性向上のために冗長化（つまり二重化）することがあります。

冗長化した場合の構成は以下のようになります。このとき，2 台の機器を負荷分散させるのではなく，片方を Active として，もう一方を Standby とする Active-Standby の構成をとることが一般的です。その場合，Standby の機器は，通常時は動作しません。

Active 側が故障したときは，どんな動きをしますか？

Active な機器が故障すると，Standby 機が Active に昇格します。このとき，２台の装置は，両者で同じ IP アドレスを持っています（図①）から，利用者はファイアウォールの切り替わりによって設定を変更する必要はありません（図②）。

さらに，２台の FW の間はフェールオーバリンク（図③）と呼ばれる専用の線で結ばれ，設定情報やセッション情報を同期します（④）。こうすることで，仮に Active の機器が故障したとしても，セッション情報を引き継ぐことで，PC からインターネットへの通信を維持できます。この機能は，**ステートフルフェールオーバ**と呼ばれ，試験でも何度か問われました。

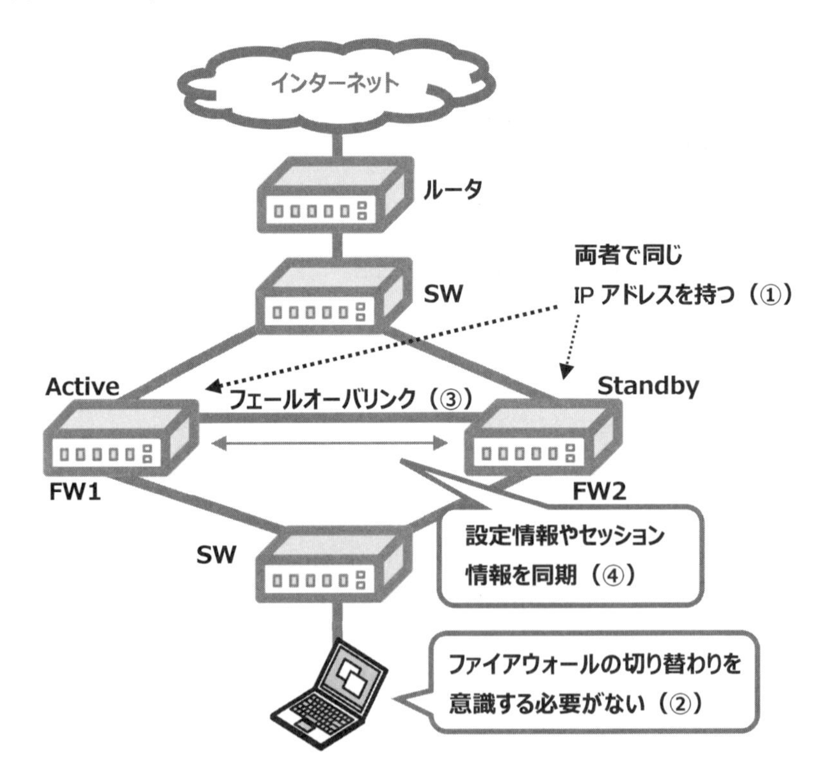

✚✚ ファイアウォールの冗長化構成

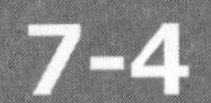

7-4 暗号化

1　平文と暗号文

「平文（ひらぶん）」とは，暗号化されていない文章のことです。これを「暗号鍵」を用いて解読できない文字列「暗号化」することで，「暗号文」になります。逆に，「暗号文」を「復号鍵」を用いて元の「平文」に戻すことを「復号」と言います。

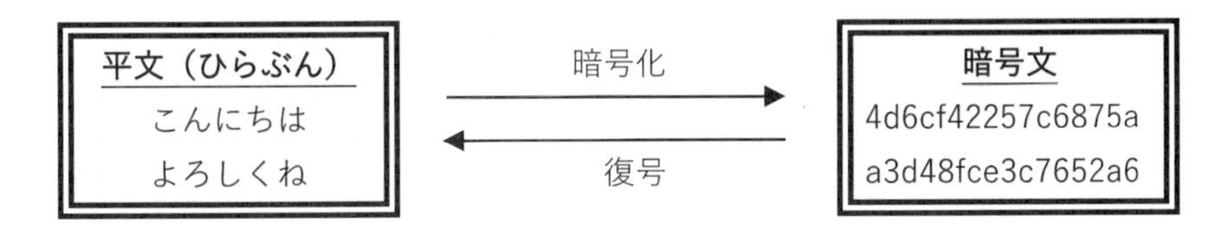

2　共通鍵暗号方式

(1) 共通鍵暗号方式とは

暗号化する鍵と復号する鍵が共通である暗号方式を**共通鍵暗号方式**といいます。みなさんもファイルを暗号化してメールに添付した経験があることでしょう。これは，暗号化する鍵と復号するときに使う鍵は同じですから，共通鍵暗号方式です。

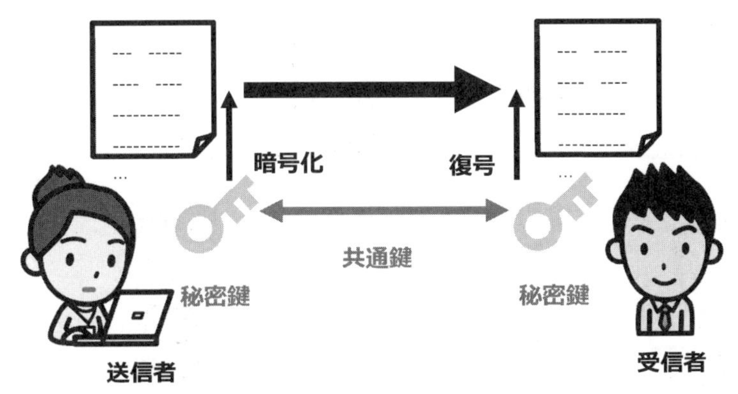

✚✚ 共通の鍵を使う共通鍵暗号方式

共通鍵暗号方式の代表的なアルゴリズムには，RC4 や **AES** です。無線 LAN の場合，WEP 方式で利用されているのが RC4 で，セキュリティが高い WPA2 で利用されているのが AES です。

(2) ブロック暗号とストリーム暗号

共通鍵暗号の仕組みには，ブロック暗号とストリーム暗号の 2 つがあります。ストリーム暗号は，ビットやバイト単位で暗号処理をします。ブロック暗号は，ある程度の塊（ブロック）で暗号処理をします。だから，ブロック暗号と呼ばれます。

それぞれの代表例は以下です。

・ブロック暗号：DES，3DES，AES
・ストリーム暗号：RC4

参考ですが，過去問（H29 秋 NW 午後 II 問 2）では，以下の記載がありました。
「WEP では, 1 バイト単位の[　f：ストリーム　]暗号である RC4 を使用」
「AES はブロック暗号なので，暗号化するメッセージを一定サイズのブロック単位に分割して処理する」

3　公開鍵暗号方式

(1) 公開鍵暗号方式とは

公開鍵暗号方式は，秘密鍵と公開鍵という 2 つの鍵を使って，暗号化および復号をする方式です。共通鍵暗号方式と違って，暗号化と復号で使用する鍵が異なります。**秘密鍵**は所有する本人だけが知り得る鍵で，厳重に管理する必要があります。一方の**公開鍵**は，第三者に公開する鍵です。

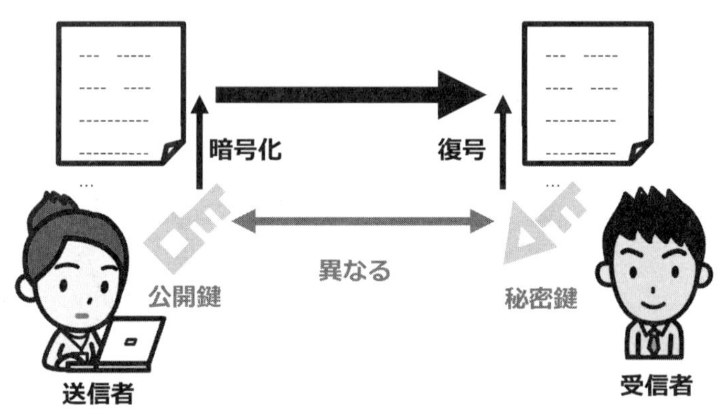

✚✚ 公開鍵と秘密鍵を使う公開鍵暗号方式

(2) 暗号化するときの鍵

公開鍵暗号方式の場合，公開鍵で暗号化することも，秘密鍵で暗号化することも可能です。

秘密鍵と公開鍵のどちらを使えばいいのですか？

以下の２つの場合で考えましょう。

①受信者以外の第三者に見られたくない場合

受信者の公開鍵で暗号化し，受信者の秘密鍵で復号します。第三者は秘密鍵を持っていないので，復号して内容をみることができません。秘密鍵を持っている受信者だけが，中身を見ることができます。

②なりすましを防ぎたい場合

送信者が自分の秘密鍵で暗号化します。暗号化できるのは秘密鍵を持っている送信者だけです。送信者の公開鍵で復号できれば，なりすまされていないことが分かります。

(3) 鍵管理

共通鍵暗号方式の場合は，共通鍵が第三者に見られないように相手に送る必要がありました。しかも，インターネットというオープンな世界で第三者に見られないように鍵を渡すのは大変です（下図①）。しかし，公開鍵は，その名の通り，第三者にも広く公開することができます（下図②）。鍵の受け渡しなどの鍵管理が行いやすいという利点があります。

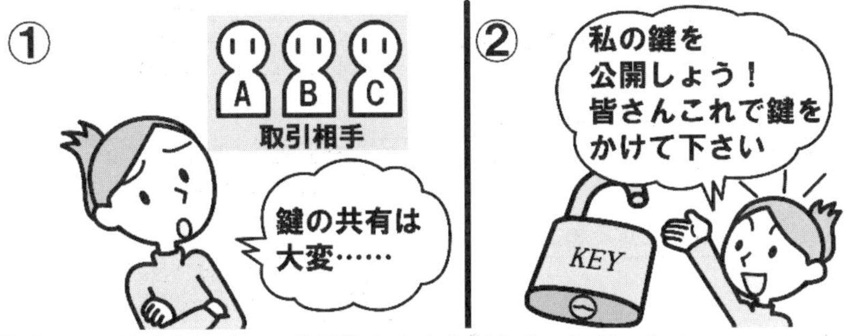

✚✚ 公開鍵暗号方式は，公開鍵を広く公開することができる

公開鍵を広く公開してもセキュリティを保つことができるのが，この暗号方式の特徴です。

【補足解説】暗号方式の組み合わせ

共通鍵暗号方式と公開鍵暗号方式では，それぞれ利点および欠点があります。そこで，両者の利点を組み合わせて利用されることがあります。

つまり，いいとこ取りです。（試験には出ないキーワードですが，「ハイブリッド暗号方式」と言います。）

具体的には，共通鍵の受け渡しには公開鍵暗号方式を用い，実際の暗号化通信は処理速度が高速な共通鍵暗号方式を使います。こうすることで，鍵管理コストの削減と処理性能の両立を図ります。

たとえば，セキュリティが高いメール送信の仕組みであるS/MIMEでも，メール本文は共通鍵で暗号化し，共通鍵を作る際は公開鍵を使っています。

4　ハッシュ関数

ハッシュ関数は，メッセージダイジェストとも呼ばれ，データを固定の長さに要約をする仕組みです。要約といっても，ハッシュ値と呼ばれるランダムな文字列を出力します。

例を見てみましょう。左側の文字列をSHA-1というハッシュアルゴリズムでハッシュ値を求めた結果が右側です。

文字列	ハッシュ値
皆さん，情報処理技術者試験の勉強はいかがでしょうか。 合格して，おいしいお酒を飲みましょう	2b9abffeb477ea4655ed9 3887a67d6b187f5c89f
皆さん，情報処理技術者試験の勉強はいかがでしょうか。 合格して，おいしいお酒を飲みましょう！	586cb78007f2b4607593b 5e4be5851393e3dde9b
password	5baa61e4c9b93f3f06822 50b6cf8331b7ee68fd8

✚✚ ハッシュ関数によるハッシュ値の計算結果

１つ目と２つ目の元データの違いは，文末に「！」があるか無いかの違いです。

たった1文字の違いであっても，ハッシュ値は全く違うものになるのですね

そうなんです。これもハッシュ関数の特徴の一つです。ここで，ハッシュ関数の特徴を以下に整理します。

特徴①：元データの長さにかかわらずハッシュ値は固定の長さ
特徴②：ハッシュ値から元のデータを推測することは困難
特徴③：元データが一文字でも変更されると，ハッシュ値は全く別物になる

✚✚ ハッシュ関数の特徴

2つ目の性質を活用することで，ハッシュ関数はパスワードを安全に保存する暗号の役割を持ちます。実際，認証サーバでは，パスワードをそのまま持たずにハッシュ化して保存しています。

また，3つ目の性質を活用することで，データの改ざん検知に役立ちます。データ量が多い場合に，データが改ざんされたかを一つ一つ確認するのは大変です。しかし，ハッシュ値はどんな場合でも短い固定長の文字列です。データのハッシュ値を比較するだけで，容易に改ざんを検知することができるのです。

7-5 認証

1 認証とは

認証とは，システムにアクセスする人や，送られてきたメッセージなどが，正当なものかを確認することです。

認証の代表例はパスワードです。システムにログインする際に，利用者はパスワードを入力します。入力されたパスワードがあらかじめ設定されたものと一致すれば，本人であるということが認証できます。

ネットワークにおける認証には，パスワード以外のいくつかの方法があります。以下に，チャレンジ・レスポンス認証，メッセージ認証，IEEE802.1X 認証の仕組みを紹介します。

✚✚ 銀行 ATM でもパスワードによる認証が使われる

2 チャレンジ・レスポンス認証

チャレンジ・レスポンス認証は，ネットワークを介してパスワードを安全に送信する仕組みです。以下の図を見てください。インターネットを介してサーバにパスワードを送れば，第三者に盗聴される危険があります。

✚✚ インターネット上でパスワードを送ると盗聴される

そこで，サーバから送られたランダムなデータ（これを「チャレンジ」といいます）とパスワードをクライアント側で演算し，その結果（これを「レスポンス」と言います）を送信することで認証を行います。

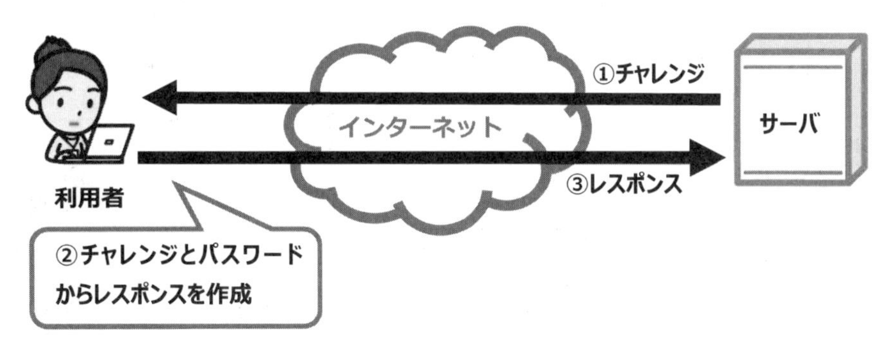

✚✚ チャレンジ・レスポンス認証の流れ

だからどうしたんですか？
レスポンスだって第三者に盗聴されますよ。

この仕組みの場合，利用者は毎回異なるパスワード（レスポンス）をサーバに送ることになります。仮に第三者にレスポンスを盗聴されたとしても，レスポンスは1回限りのものです。不正利用される心配がありません。

チャレンジ・レスポンス認証は，無線 LAN の WEP 方式や SMTP-AUTH，APOP などで使われています。

3　メッセージ認証

メッセージ認証は，メッセージ（通信する内容）にメッセージ認証符号（MAC：Message Authentication Code）を付与することで，メッセージが改ざんされていないかを確認する仕組みです。具体的には，送信者と受信者が共有する鍵を用いて，メッセージからメッセージ認証符号（MAC）を作成します（図①）。

次に，送信するメッセージに MAC を付与して受信者に送信します（図②）。受信者は，自ら作成した MAC と受信した MAC が一致するかによって，改ざんが無いかを確認します（図③）。

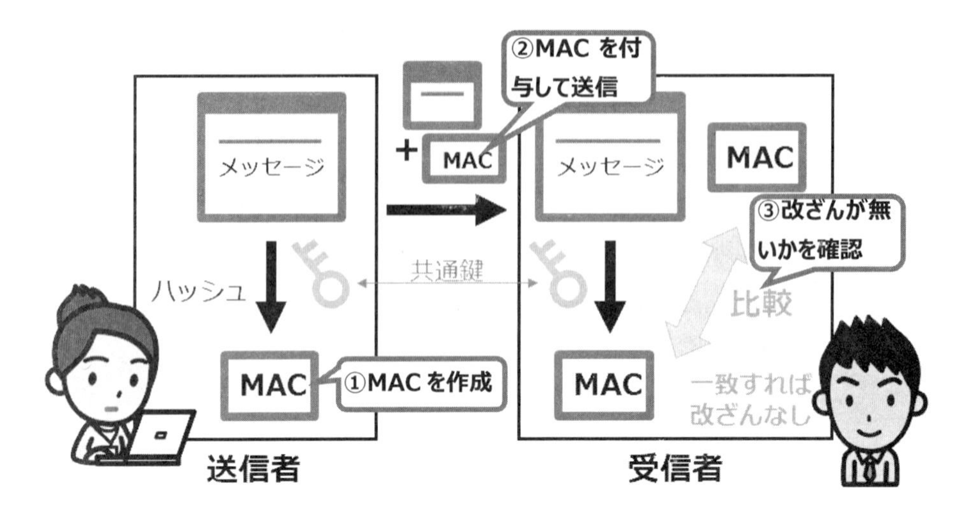

✚✚ メッセージ認証

4 IEEE802.1X 認証

IEEE 802.1X 認証とは，有線 LAN スイッチのアクセス制御をすることで，認証されたPC や利用者だけが，ネットワークにアクセスできる仕組みです。

IEEE802.1X 認証は，有線における認証 LAN だけでなく，無線 LAN の認証でも利用されます。

(1) IEEE 802.1X 認証の構成

IEEE 802.1X 認証を構成するのは，以下の 3 つです。

構成要素	解説
①サプリカント	クライアント PC にインストールされる IEEE 802.1X 認証を実現するためのソフトウェア
②オーセンティケータ	認証を中継し，認証後にアクセス制御を行うスイッチングハブ（認証 SW）や，無線 LAN のアクセスポイント
③認証サーバ	ユーザや PC が正当かどうかを確認するサーバ

✚✚ IEEE 802.1X 認証の構成要素

では，これらの構成要素がどのようにして認証をするのでしょうか。詳しくは「(4) IEEE802.1X 認証の流れ」で解説しますが，次の図でイメージをつかんでください。

以下のように，PCのサプリカントが，認証SWと認証処理をします。利用者がユーザIDとパスワードを入れると，許可されたユーザかどうかが認証サーバで照合されます。そして，認証が成功したPCだけが，通信可能になります。

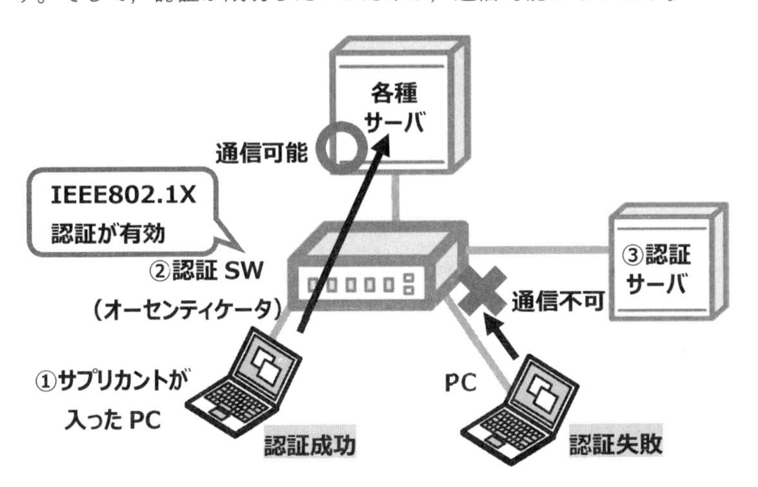

✚✚ 認証LANの概要図

(3) EAP

IEEE802.1X認証では，EAP（Extensible Authentication Protocol）という認証の枠組みの中から認証方式を選ぶことができます。EAPでは，単純なパスワード認証だけでなく，EAP-TLSやPEAPなどの証明書を使った認証も可能です。

以下に，EAPの代表的な認証方式として，PEAPとEAP-TLSを記載します。

認証方式	①クライアント認証の方法（サーバがクライアントを認証する方法）	②サーバ認証の方法（クライアントがサーバを認証する方法
PEAP	ID/パスワード	サーバ証明書
EAP-TLS	クライアント証明書	サーバ証明書

✚✚ EAPの代表的な認証方式

次は，WindowsPCにおける無線LANの設定です。「WPA2-エンタープライズ」を選択したあと，ネットワークの認証方式として，クライアント証明書によるEAP-TLS（「スマートカードまたはその他の証明書」）や，PEAP「保護されたEAP（PEAP）」などを選択することができます。

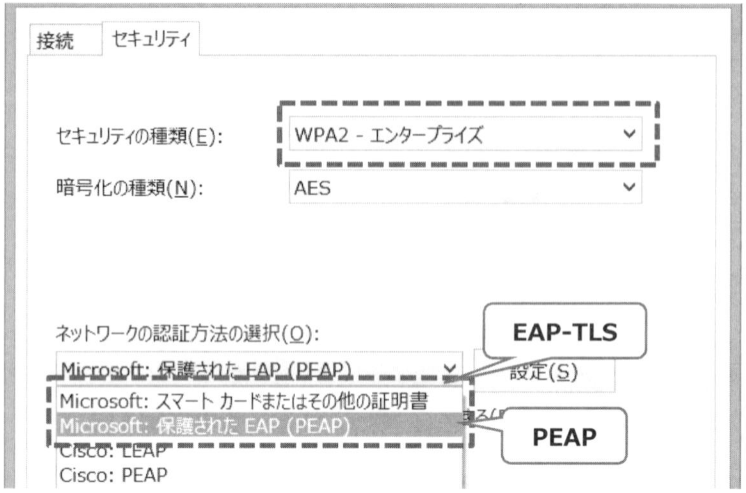

✚✚ EAP-TLS や PEAP を選択する画面

先ほどの表について補足します。

①クライアント認証

クライアント認証では，「誰が」「誰を」認証するのですか？

クライアント認証は，「サーバ」が「クライアント」を認証します。PEAP の場合，クライアント認証の方法は，ID/パスワードです。利用者は ID とパスワードを入力し，正しければログインをすることができます。一方，EAP-TLS の場合，クライアント認証の方法は，クライアント証明書です。サーバの要求に応じてクライアントはクライアント証明書を提示します。

②サーバ認証

サーバ認証はクライアント認証とは逆で，「クライアント」が「サーバ」を認証します。PEAP も EAP-TLS の場合のどちらの場合も，クライアントがサーバ証明書を確認することで，正規のサーバかどうかを認証します。

(4) IEEE802.1X 認証の流れ

IEEE802.1X 認証は，以下の流れで行われます。まず，PC からオーセンティケータである認証 SW や無線 LAN の AP に対して，認証要求を行います（下図①）。認証開始時の接続要求フレームは，EAPOL といいます。このときの認証プロトコルは EAP です。

次に，オーセンティケータは，認証サーバに認証要求を転送します（下図②）。このときのプロトコルは **RADIUS** です。

認証サーバは，送られてきた認証要求を確認し，正規のユーザであれば認証許可を出します（下線③）。認証許可はオーセンティケータを経由して PC に伝えられます（下線④）。

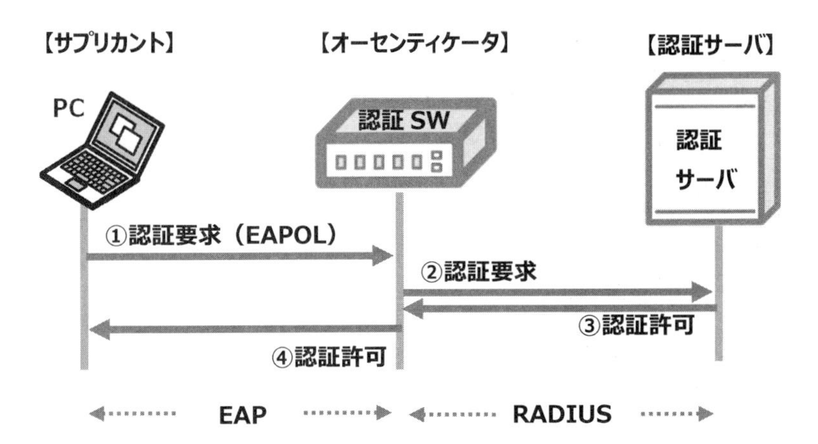

✚✚ IEEE802.1X 認証の流れ

【補足解説】検疫ネットワーク

検疫ネットワークとは，セキュリティに問題がある PC を社内ネットワークなどに接続させないことを目的とした仕組みです。具体的には，外出先で使用した PC を会社に持ち帰った際に，ウイルスに感染していないことやパターンファイルが最新かどうかなどを確認します。検査結果に応じて，サーバや PC への接続を制限したり，パターンファイルやパッチの強制的な更新を行います。

検疫ネットワークを実現するには，PC を認証する認証 LAN と組み合わせることがよくあります。

7-6 ディジタル署名

1　ディジタル署名とは

「署名」とは「サイン」のことです。契約書にサインする場合や，クレジットカードで買い物をしたときにサインをするのと同じです。一方の**ディジタル署名**は，文字通りディジタルな署名であり，IT の世界における署名のことです。機能や目的は手書きの署名と基本的に同じです。

++ ディジタル署名はサインと同じ

2　ディジタル署名ってどんなデータ？

ディジタル署名は，元データをハッシュして（下図①）ハッシュ値を求め，それを作成者の秘密鍵で暗号化したもの（下図②）です。

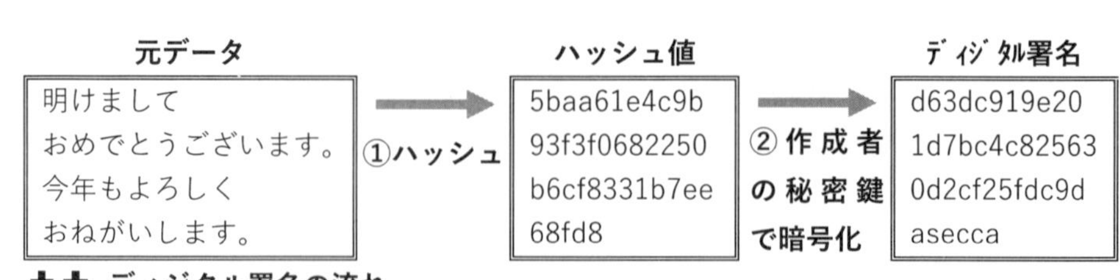

++ ディジタル署名の流れ

3　ディジタル署名の目的

ディジタル署名の主な目的は，改ざん防止となりすましの防止です。ただし，データの機密性は確保されていません。ディジタル署名はサインと同じで，書類やデータそのものを暗号化しないからです。

目的	解説
改ざん防止	改ざんされるとディジタル署名の値が変わるため，改ざんを検知できる
なりすまし防止	本人の秘密鍵でしかディジタル署名を行えない。ディジタル署名を検証することで，なりすましが無いかを確認できる（後述）。

✚✚ ディジタル署名の目的

4　ディジタル署名の検証の仕組み

ディジタル署名つきのデータを受け取った人は，ディジタル署名が正規なものかを検証します。そうすることで，先ほど述べた改ざんやなりすましが無いことを確認できます。

ディジタル署名の具体的な検証方法は以下です。図の①～③と照らし合わせて確認してください。

①　受け取ったデータのハッシュ値を求める。

②　受け取ったディジタル署名を送信者の公開鍵で復号する。

③　上記の①と②が一致するかを確認する。（一致すれば正規の署名）

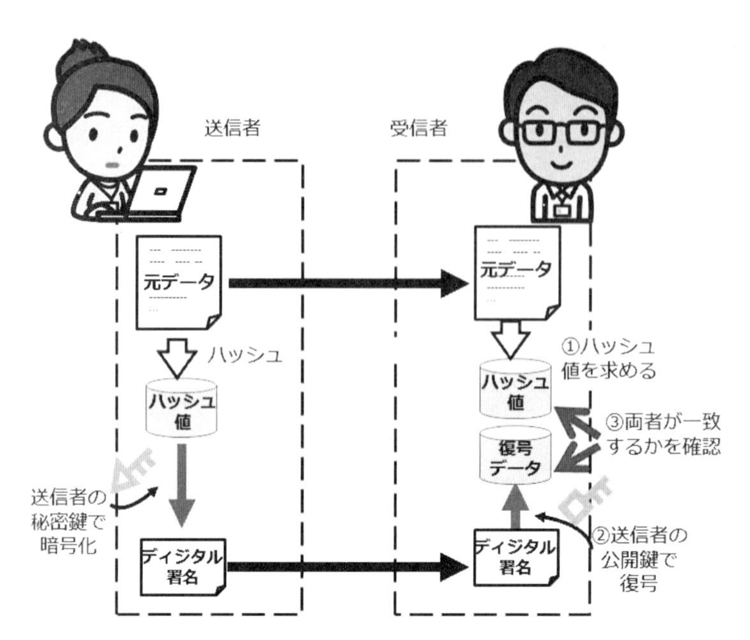

✚✚ **ディジタル署名の検証**

なるほど！　正規の人からのデータであることや，改ざんがされていないことがわかりますね。

加えて，上の図を見てもらうと分かるように，「元データ」は暗号化されていません。ディジタル署名は暗号化を目的としていない点も，再確認してください。

7-7 ディジタル証明書

1　ディジタル証明書とは

（1）ディジタル証明書とは

公開鍵は，秘密鍵と違って広く公開されます。仮に不正な第三者が本人になりすまして偽の公開鍵を公開すると，なりすましなどの危険があります。そこで，公開鍵が本人のものであること証明するために，**ディジタル証明書**（公開鍵証明書）を用います。

（2）証明書の種類

証明書には，誰の公開鍵を証明するかによって，ルート証明書，サーバ証明書，クライアント証明書の３つがあります。

	証明書の種類	備考
①	ルート証明書	認証局（CA）の公開鍵を証明する証明書
②	サーバ証明書	サーバの公開鍵を証明する証明書
③	クライアント証明書	クライアント（PC）の公開鍵を証明する証明書

✚✚ 3つの証明書

クライアント証明書は，PC に入っているんですよね？

格納場所は OS 等によって変わってきますが，PC の内部に格納されています。証明書の内容は，ブラウザにて証明書を確認することができます。また，IC カードなどに格納することもできるので，格納場所を PC に限定する必要はありません。

(3) 実際の証明書を見てみよう

次の画面は，ゆうちょダイレクトにアクセスしたときの，ゆうちょダイレクト（direct.jp-bank.japanpost.jp）のサーバ証明書です。URL の横にある鍵マークをクリックすると，証明書を確認することができます。

サブジェクトには，このサーバ証明書のコモンネーム（CN：Common Name）が記載されています。今回の CN は direct.jp-bank.japanpost.jp で，サイトの FQDN と一致します。こうして，この証明書が direct.jp-bank.japanpost.jp のサイトの証明書であることが確認できます。皆さんもご自身で確認してみてください。

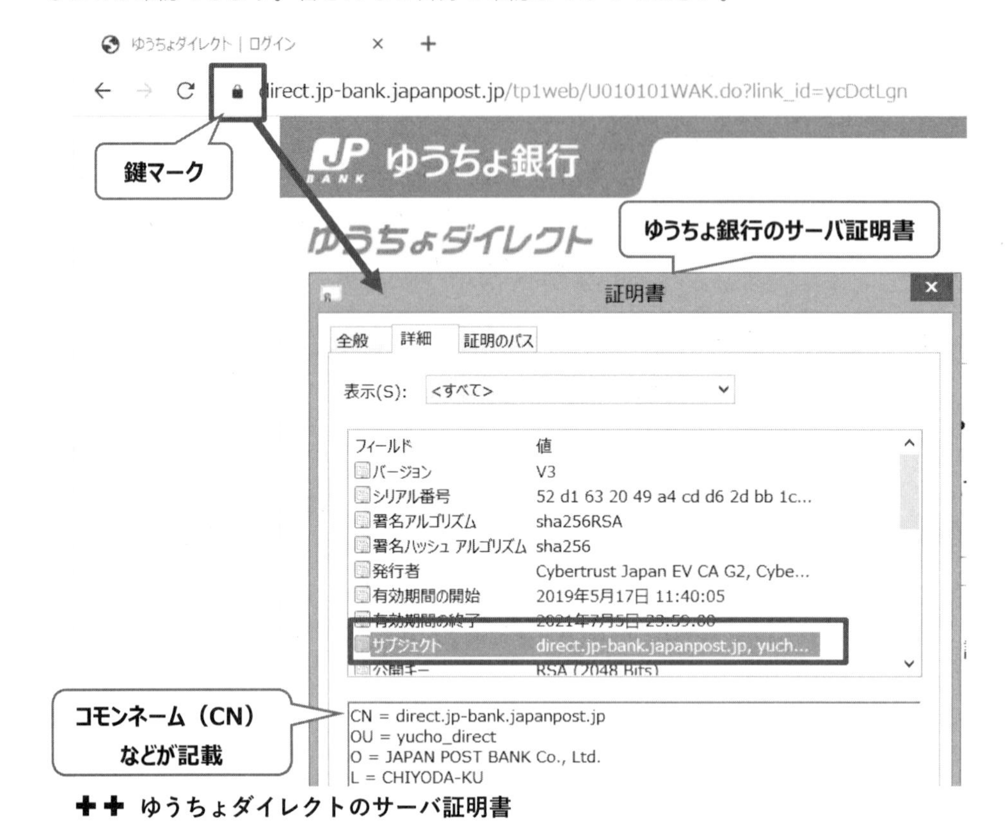

✚✚ ゆうちょダイレクトのサーバ証明書

参考ですが，サーバ証明書は原則として，FQDN 単位に作成され，クライアント証明書はメールアドレス単位に作成されます。よって，1 つの企業であっても，サーバの FQDN ごとに，複数のサーバ証明書が必要です。

ではここで，問題を 1 問解いてみましょう。

Q.クライアント証明書を PC に配布する際に，PC 側で必要な情報は何か（H29 秋 NW 午後 II 問 2 設問 4(1)より）

A.クライアント証明書を使って認証や暗号化などのセキュリティを保つには，クライアント証明書をPCに入れるだけでは不十分です。PCには，（クライアント証明書に含まれている）公開鍵に対応する秘密鍵も必要です。というのも，秘密鍵がなければ，データの暗号化などができません。

正解： クライアントの秘密鍵

2　認証局（CA）

証明書の発行や証明書の失効を行う機関を，**認証局**（CA：Certification Authority）といいます。認証局は，公開鍵にディジタル署名を付与してディジタル証明書を発行します。認証局には，ベリサインに代表される公的な認証局と，企業などが独自で構築するプライベート認証局の2つがあります。

3　CRL（失効リスト）

CRL（Certificate Revocation List）は，有効期限内に失効（Revocation）したディジタル証明書（Certificate）のシリアル番号のリスト（List）です。

たとえば，証明書が誰かになりすまして作成されたなどの不正が判明した場合に，その証明書の番号をCRLに登録します。CRLを認証サーバなどに登録し，失効した証明書が提示された場合には，認証を拒否します。

面倒な方法ですね。もっといい方法はないのですか？

残念ながらこれしかないと思います。盗まれたり偽造された証明書を強制的に取り上げたり，無効化することはできないからです。有効期限が切れれば失効リストで管理する必要はありませんが，有効期限内のものは失効リストに登録して管理するしかありません。

✚✚ 紛失した免許書を強制的に取り返すことは難しい

7-8 SSL/TLS

1 SSL/TLSについて

(1) SSL/TLSとは

SSL（Secure Socket Layer）/**TLS**（Transport Layer Security）は，データを暗号化したり認証したりしてセキュアな通信路を確保するプロトコルです。その代表例は，ポート**443**番を使うhttps（HTTP over SSL/TLS）です。オンラインバンキングなどでは，httpsで始まるURLにアクセスしますから，皆さんにもなじみ深いことでしょう。

SSLはhttpに限ったプロトコルではありません。SMTPSやPOP3S（ポート番号**995**番）など，他のプロトコルでもSSL/TLSを使って通信を暗号化できます。

(2) SSLとTLSの違い

SSLは，Netscape社がという企業が開発したプロトコルです。それをRFCとして世界的に標準化するとともに，機能を付加したものがTLSです。両者の互換性はありませんが，両者をひとくくりでSSL/TLSと解説されることがあります。

ただ，SSLには重大な脆弱性が見つかっており，今ではSSLは使用すべきではありません。また，TLSの古いバージョンであるTLS1.0やTLS1.1においても，古いハッシュアルゴリズムであるMD5やSHA1を使うことができてしまいます。そこで，TLSは**1.2**以上のバージョンを使うのが安全です。

(3) SSL/TLSの目的

SSLの目的は，単に通信を暗号化するだけではありません。SSLによって実現できる機能は以下です。

❶盗聴防止

盗聴の防止は，共通鍵によって**通信を暗号化**することで実現します。

❷なりすまし防止

サーバを認証するサーバ認証と，クライアントを認証する**クライアント認証**によって実現します。

❸改ざんの検知

メッセージ認証コード（MAC：Message Authentication Code）をメッセージに埋め込むことで，**改ざんを検知**できます。

なぜこれらの機能が実現できるかは，このあとの通信シーケンスの説明で解説します。

過去問（H30NW 午後 II 問 1）では，「TLS には,情報を【　ア：暗号化　】する機能，情報の改ざんを【　イ：検知　】する機能，及び通信相手を【　ウ：認証　】する機能がある」とあります。

2　SSL の通信シーケンス

SSL の通信シーケンスを紹介します。まず，クライアントからサーバに対して，利用可能な暗号化アルゴリズムの一覧を伝える **Client Hello** を送信します（下図①）。それを受け取ったサーバは，クライアントに対して使用するアルゴリズムを通知する **Server Hello** を送信します（下図②）。

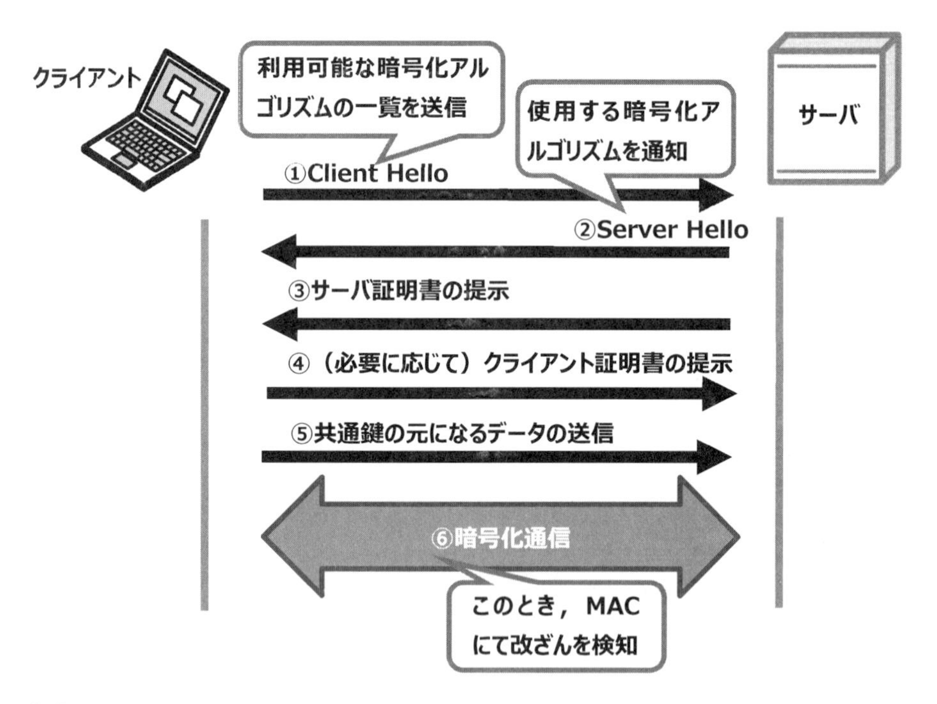

✚✚ SSL の通信シーケンス

この流れを，先ほどの「SSL/TLS の目的」と照らして補足します。「❶盗聴防止」は，

「⑥暗号化通信」の暗号化通信で実現します。「❷なりすまし防止」は，「③サーバ証明書の提示」「④クライアント証明書の提示」にて，不正な第三者でないことを確認します。「❸改ざんの検知」は，「⑥暗号化通信」において，メッセージの中に埋め込まれる，MAC（Message Authentication Code）を使って行われます。MACは，メッセージのハッシュ値を求めたもので，この値を照合することで，改ざんがされていないかを確認できます。

7-9 迷惑メール対策

1 迷惑メールとは

皆さんのところにも，知らない差出人からの広告メールや英語で書かれた意味不明なメールが届くことはないでしょうか。これらは迷惑メール（または SPAM メール）と呼ばれ，その名のとおり迷惑なメールです。最近では，これらのメールにマルウェアが添付されている場合もあり，セキュリティ対策の観点から受信しないような仕組みが求められています。

迷惑メール対策の代表的な技術として，OP25B と SPF があります。

✚✚ 最近，こういう迷惑なメールは来なくなりましたね

2 OP25B

一般的なメール送信プロトコルである SMTP（25 番ポート）では，認証をせずにメールを送ることができます。ですから，悪意のある不正な事業者が，自分の身元を隠し

て大量の迷惑メールを送信できてしまいます。

そこで，**OP25B**（Outbound Port 25 Blocking）という仕組みが導入されています。OP25Bは，動的IPアドレスのPCから，外部のネットワークへのSMTP（25番ポート）の通信を禁止します。※外部とはプロバイダの外と考えてください。

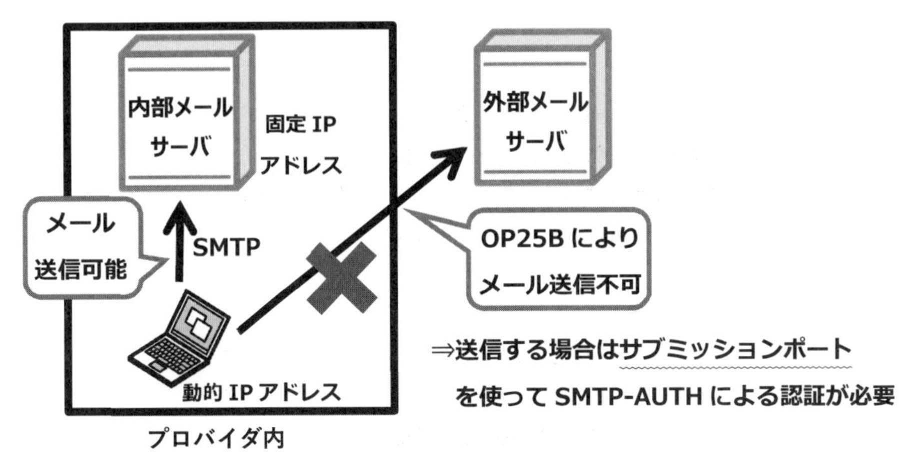

✚✚ OP25B の仕組み

ただし，内部のメールサーバに対してはメールを送信できます（当然ですが……）。

内部のメールサーバも，外部にメールを送れないのですか？

いえ，一般的には，固定IPアドレスからのメールはOP25Bで拒否されません。ですから，PCから送られたメールは，内部メールサーバを経由して外部にある通信相手にも届きます。つまり，PCは内部メールサーバを通じて世界中の人にメールを送ることができるのです。

また，仮にPCが外部のネットワークへメールを送信したい場合には，**サブミッションポート**（ポート番号587）を使い，SMTP-AUTHによって認証をします。

ということは，SPAMメールを送ることができますね？
SPAM対策として意味が無いと思いますが…

たしかに，SPAM メールを送信することは可能です。しかし，送信者認証をするので，そんなユーザは，プロバイダにて通信が拒否されることになるでしょう。身元を隠した大量の迷惑メールの送信を防ぐことができれば，SPAM 対策としては一定の効果があるのです。

3　SPF

SPF（Sender Policy Framework）は，送信メールサーバのドメインが詐称されていないかを受信メールサーバ側で確認する仕組みです。

SPF の仕組みを順に説明します。メールを送信する側は，DNS のゾーンファイルに SPF の情報を記載する TXT レコードを追加します。

```
$ORIGIN   seeeko.com.
    IN    MX      10      mail.seeeko.com.             ←MX レコード
    IN    TXT     "v=spf1 ip4: 203.0.113.1 ~all"       ←TXT レコード
```

✚✚ DNS のゾーンファイルに SPF の設定を記載

1 行目は MX レコードで，seeeko.com ドメインの受信メールサーバを指します。

2 行目が SPF を設定する TXT レコードで，送信メールサーバの IP アドレスを指定します。今回の場合，seeeko.com ドメインの送信メールサーバは，203.0.113.1 という意味です。（いい方を変えると，seeeko.com ドメインのメールは，203.0.113.1 からしか来ません。）

以下の図を見てください。203.0.113.1 の IP アドレス（＝送信元メールサーバの IP アドレス）から，差出人が user1@seeeko.com というメールアドレスのメールが届いたとします（下図①）。このメールアドレスが詐称されていないかを SPF の仕組みを使って確認します。

メールを受信したメールサーバでは，seeeko.com ドメインの送信メールサーバの IP アドレスを知るために，seeeko.com ドメインの DNS サーバに，TXT レコードを問い合わせます（下図②）。

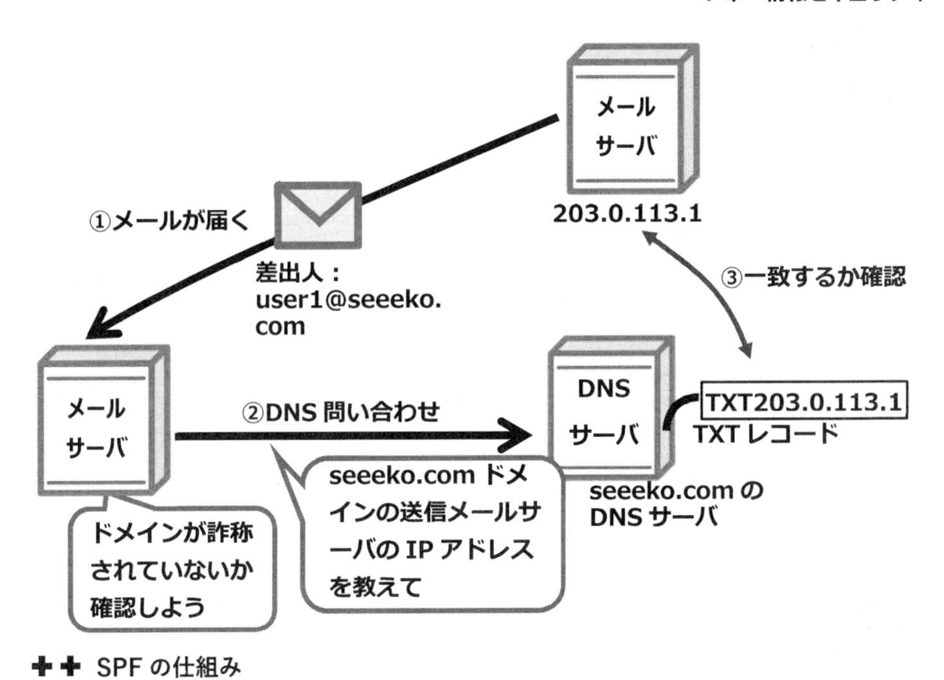

✚✚ SPF の仕組み

TXT レコードに記された IP アドレスが，203.0.113.1 であれば（図③），ドメインが詐称されていないと判断できます。

では，問題を解いてみましょう。

Q.SPF レコードを用いて，送信元ドメイン認証を行う際，SPF レコードと照合される情報は何か（H28NW 午後 I 問 1 設問 3（2）

A.上記の図でも説明しましたが，送信元メールサーバの IP アドレスです。上記の場合，SPF レコードの 203.0.113.1 と，送信元メールサーバの IP アドレス（203.0.113.1）を照合しています。

解答例：送信元メールサーバの IP アドレス

7-10 IDS と IPS

1 IDS と IPS とは

不正アクセスの脅威は日々進化しています。ですから，従来のファイアウォールをすり抜ける攻撃が多くなってきました。そのような高度な攻撃を防ぐ仕組みの一つがIDS/IPS です。

IDS(Intrusion Detection System)は，言葉の通り，侵入(Intrusion)を検知(Detection)するシステム（System）です。ネットワーク監視をし，流れるパケットの内容から不正を検知します。また，**IPS**(Intrusion Prevention System)も言葉の通りで，侵入(Intrusion)を防御（Prevention）するシステム（System）です。どちらも，従来のファイアウォールでは防げない高度な攻撃を検知・防御します。

IDS/IPS は，ファイアウォールとどこが違うのですか？

ファイアウォールは，IP アドレス，プロトコル，ポート番号などのヘッダ情報のみを確認し，データの中身を検査しません。よって，OS コマンドインジェクションなどのパケットのデータ部分に攻撃コードを入れ込まれると，検知することができないのです。一方，IDS/IPS は，データの中身もチェックすることができます。

宛先 IP アドレス	送信元 IP アドレス	プロトコル	宛先ポート番号	送信元ポート番号	データ
203.0.113.2	203.1.113.1	TCP	80	20001	

ファイアウォールはヘッダ情報のみを確認する

IDS/IPS はデータの中身も確認する

✚✚ IDS/IPS で検知する部分

2　検知の仕組み

IDS/IPS の検知の仕組みには，シグネチャ型とアノマリ型の 2 つがあります。

❶シグネチャ型

シグネチャ型は，不正なパケットに関する一定のルールやパターンに基づいて検知します。そのため，IDS/IPS では様々な種類のシグネチャがあらかじめ登録されています。新しい攻撃パターンはシグネチャに登録が無いので，検知することはできません。

❷アノマリ型

アノマリ型は，RFC で定義されたプロトコルの仕様などと比較して異常なパケットや，極端にパケット量が多いなどのトラフィックを分析して攻撃を検知します。アノマリ（anomaly）という言葉は「異常な」という意味で，normal（正常）の反対として考えてもらうと覚えやすいでしょう。

ということは，新しい攻撃も検知できるわけですね。

はい，その点はシグネチャ型と比べた利点です。しかし，正常なパケットを異常とみなす誤検知の可能性もあります。

3　IDS/IPS の設置構成

IDS/IPS の設置構成について解説します。

(1) IPS の場合

IPS の場合，パケットを防御（Prevention）するために，通信経路上（インライン）に設置することが一般的です。たとえば，防御したい Web サーバの前に設置します。

過去問（H27 秋 NW 午後 I 問 3）をみてみましょう。以下のように，DMZ に公開されたサーバと，FW の間の通信経路上に IPS が設置されています。

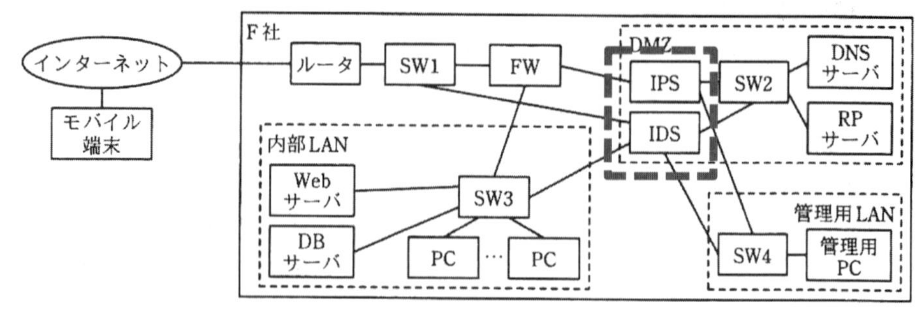

✚✚ 過去問のネットワーク構成図

ファイアウォールの外側（インターネット側）に設置してもいいんですよね？

もちろん，可能です。ですが，一般的には，FW の内側（LAN 側）に設置します。この点は別の過去問（H23 春 AP 午後問 9)で問われました。内容を要約すると，「FW の外に設置すると警告メールが大量に送られる。警告メールが多いと,管理者が重要な警告を見落とすおそれがあることから，IDS の設置位置を FW の内側の位置に変更した。」とあります。

設問では「警告メールが減少する理由」で問われ，解答例は「監視対象がファイアウォールを通過したパケットに限定されるから」です。

(2) IDS の場合

一方, IDS は検知するだけの仕組みなので, インラインに設置する必要はありません。パケットが届くネットワーク上にいれば，どこに設置してもいいでしょう。ただ，一般的には，防御したい装置の近くに設置します。よって，上記の図でも，DMZ の近くに設置しています。

また，過去問（H27 秋 NW 午後 I 問 3）では，設置構成に関する記載があるので，内容を確認しておきましょう。

> IDS は，監視対象のネットワークにある SW の[　イ：ミラー　]ポートに接続し，IDS 側のネットワークポートを[　ウ：プロミスキャス　]モードにすることで，IDS 以外を宛先とする通信も取り込むことができる。また, IDS 側のネットワークポートに[　エ：IP　]アドレスを割り当てなければ，IDS 自体が OSI 基本参照モデルの第 3 層レベルの攻撃を受けることを回避できる。

【補足解説】障害時の仕組み

IPSは冗長化していません。もし，IPSが故障したら，どうなるでしょうか。

IPSは，先の図に示すように，通信経路上（インライン）に配置されます。ですから，もしこの装置が故障すると，サーバなどへの通信が行えなくなります。

そこで，IPSが故障しても通信を継続するために必要な機能が，バイパス機能やフェールオープンともいわれる機能です。これは，装置が故障すると，自動的にケーブル接続と同じ状態になる機能です。ケーブルを単につなぐだけのコネクタに変わると考えてもいいでしょう。

過去問（H27秋NW午後I問3）では，「IPSの機能の一部が故障した場合に備えた機能」として「通信をそのまま通過させ，遮断しない機能（解答例）」と述べられています。

3　IDSでの攻撃の防御

IDSは監視カメラのような役割です。IDS自体に不正パケットを防止する機能は持ち合わせていません。そこで，IDSは不正侵入を防ぐためにファイアウォールと連携したり，TCPのRSTパケットを送る機能で防御をします。以下に，詳しく解説します。

❶ファイアウォールと連携

IDSは，検知した攻撃者の送信元IPアドレスをファイアウォールに伝えます。ファイアウォールでは，その送信元IPアドレスからの通信を遮断するポリシーを追加します。

❷TCPのRSTパケットを送る

IDSが不正なTCPコネクションを検知した場合に，送信元と宛先の双方のIPアドレス宛てに，TCPのRSTフラグをオンにしたパケットを送ります。

RST？？？

RST は RESET の意味です。復習を兼ねて，TCP の通信を解説します。TCP の通信は，次の図にあるように，①3 ウェイハンドシェークによる TCP コネクションの確立，②データパケット転送，③コネクション切断，の 3 つのフェーズに分けることができます。

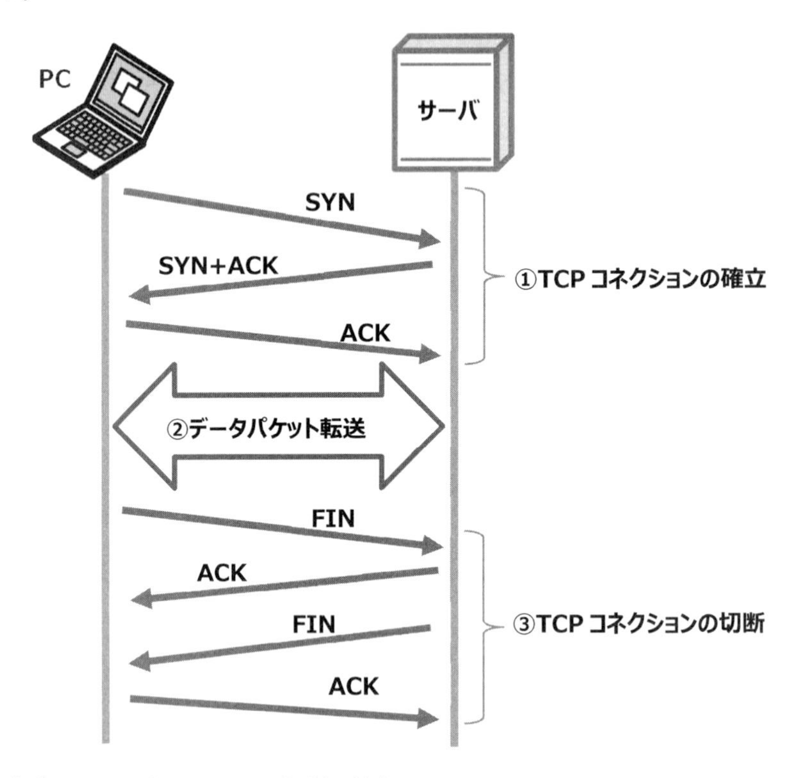

✚✚ TCP コネクションの切断の流れ

通常の終了処理では，「③TCP コネクション切断」のフェーズで，FIN パケットを送ってコネクションを終了させます。一方，RST を送ると，強制的にコネクションが切断されます。上記のようなハンドシェークは行われません。IDS が行っているのはこの動作です。

ただし，この機能は 3 ウェイハンドシェークを行う TCP のみに有効な機能です。UDP の場合には，該当するパケットの送信元に，ICMP ヘッダのコードに port unreachable（ポートを使用できない）を設定したエラーを伝えるパケットを送ります。こうすることで，攻撃者がさらにパケットを送ってくることを抑止します。

4　誤検知と見逃し

すでに述べましたが，IDS や IPS は，正常な通信を誤って異常と検知してしまうフォールスポジティブ（誤検知）が発生します。また，逆に，異常な通信を検知できずに見逃してしまうフォールスネガティブ（見逃し）もあります。

たとえば，パスワードクラックを検知するために，1 分間のパスワード入力が 10 回という閾値（しきいち）を設定したとします。正常な利用者が，本当にパスワードを間違えて 1 分間に 10 回以上入力すると，異常として誤検知をしてしまいます。逆に，攻撃者が 1 分間に 10 回以内のログイン攻撃をすると，この攻撃を検知できません。つまり，見逃しが発生します。

ポジティブとネガティブの言葉ですが，誤検知は侵入されていなかったので，前向きに考えてポジティブといえます。一方，見逃しは，侵入されたということなので，否定的にネガティブと言わざるを得ません。

✚✚ フォールスポジティブ

7-11 WAF

1 WAF

WAF（Web Application Firewall）とは，その言葉通り，Web アプリ用のファイアウォールです。過去問（令和 1 年 NW 秋午後 I 問 2）では WAF に関して，「昨今，Web アプリケーションプログラム（以下，WebAP という）の脆弱性を悪用したサイバー攻撃が報告されていることから，WAF (Web Application Firewall)サービスの導入を検討することになった」と述べられています。

WAF では，IDS や IPS でも止められないような，さらに高度な Web サーバへの攻撃を防ぐことができます。たとえば，クライアント PC が Web サーバに送信するデータを検査して，SQL インジェクションなどの攻撃を遮断することができます。

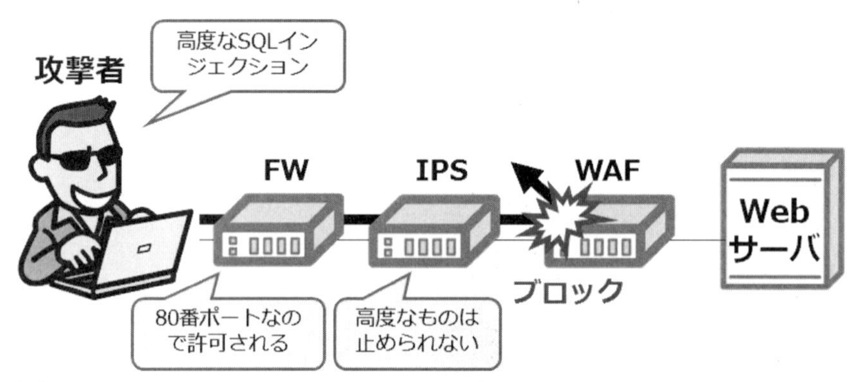

✚✚ FW と IPS，WAF

WAF の方が優れているのであれば，IDS や IPS は不要ってことですか？

いえ，そうではありません。WAF はその名前の通り，Web アプリケーション専用のファイアウォールです。よって，Web アプリケーション以外であったり，OS やミドルウェアの脆弱性を突く攻撃は基本的に防げません。DNS サーバやメールサーバなどの，Web サーバ以外への高度な攻撃を守るには，IDS や IPS が必要です。

2　WAFの機能

R1年のネットワークスペシャリスト試験でもWAFの出題がありますが，WAFは単なるセキュリティチェックだけを行う装置ではありません。多くの場合，以下のような複数の機能を持ちます。

ここでは，支援士の試験ですが，過去問（H22SC秋午後I問3）を参考に，WAFの主な機能を紹介します。

機能の名称	機能の概要
シグネチャによる通信検査機能	HTTPによる通信をシグネチャと比較し，一致した場合には攻撃として検知する。
SSLアクセラレーション機能	SSL通信の暗号化と復号を行う。
負荷分散機能	負荷分散機能を有する。

✚✚ WAFの機能

7-12 その他の対策

この章では，これまでに解説できなかったセキュリティ対策について解説します。

1　コンピュータウイルス（マルウェア）対策

コンピュータウイルス対策の基本は，ウイルス対策ソフトをPCにインストールすることです。

ウイルス検知の方法は，広く知られたパターンマッチング法だけではありません。動的な検知方法としてビヘイビア法（振る舞い検知）もあります。

❶パターンマッチング法

パターンマッチング法とは，ウイルスの特徴的なコード列が検査対象プログラム内に存在するかどうかを調べて，もし存在していればウイルスとして検知する方法です。この方法では，特徴的なコード列をパターンとして登録しますが，このパターンが記されたファイルを「ウイルス定義ファイル」といいます。

ウイルスが世に出た後にウイルス定義ファイルを作成するので，新種のウイルスを検知できないという欠点もあります。

また，パターンマッチング法の場合は，定義ファイルを常に最新にしておく必要があります。

❷ビヘイビア（振る舞い検知）法

ビヘイビア法は，検査対象プログラムを動作させてその挙動を観察し，もしウイルスによく見られる行動を起こせばウイルスとして検知する手法です。

パターンマッチングでは，新種のウイルスを検知できませんでした。しかし，ビヘイビア法はその欠点を補うことができます。たとえば，データ書き込み動作の異常が起こったり，通信量の異常増加などの変化を見て，ウイルスと判断するのです。

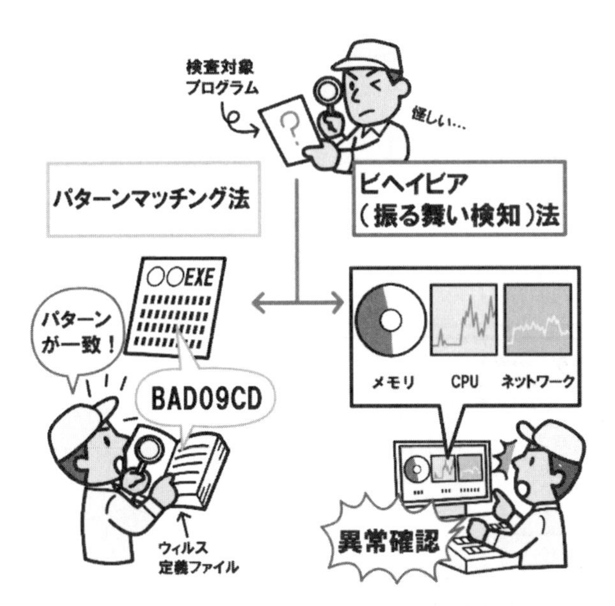

✚✚ パターンマッチング法とビヘイビア法

2　脆弱性診断

脆弱性診断とは，セキュリティ対策が適切に施されて脆弱性が存在しないかを検査することです。検査の方法ですが，ソフトウェアのバージョンを確認したり，対策が施されているかの設定を確認することだけではありません。**ペネトレーションテスト**（侵入テスト）として，公開サーバに攻撃をしかけて脆弱性を確認する手法もあります。

3　ディジタルフォレンジックス

ディジタルフォレンジックス（フォレンジックともいいます）とは，不正アクセスなどコンピュータに関する攻撃が起こった場合に，データの法的な証拠性を確保できるように，原因究明に必要なデータの保全，収集，分析をすることです。ちなみに，フォレンジック（Forensic）とは「法廷の」という意味です。

ログ分析とフォレンジックは別物ですか？

ログ分析は，あくまでもログだけを分析します。フォレンジックではログ以外も対象にしています。というのも，ログに出力されるのは，発生時刻や送信元IPアドレスなどの限られた情報しか出力されません。それに，ログは攻撃者によって削除されている可能性もあります。ディジタルフォレンジックスでは，どんな攻撃がされてどんなファイルが抜き出されたかなどを確認するために，ハードディスクの内容をレジストリの情報なども含めて詳細に確認をするのです。

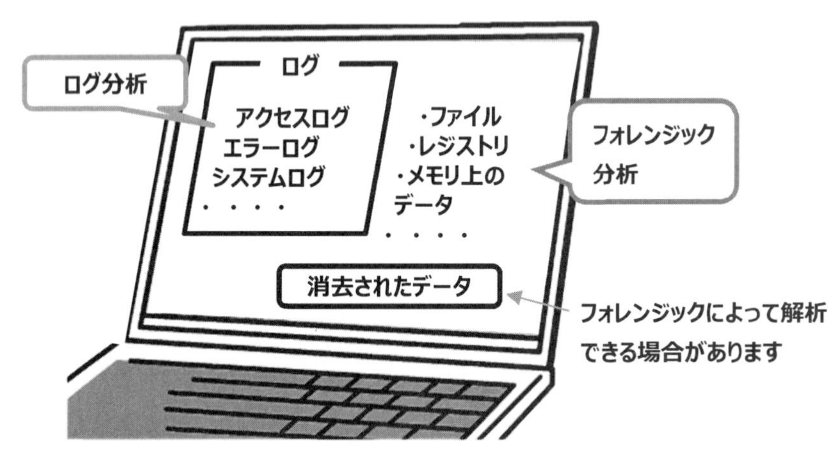

✚✚ ログ分析とディジタルフォレンジックス

【補足解説】CSIRT

セキュリティ対策は，技術的な対策だけではなく，人的・組織的な対策も重要です。たとえば，セキュリティインシデントが発生した場合に，その事実を報告する先が明確になっていないと，対処が遅れます。また，対処を間違えると，被害が更に拡大することになります。

そこで，コンピュータセキュリティの事故対応チームである **CSIRT**(Computer Security Incident Response Team)を設置する企業が増えています。CSIRTは，コンピュータセキュリティインシデントに関する報告を受け取り，調査し，対応活動を行う組織のことです。

8章　関連技術

8-1 負荷分散装置

1　負荷分散装置とは

負荷分散装置（LB：Load Balancer）とは，その名のとおり，負荷を分散する装置です。具体的には，クライアントからの通信が特定のサーバに集中しないように，複数のサーバに振り分けます。負荷分散の仕組みは，負荷分散装置を使う以外にもDNSラウンドロビンによっても実現できます。

2　負荷分散装置の効果

負荷分散装置（LB）を導入することで，次の2つの効果が期待できます。

❶処理能力の向上

1台のサーバでは処理できなかったものを，複数のサーバで処理することで，システム全体としての処理能力を高めます。

❷可用性の向上

複数のサーバとLBを導入することで，仮に1台のサーバが障害になっても，システム全体の停止にはなりません。LBでは，振り分け先のサーバの稼働状況を監視しており，ダウンしたサーバには通信を振り分けません。

3　LBの構成

(1) 一般的なLBの構成例

LBの構成例を紹介します。次の図のように，3台のサーバをLBによって負荷分散をします。

このとき，LBでは仮想IPアドレスを持ちます（図①）。PCは，仮想IPアドレスに対して通信を行います（図②）。

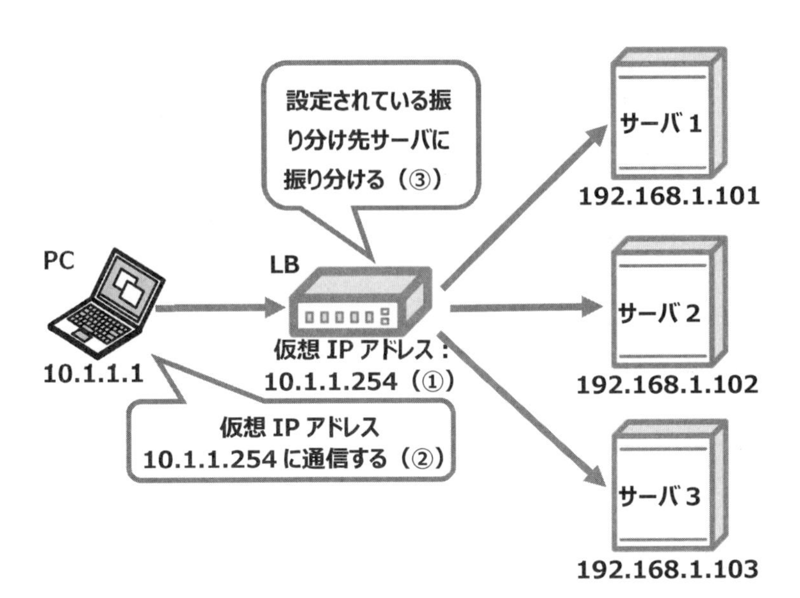

✚✚ LB の構成

また, LB は以下のような, 振り分け先のサーバを記憶した設定テーブルを持ちます。

仮想 IP アドレス	振り分け先サーバ
10.1.1.254	192.168.1.101 192.168.1.102 192.168.1.103

✚✚ LB の設定テーブル

LB では，10.1.1.254 宛のパケットを受け取ると，上記の設定テーブルを参照してサーバに通信を振り分けます（上図③）。

(2) DSR 方式の負荷分散装置

上記のように，ネットワークのインライン上に配置する方式以外には，DSR（Direct Server Return）という方式があります。

インラインで配置する方式の場合は，往路と復路の両方で LB を経由します。一方の DSR 方式では，フルスペルの通り，また, DSR 方式は, 応答パケットをサーバ（Server）に直接（Direct）返信（Return）する方式です。よって，往路と復路が異なります。

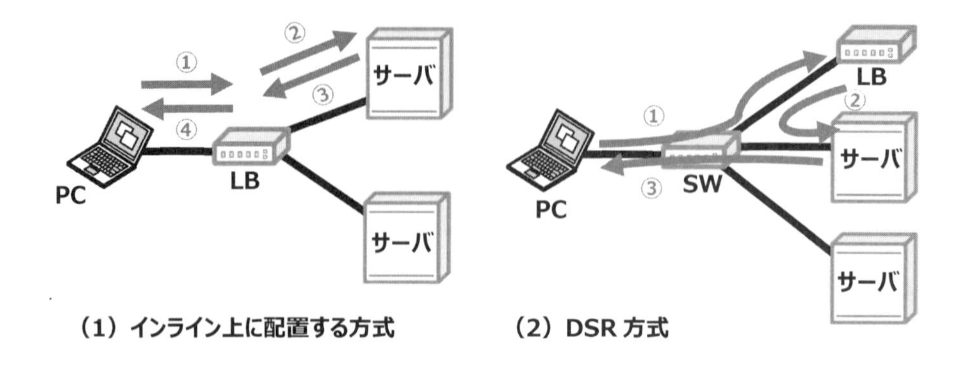

DSR 方式におけるパケットの流れを解説します。図と照らし合わせて読み進めてください。

①PC が送信した要求パケットを，LB が受信します。
②LB は，振り分け先のサーバに要求パケットを送信します。
③サーバは応答パケットを PC に直接返信します。（LB を通りません。）

この方式の利点は，スループット向上が期待できることと，LB が故障しても DNS の設定変更だけでサーバと通信させられることです。具体的には，サーバの仮想 IP アドレスとして LB の IP アドレスを指定していたところ，実サーバの IP アドレスを指定します。こうすれば，PC は LB の存在の有り無しにかかわらず，サーバと通信できます。

4　負荷分散アルゴリズム

負荷分散の方法ですが，サーバに順番に振り分けるのですか？

いくつかの振り分け方法（**負荷分散アルゴリズム**）から選択できます。単純に，順番に振り分ける方法はラウンドロビンと言います。他には，最もコネクション数が少ないサーバや，応答時間が最も短いサーバに振り分ける方式もあります。

過去問（H30NW 午後 II 問 2）に出題されていましたが，負荷分散対象のサーバをグループにまとめ（クラスタグループという），クラスタグループを複数設定できる製品もあります。そして，クラスタグループごとに仮想 IP アドレスと，負荷分散アルゴリズムが設定できます。設定例は以下です。

クラスタグループ	仮想 IP アドレス	負荷分散アルゴリズム	実 IP アドレス
P	10.1.1.1	ラウンドロビン	**192.168.1.1** **192.168.1.2** **192.168.1.3** **192.168.1.4**
Z	10.5.1.1	コネクション数が最小	**172.16.1.1** **172.16.1.2**

✚✚ クラスタグループの設定

5　セッション維持機能

LB には，すでに述べた処理の振分け機能だけでなく，**セッション維持機能**も持ちます。理由は明白で，同じ人の 2 回目以降の通信が違うサーバに振り分けられては困るからです。

特に，ショッピングサイトで買い物をしている場合に違うサーバに振り分けられれば，注文情報が消えてしまう可能性があります。

セッション維持の方法には，リクエスト元の IP アドレスに基づいて行うレイヤ 3 方式（またはポート番号を含めたレイヤ 4 方式）や，Web ページにアクセスしたユーザに関する情報を保持する **Cookie** に埋め込まれた，セッション ID に基づいて行うレイヤ 7 方式などがあります。

8-2 VRRP

1 VRRPとは

VRRP（Virtual Router Redundancy Protocol）とは，ルータなどのネットワーク機器を仮想的に1台にみせてルータを冗長化する仕組みです。1台に見せるルータを仮想ルータといい，仮想ルータは仮想IPアドレスと仮想MACアドレスを持ちます。

2 VRRPの構成例

VRRPの構成例をみてみましょう。以下のように，ルータAとルータBの2台のルータがあります。2つのルータを仮想的に1台に見せるため，VRRPの設定をします。具体的には，両者を同じVRRPグループに入れ（下図①），実際のIPアドレス以外に仮想IPアドレスを設定します（下図②）。

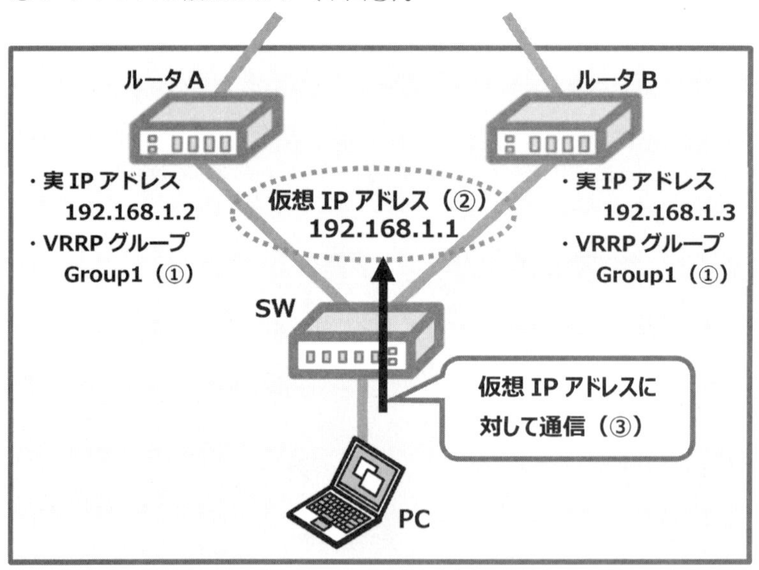

✚✚ VRRPの構成例

また，各ルータにはVRRPの優先度を設定します。優先度が高いルータを**マスタルータ**といい，優先度が低いルータを**バックアップルータ**といいます。通常時はマスタルータが動作し，マスタルータに異常が発生すると，バックアップルータ側が昇格してマスタルータになります。

3　VRRPの動作

VRRPの動作に関して，補足します。

(1) バックアップルータの動作

PCはVRRPの仮想IPアドレスに対して通信をします（前ページの図③）。PCからのパケットは，マスタルータのみが受け取り，バックアップルータは応答しません。

パケットが届いたとしても，自分はバックアップルータという理由で応答しないのですね。

まさしくその通りです。

(2) マスタルータに昇格する際の動作

バックアップルータがマスタルータに昇格する動作について説明します。マスタルータはバックアップルータに対して定期的に**VRRP広告**（VRRP advertisement）を送ります（下図①）。バックアップルータは，マスタルータからこのメッセージが届かなかった場合，マスタルータがダウンしたと判断し，マスタルータに昇格します。（下図②）

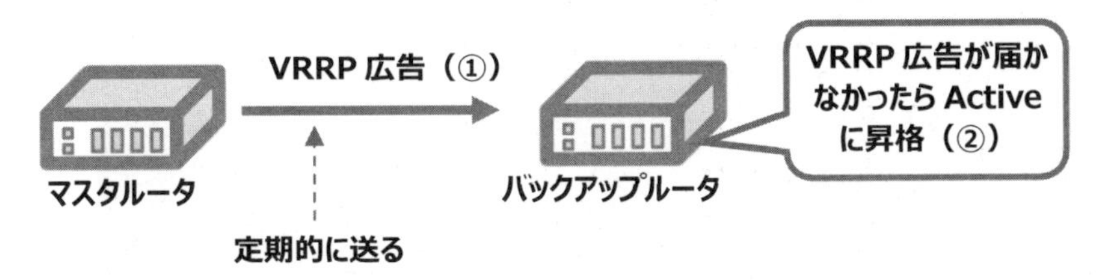

✚✚ VRRP広告

8-3 ネットワーク管理

ネットワーク管理には，IP アドレスや物理構成などの構成情報を管理する「構成管理」や，応答時間などのネットワーク性能を管理する「性能管理」，障害の検出を行う「障害管理」などがあります。

ここでは，これらのネットワーク管理に関する技術について解説します。

1 ping 監視

ping 監視は，ICMP の ping を使った監視です。ping コマンドを使って，監視対象機器にエコー要求（Echo Request）を送信すると，機器が正常に動作していれば，エコー応答（Echo Reply）が返ってきます。一方，故障などがあると，タイムアウトになりますから，監視対象機器の正常性を確認できます。

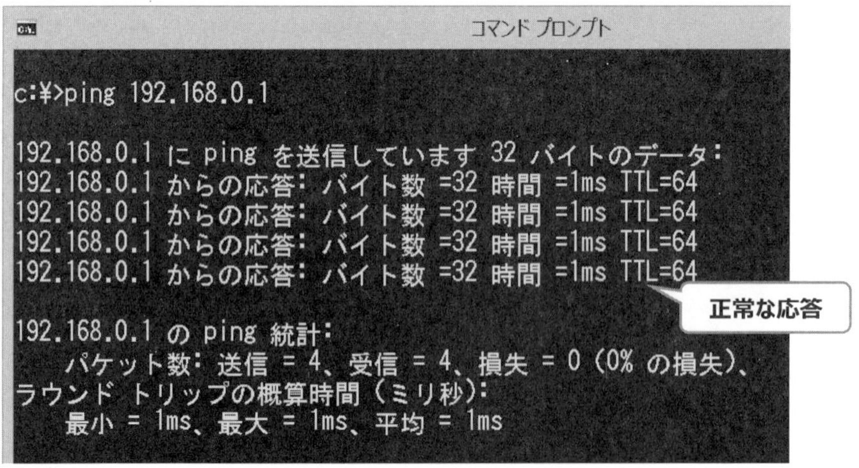

✚✚ ping の応答（対象機器が動作していることがわかる）

ただし，ping 監視の場合は，十分な原因究明ができない場合があります。たとえば，ping の応答がタイムアウトになる場合，監視対象機器の故障の可能性だけでなく，その通信経路上の機器の故障も考えられます。また，監視対象機器がファイアウォール機能やアクセスリストなどによって ping を拒否している可能性もあるのです。

それに，L 2 SW を監視したとしても，L2SW は IP アドレスが 1 つしか持てません。24 ポートの L2SW のどのポートが故障したのかもわかりません。

2　SYSLOG 監視

SYSLOG とは，ログを転送するプロトコルを指します。また，転送された LOG を受け取るサーバを SYSLOG サーバと言います。

システム（SYStem）から出力されるのログ（LOG）だから SYSLOG なんですね。

そうです。言葉の通りですね。

SYSLOG は，トランスポートプロトコルとして RFC 768 で規定されている **UDP** を用います。RFC で標準化されていますので，サーバの OS やネットワーク機器のメーカなどに依存しません。Web やメールサービスの起動，終了のログであったり，ログイン認証の情報，故障（インターフェースのダウン）情報など，さまざまなログを SYSLOG サーバに「集約して」管理できるのがメリットです。

SYSLOG の設定は簡単です。たとえば，Cisco のレイヤ 2 スイッチの場合，以下のコマンドで SYSLOG サーバの IP アドレス（または FQDN）を指定するだけです。

```
Switch(config)#logging host 192.168.1.1
```

✚✚ SYSLOG の設定例

たとえば，このスイッチングハブのケーブルを抜いた場合の SYSLOG メッセージの例を紹介します。

```
Message: *Mar  1 00:11:16.960: %LINEPROTO-5-UPDOWN: Line protocol on
Interface FastEthernet0/1, changed state to down
```

✚✚ SYSLOG メッセージの例

細かな記載は無視してください。後半に，1 番ポート（FastEthernet0/1）の状態（state）がダウン（down）になったというメッセージが確認できます。

また，異常が発生すると，すぐに SYSLOG サーバにメッセージを送るので，異常の検知（監視）にも利用できます。

ping 監視とどちらがいいのですか？

まず，両者の違いを整理しましょう。両者はまず，監視の方向が違います。

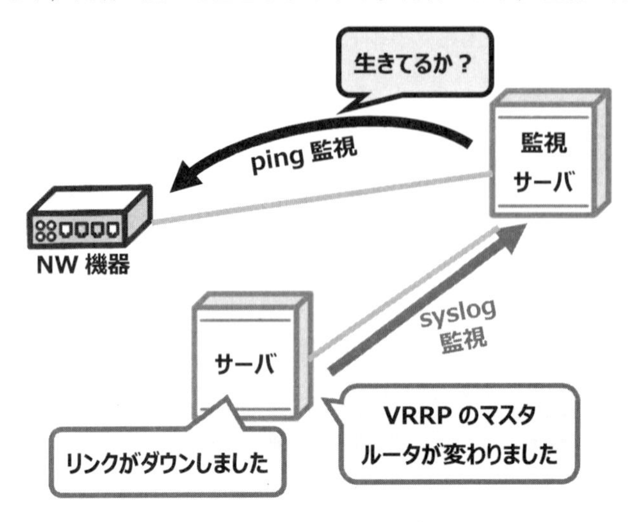

✚✚ ping 監視と SYSLOG 監視の方向の違い

ping 監視は，監視サーバからパケットを送ります。一方，SYSLOG 監視の場合は逆で，監視対象の機器からパケットを送ります。

ping 監視の利点は，監視対象の機器に，何も設定を入れる必要がないことです。しかし，対象機器が生きているか死んでいるのか，それくらいの調査しかできません。一方，SYSLOG 監視の場合は，より詳細な情報を送ることができます。また，リアルタイムにログを送ることができるのも利点です。

ping 監視の場合は，監視間隔が長くなると，検知が遅れますね。

そうです。しかし，監視間隔が短すぎると，対象機器にもネットワークにも負荷をかけてしまします。

3 SNMP による監視および管理

（1）SNMP とは

SNMP（Simple Network Management Protocol）とは，その名の通り，簡易な

(Simple) ネットワーク (Network) を管理する (Management) プロトコル (Protocol) です。SNMP によって，機器の設定情報を収集したり，障害が発生したことの通知を受け取ることができます。このように，SNMP を使うことで，ネットワークを構成する機器を集中管理できます。

SNMP によって機器を管理する側を，**SNMP マネージャ**といいます。また，管理されるネットワーク機器やサーバなどを，**SNMP エージェント**といいます。SNMP エージェントと SNMP マネージャの設定では，**コミュニティ**というグループ名を指定します。同じコミュニティ名の場合，同じグループになり，機器の管理情報である MIB（詳しくは後述）を共有することができます。

（2）ポーリングと Trap

SNMP や，ping 監視や SYSLOG 監視と同様に，機器の監視に利用されます。SNMP を使った監視には，ポーリングと **Trap** の 2 つがあります。

❶ポーリング

ポーリングは, ping 監視と同様に, SNMP マネージャから監視対象機器である SNMP エージェントへの通信です。過去問（H30NW 午後 I 問 2）では，「SNMP の基本動作として，ポーリングとトラップがある。ポーリングは，SNMP マネージャが，SNMP エージェントに対して，例えば 5 分ごとといった定期的に MIB の問合せを行うことによって，機器の状態を取得できる」とあります。

また，違う過去問（H16NW 午後 I 問 2）ではポーリング通信に関して，「マネージャは,エージェントに対して,情報収集や設定変更の要求を出す。情報収集には get 要求,設定変更には **set** 要求が使われる」とあります。

❷Trap

Trap は，SYSLOG 監視と同様に，SNMP エージェントから SNMP マネージャへの通信です。機器に障害が発生した場合，SNMP の Trap メッセージを使って，その異常を SNMP マネージャに伝えます。過去問（H30NW 午後 I 問 2）では，「トラップは，MIB に変化が起きた際に，SNMP エージェントが直ちにメッセージを送信し，SNMP マネージャがメッセージを受信することによって，機器の状態を取得できる」とあります。

たとえば，スイッチの 3 番の LAN ポートが故障をした場合（下図①），「LAN ポートの 3 番が故障した」という情報を SNMP マネージャに Trap を送信します（下図②）。

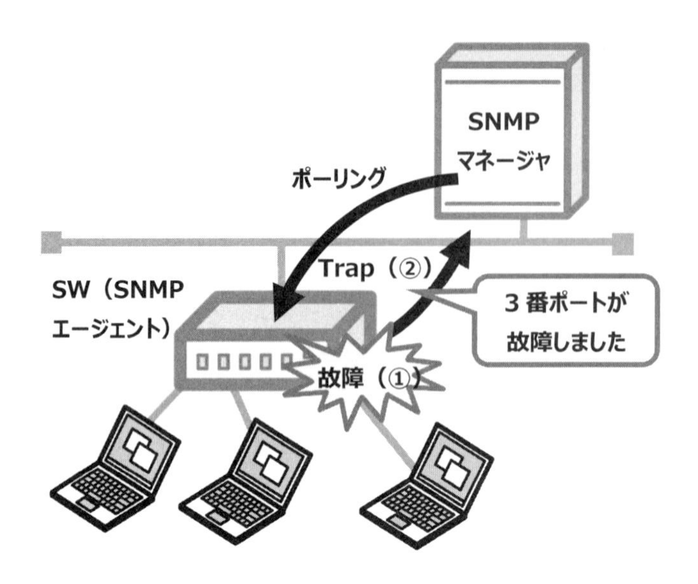

✚✚ ポーリングと Trap

【補足解説】SNMP の設定例

ここでは，SNMP の設定例を紹介します。以下は，Catalyst スイッチに SNMP の設定をした Config です。内容を覚える必要はありませんが，設定を確認しながら，SNMP に関する理解を膨らませてください。

```
Switch(config)#snmp-server community a_com ro
  ↑SNMPのポーリングの設定。コミュニティ名として，「a_com」を設定
   ro（Read Only）は，SNMPマネージャからは読取専用という意味。
   読み書き可能なrwに設定することも可
Switch(config)#snmp-server enable traps
  ↑トラップの設定。トラップを有効化
Switch(config)#snmp-server host 10.1.100.99 a_com
  ↑トラップを送信するSNMPサーバのIPアドレスと，コミュニティ名を設定
```

✚✚ SNMP の設定例

3　MIB

SNMP エージェント（管理されるネットワーク機器やサーバなど）では，各種の管理情報を MIB（Management Information Base）と呼ばれる機器の中にあるデータベースに保存します。MIB の内部には，たとえば，インターフェースの VLAN 情報，通信帯域，インターフェースの状態（正常 or 停止）や受信したデータ量などの情報が蓄積されています。

わかったような
わからないような・・・

実際の設定を見ないと，イメージがわかないですよね。以下は，Catalyst のスイッチングハブの MIB を SNMP サーバから取得しました。

```
#snmpget -v2c -c public 192.168.0.10 .1.3.6.1.2.1.2.2.1.8.10001
IF-MIB::ifOperStatus.10001 = INTEGER: down(2)
```

✚✚ MIB の取得例

1 行目ですが，snmpget コマンドを使い，コミュニティ名を public にし， IP アドレスが 192.168.0.10 の機器の MIB を取得しています。MIB は階層構造になっており，インターフェースの情報は，.1.3.6.1.2.1.2.2.1.の OID（Object ID）配下に存在します。そして，インターフェースの状態を取得するために，さらに「.8」を指定しました。また，「10001」は，今回のスイッチの 1 番ポートを表しています。（ちょっとわかりにくいですが，雰囲気だけ理解できれば十分です。）

2 行目は MIB を取得した結果です。細かい表記は無視してください。最後に「down(2)」とありますように，インターフェースの状態が down であることがわかります。up していれば，up(1)と表示されます。

8-4 SSL-VPN

1 SSL-VPN とは

SSL-VPN は，SSL/TLS（HTTPS）にてリモートアクセスをする仕組みです。SSL-VPN の仕組みを実現するために，SSL-VPN 機器をリバースプロキシとして配置します。（リバースプロキシという言葉に関しては，「6-2 章　プロキシサーバ」を参照してください。また，リバースプロキシの構成イメージは，このあとの 3 節①で記載します。）

SSL-VPN では，SSL/TLS というセキュリティプロトコルを使っていますから，通信の暗号化だけでなく，認証機能や改ざん検知機能も持ちます。SSL-VPN を利用すると，VPN ルータや VPN クライアントソフトが無い環境であっても，ブラウザさえあれば簡単に VPN 環境を構築できます。

2 IPsec との違い

自宅からインターネットを経由して会社に接続したい場合，安全な通信を行う仕組みは，SSL-VPN だけではありません。この後の章で紹介する IPsec でも実現できます。

両者はどう違うのですか？

OSI 参照モデルのレイヤが違います。IPsec が ESP というプロトコルを使ってレイヤ 3 で通信するのに対し，SSL-VPN は TCP のポート番号 443 番（HTTPS）を使って，レイヤ 4 で通信します。IPsec はレイヤ 3 の通信ですから，レイヤ 4 以上のアプリケーションに制限はありません。一方，SSL-VPN はレイヤ 4 のポート番号が 443 番に決まっているので，利用できるアプリケーションにも制限があります。（ただし，このあと解説する L2 フォワーディングを使えば，クライアントにモジュールを入れるなどしてアプリケーションの制限がほぼ無いように工夫がされています。）

両者の違いを理解するために，パケット構造で見てみましょう。以下に両者の簡略化したパケット構造を示します。

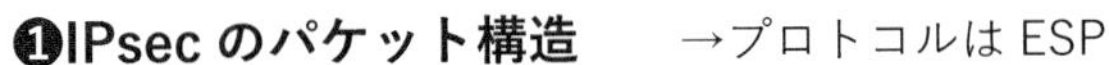

❶IPsec のパケット構造 →プロトコルは ESP

宛先 IP アドレス	送信元 IP アドレス	ESP ヘッダ	データ

❷SSL-VPN のパケット構造 →プロトコルは TCP

宛先 IP アドレス	送信元 IP アドレス	宛先ポート番号（443）	送信元ポート番号	データ

✚✚ IPsec と SSL-VPN のパケット構造の違い

このように，❶の IPsec のパケットのプロトコルは ESP です。（プロトコル番号に関しては，「4-2 IP パケットの構成 ＞2 IP ヘッダ ＞プロトコル番号」を参照ください。）ESP は，TCP や UDP と違い，レイヤ 4 の情報であるポート番号を持ちません。

一方，❷の SSL-VPN のパケットのプロトコルは TCP なので，レイヤ 4 の情報であるポート番号を持ちます。

ということは，❶の ESP であれば，レイヤ 4 の情報は自由に選べるということですね

そのとおり！ 一方，❷の SSL-VPN の場合，レイヤ 4 は 443 と決められています。よって，利用できるアプリケーションが制限されてしまうのです。

3 SSL-VPN 装置の方式

SSL-VPN の方式には，「①リバースプロキシ」「②ポートフォワーディング」「③L2 フォワーディング」の 3 つあります。順に解説します。

①リバースプロキシ

リバースプロキシは，外出先から社内の Web システムに対して HTTPS で通信する方式です。以下の図を見てください。まず，PC から DMZ に配置された SSL-VPN 装置にリモートアクセスをします（下図❶）。SSL-VPN 装置では，利用者が正規であるかどうかを ID/パスワードなどを利用して認証をします（下図❷）。認証が許可されると，外出先から社内システムや，社内の Web サーバにアクセスできます（下図❸）。

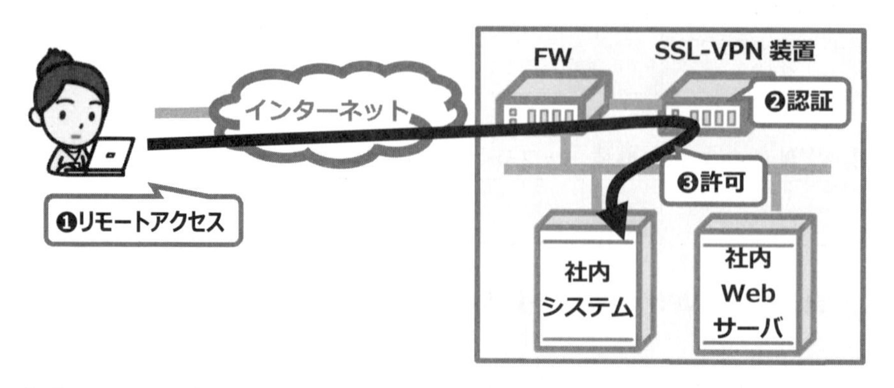

✚✚ リバースプロキシの構成例

このとき，リモートアクセスで社内の Web サーバにアクセスするとします。インターネットから SSL-VPN 装置に接続する際と，SSL-VPN 装置から Web サーバに接続する際のポート番号は，それぞれ何番でしょうか。ただし，社内の Web サーバは HTTP でサービスを提供しているとします。

正解は，SSL-VPN 装置までが 443 番（HTTPS）で，SSL-VPN 装置以降は 80 番（HTTP）です。

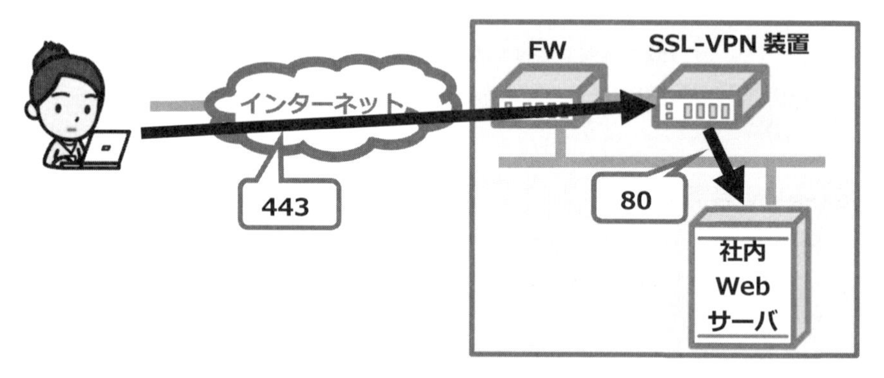

✚✚ リバースプロキシの際のポート番号

社内 Web サーバへ通信する場合は，443 のままではダメですか？

社内Webサーバが80番のHTTPでサービスを提供している場合，443番では通信ができません。

②ポートフォワーディング

リバースプロキシは，Webシステムに対してHTTPSで通信する方式でした。しかし，Web（80番）以外にも，業務用のアプリケーションやNotesなどの専用アプリケーションを使いたいというニーズが出てくることでしょう。ポートフォワーディングは，Web（80番）以外の任意のアプリケーションを外部から利用できるようにする仕組みです。以下の図を見てください。SSL-VPN装置へHTTPS（443番ポート）でアクセスしても，意味がありません。専用のアプリケーションから業務サーバへは専用のポート（この場合は1100番）で通信しなければいけないからです。

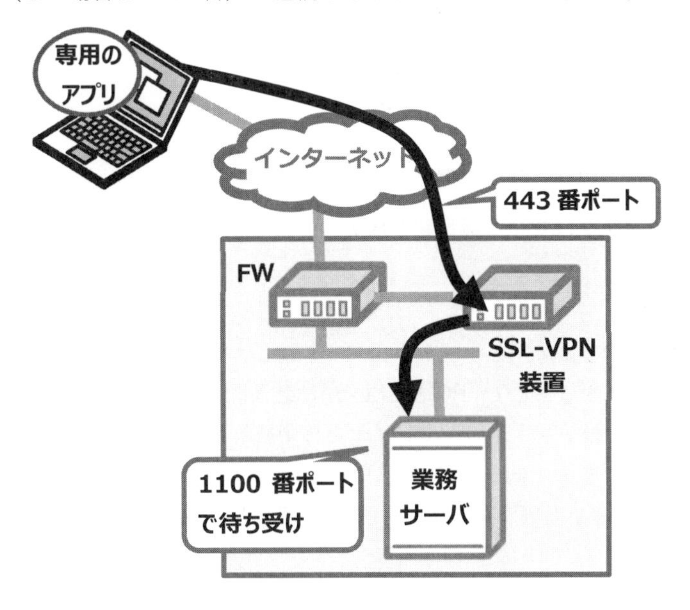

✚✚ ポートフォワーディングは専用のポートで接続する必要がある

そうか，プロトコルが違うから正常に通信ができないのですね。

そうなんです。そこで，PC側にJavaアプレットというプログラムを入れ，そのプログラムとSSL-VPN装置との間でhttps（443）による安全な通信経路を確保します。そして，その中で専用のアプリケーションを通すようにしたのです。

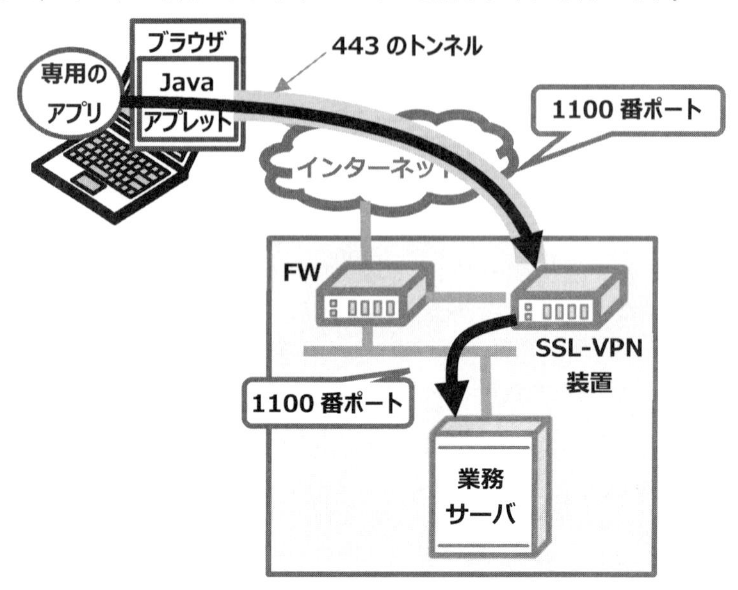

✚✚ ポートフォワーディングは安全な通信路を構築

③L2 フォワーディング

L2 フォワーディングは，PC に専用のソフトウェア（実際にはブラウザのプラグインモジュール）をインストールすることで，PC と SSL-VPN 装置間の SSL/TLS 接続トンネルを作ります。そして，そのトンネルの上でレイヤ 2 の中継を行います。レイヤ 2 レベルの通信が行えますから，まるで同一 LAN 内にいるかのような通信が行えます。たとえば，HTTP 通信だけでなく，SMTP 通信やファイル共有など，さまざまなアプリケーションが利用できるのです。

さらに，「①リバースプロキシ」や「②ポートフォワーディング」と違う点は，L2 フォワーディング用に専用の IP アドレスが割り当てられることです。

社内 LAN の IP アドレスを割り当てることもできますか？

はい，そうすることが一般的です。ですから，リモートアクセスで接続した PC が，まるで社内 LAN に接続された PC であるかのように各種サーバにアクセスできます。

以下にL2フォワーディングの構成例を紹介します。認証まではリバースプロキシと同様の流れです。その後，SSL-VPN装置にあるIPアドレスプールの中から，リモートアクセスしてきたPCに仮想のIPアドレスが払い出されます（下図❶）。PCは，仮想IPアドレスを用いて社内システムにアクセスします（下図❷）。

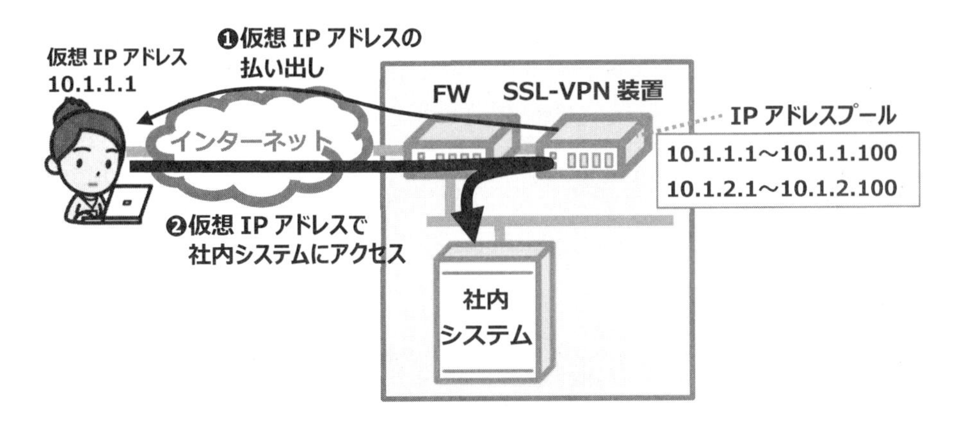

✚✚ L2フォワーディングでの仮想IPアドレスの払い出し

参考ですが，以下はL2フォワーディングで接続した場合の「ipconfig」の実行結果です。物理NIC以外に，仮想NICが存在しています。仮想NICには，仮想IPアドレスとして，プライベートIPアドレスの10.1.1.1が割り当てられています。

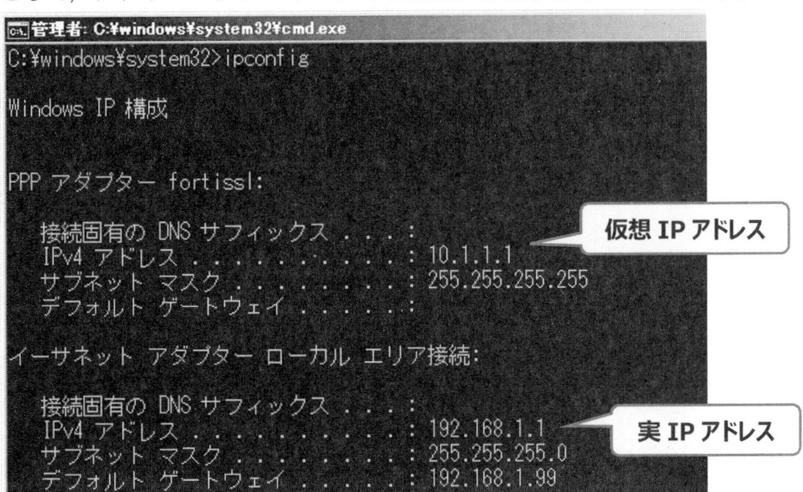

✚✚ ipconfigによる仮想NICの様子

8-5 SDN

1　SDNとは

SDN（Software Defined Network）とは，言葉の通りソフトウェア（Software）で定義（Define）できるネットワーク（Network）の技術です。物理的な制約にとらわれずソフトウェアで実現するので，仮想化技術と考えてもいいでしょう。

仮想化なら，VLANなどもそうですよね。

はい，そうです。しかし，SDNでは，もっと大胆な仕組みを構築できます。たとえば，従来のネットワークでは，スイッチとFWと負荷分散装置が物理的に別々の機器で配置することが一般的です。SDNを導入すれば，それらの機器を一体化できます。そして，設定を変更するだけで，スイッチポートの設定やVLAN，ルーティングだけでなく，FW機能や負荷分散機能なども自由に設定できるのです。

2　SDNの仕組み

SDN（Software Defined Network）は，ソフトウェアを使ったネットワークという「概念」です。SDNを実現するにはそれを具現化する仕組みが必要で，その代表的な技術がOpenFlowです。

従来のネットワーク機器は，「①管理・制御機能」と「②データ転送機能」の両方を1台で実現していました。OpenFlowでは，両者を分離し，OFC（OpenFlowコントローラ）が「①管理・制御機能」，OFS（OpenFlowスイッチ）が「②データ転送機能」を持ちます。そして，OFCはOFSを集中管理します。

機能	解説	実現する機器
①　管理・制御機能	OSPFなどの経路制御，VLANの設定やMACアドレスの学習などの管理・制御機能	OFC
②　データ転送機能	受信したフレームを適切なポートから出力するデータ転送機能	OFS

✚✚ 管理・制御機能と転送機能

構成例で表すと，次のようになります。

OFCはOFSを管理します（図❶）。OFSはサーバやPC間のデータを転送します（図❷）。

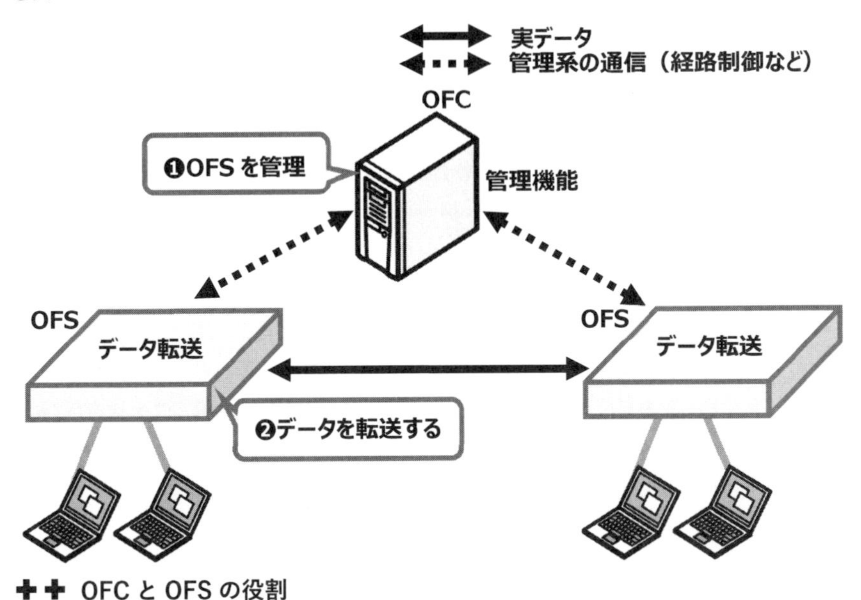

✚✚ OFCとOFSの役割

ネットワーク構成が変更になって，OFSが追加されたりすることもあると思います。OFCは，どうやって追加されたOFSの存在を知るのですか？

OFSは，起動するとOFCとの間でTCPコネクションを確立します。これによってOFSの存在を知ります。そして，TCPコネクション確立後は，OFCからフローテーブルの作成や更新が行われます。よって，OFSの導入時には，自分のIPアドレスと，OFCのIPアドレスさえ設定すればいいので，導入作業はとても容易です。（VLANやSTP，ポートのSpeedやDuplexなどを，ネットワークの各種設定をする必要はありません。）

3　OpenFlowのメッセージ

OFSとOFCは，管理のための専用ネットワークを介して，通信メッセージを交換します。通信メッセージとは，OFCからOFSに対する指示や，OFSからOFCに通知する情報のことです。通信メッセージには以下の3種類があります。

通信メッセージ名	通信の方向	用途
Packet In	OFS→OFC	管理テーブルの中に該当するルールが無かったときに，OFS が OFC に処理方法を問い合わせるメッセージ
Packet Out	OFC→OFS	Packet In による問い合わせ結果として，OFC が OFS にパケットの送信指示を出すメッセージ
Flow Mod	OFC→OFS	OFS の内部にある管理テーブルの登録・更新の指示を出すメッセージ

✚✚ OFC と OFS 間の通信メッセージ

管理テーブルは，OFS の内部にあり，「どんなパケットが届いたらどう処理するか」というエントリが複数登録されています。詳しくはこのあと解説します。

では，具体例でこれらのメッセージを解説します。PC1 が 192.168.0.2 の端末と通信する場合に，「192.168.0.2 の IP アドレスは誰ですか？」という ARP Request を送信したときの動作を説明します。

①ARP Request の受信

PC 1 からの ARP Request が OFS に届きます。

②Packet In メッセージを OFC に送信

管理テーブル内に動作方法（エントリといいます。詳しくは後述します）があった場合，OFS は当該エントリに記述された Action の動作を行います。一方，エントリがなかった場合には，OFS は Packet In メッセージを OFC に送信し，PC 1 からのパケットを P1 ポートから受信したことを OFS に通知します。そして，OFC にそのパケットの処理方法を問い合わせます。

③Packet-Out メッセージを OFS に送信

ARP Request はブロードキャストパケットなので，同一ネットワーク上の全てのポートに ARP Request を出力する必要があります。OFC は，ポートと VLAN の対応情報を持っていますので，その情報をもとに OFS に対して指示を出します。今回の場合，P2，P3，P4 に ARP Request を出力するように指示をします。

④ARP Request の送信

ARP Request のフレームが PC2～PC4 に送信されます。

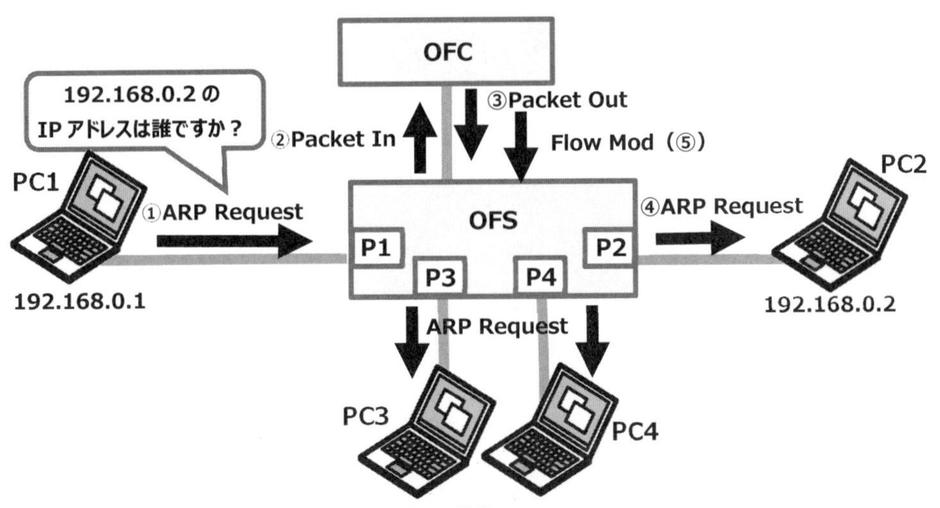

✚✚ ARP Request を受け取ったときの動作

また，P1 に届いたパケットの送信元 MAC アドレスは，PC1 のものだということが OFC に伝わっています。この情報から，OFC は P1 ポートと PC1 の MAC アドレス情報との対応を把握できます。そこで，OFC は Flow-Mod メッセージを OFS に送信し，管理テーブルに書き込みます。具体的には，「PC1 の MAC アドレス宛のパケットを受け取ったら P1 ポートから出力しなさい」というルールです（図の⑤）。

なるほど。
管理テーブルに記憶しておけば，毎回 OFC に問い合わせしなくてすみますね。

そうです。これは，通常のスイッチング HUB における MAC アドレスの学習と同じです。

4　管理テーブル

管理テーブルは，どのようなときに，どう動作するかのルール（エントリ）が記載されたものです。管理テーブルのエントリは，次の 2 つのフィールドで構成されます。

❶パケット識別子（MF:Match Field）

IP アドレス，MAC アドレスなどにより，パケットを識別する条件

❷パケットの処理（Action）

識別されたパケットをどう処理するか。たとえば，あるポートに転送するのか，廃棄するのかという処理内容。

なんだか難しいですね……

管理テーブルの例として，MAC アドレスとポートの対応を持つ MAC アドレステーブルを考えてもらうと分かりやすいです。（実際には，もう少しいろいろな対応を管理できます）。以下の図を見てください。

図では，OFS に PC1 と PC2 が接続されています。OFS の管理テーブルには，パケット識別子（MF）として MAC アドレスの条件と，パケットの処理（Action）として転送するポートが登録されています。

※Output（p1）とは，ポート 1 に出力（Output）するという意味です。

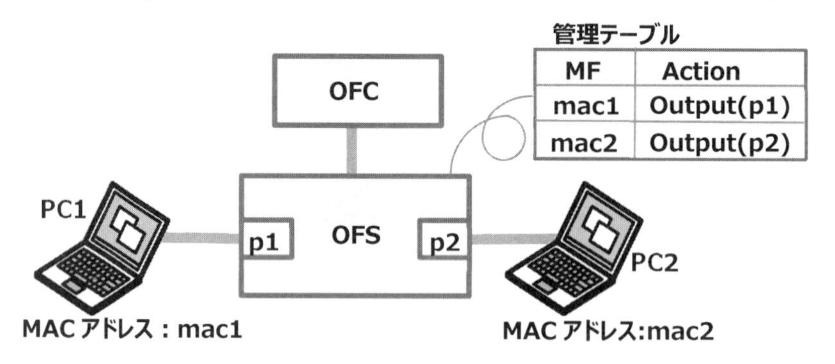

✚✚ 管理テーブルとその動作

なるほど。OFSは，入力パケットに対して，管理テーブルのエントリを参照するわけですね。

その通りです。たとえば，宛先MACアドレスがmac1（PC1）であれば，エントリに従ってp1のポートに出力します。一致するエントリがないmac3の場合は，パケットを破棄します。

8-6 クラウド

1　クラウドサービスについて

政府が「クラウド・バイ・デフォルト原則」という方針を打ち立て，企業の中に設置するオンプレミスのシステムではなく，クラウドを活用することを原則にしています。クラウドを活用することで，コスト削減や柔軟かつ信頼性が高いシステムを構築できるなど，様々な利点があります。

政府だけではなく，大学でも Google 社の Gmail が使われたり，Amazon 社の AWS でサーバを構築したり，Microsoft の Office365 でオフィスソフトやメールを利用することも増えています。今後，クラウドはますます利用されることになるでしょう。

また，ネットワークスペシャリスト試験でも，クラウド関連の出題が増えています。

2　クラウドサービスの形態

クラウドサービスの形態としては，SaaS，PaaS と IaaS などがあります。
違いは，言葉の定義（フルスペル）で理解しましょう。

①IaaS（Infrastructure as a Service）　読み方：イアース，またはアイアース

IaaS は，Infrastructure （基盤）を提供します。AmazonEC2（Elactic Compute Cloud）による仮想サーバ（または OS）を提供するサービスがその代表です。

②PaaS（Platform as a Service）　読み方：パース

PaaS は，Platform（プラットフォーム）を提供します。Amazon の EC2/3, Google 社の App Engine などがありますが，IaaS との違いが分かりにくいかと思います。OS の上にあるデータベースや Web サーバのプラットフォーム（Apache や Tomcat）などのサービスを提供すると考えてください。

③SaaS : Software as a Service　読み方：サース

SaaS は，Software（ソフトウェア）を提供します。Office365 によるオフィスソフトやメール，Salesforce.com による CRM や SFA 機能などがあります。

3　ハウジングやホスティングとの違い

昔からある技術に，ハウジングやホスティングもありますよね。
クラウドとはどう違うのでしょうか。

ホスティング（hosting）はホスト（host）となるコンピュータ，つまりサーバを借ります（借り方は，サーバ1台丸ごとの場合もあれば，複数の利用者で共有する場合もあります）。レンタルサーバと同義と考えてください。サーバは事業者が構築・設置してくれます。

一方，ハウジング（housing）は家（house）となるラックやスペースを借ります。データセンターのラックを借り，そこに自前のサーバ（と，必要に応じてネットワーク機器など）を設置します。

では，クラウドはどうでしょうか。上記の2つは，クラウドサービスのIaaS,PaaS,SaaSとも異なります。クラウドの場合，利用者は物理的なサーバを意識しません。仮想基盤上にOSやサービスが提供されます。

これらの違いを表で整理すると，次のようになります。

	ハウジング	**ホスティング（専有型の場合）**	**クラウド**
サービスの対象	（サーバを設置する）スペース（またはラック）	サーバ	アプリケーションなどのサービス
サーバの所有権	顧客	サービス事業者	サービス事業者
（カスタマイズなどの）柔軟性	高い　←		→　低い
（構築費などを含む）トータル価格	高い　←		→　安い

✚✚ ハウジング，ホスティング，クラウドの比較

8-7 CDN

1 CDNとは

CDN（Contents Delivery Network，コンテンツ配信ネットワーク）とは，映像配信のような大容量のコンテンツ（Contents）を，高いサービス品質で配信（Delivery）するためのネットワークです。インターネットを経由して視聴者がリアルタイムに映像を再生するような場合，トラフィックの集中によってサービス品質が低下することがあります（下図の左）。そこで，CDNでは，コンテンツのコピーを置くサーバを用意し，負荷を分散させるのです（下図の右）。

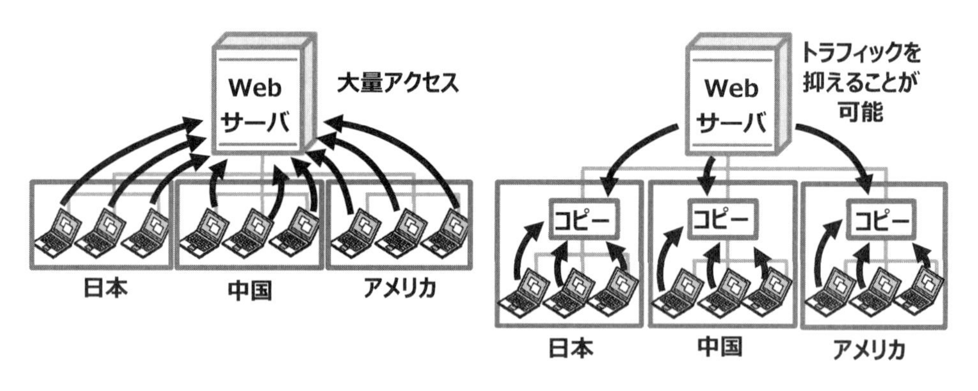

✚✚ CDNがない場合　　✚✚ CDNがある場合

2 CDNの構成

CDNは，オリジナルのコンテンツを持つオリジンサーバとエッジサーバで構成されます。エッジサーバは，オリジンサーバが複製したコンテンツを保管し，視聴者にコンテンツを配信する機能を持ちます。

エッジサーバは，コンテンツがキャッシュされている場合とそうでない場合にて，動作が異なります。

(1) コンテンツがキャッシュされていない場合

PCからのHTTPリクエスト(下図①)に対して，エッジサーバは，プロキシとして動作します。オリジンサーバからコンテンツを取得し（下図②），PCに応答を返します

（下図③）。このとき，コンテンツをキャッシュとしてエッジサーバ内に保存（下図④）します。

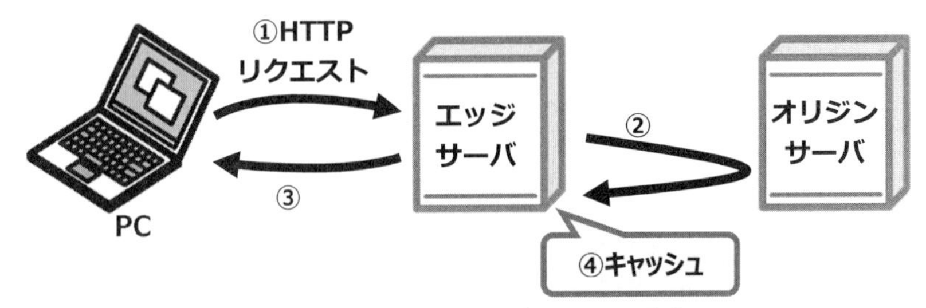

✚✚ キャッシュされていない場合のエッジサーバの動作

(2) コンテンツがキャッシュされている場合

エッジサーバは，キャッシュを応答として返します（下図②）。オリジンサーバにはアクセスしません。

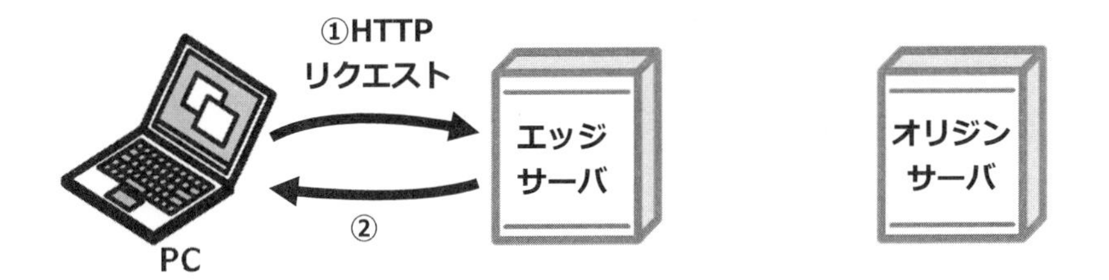

✚✚ キャッシュされている場合のエッジサーバの動作

8-8 信頼性の向上

1 信頼性とは

信頼性とは，システムが故障をせずに，いかに安定してシステムが動作するかを表す指標です。「可用性」という言葉と同義で使われることもあります。

信頼性を向上させるには，いくつかの方法があります。

たとえば，サーバそのものを壊れにくいものにする方法があると思います。

そうですね。それ以外には，システムを 2 重化する方法があります。また，バックアップを準備し，障害時には迅速に復旧できるようにすることも信頼性の向上につながります。

ここでは，信頼性に関する用語として，RTO と RPO を解説します。

2 RTO と RPO

バックアップ対策を検討する際において，復旧にかかる時間や，どの時点までデータを復元できるかが，信頼性に大きな影響を与えます。これらを測る指標として，RTO(目標復旧時間)と RPO (目標復旧時点) があります。どちらも，短時間であればあるほど，対策費用は大きくなります。

(1) RPO（目標復旧時点：Recovery Point Objective)

RPO は，障害発生からどの時点までデータを復旧できるかの時間です。データは新しい方がいいので，最新のデータに復旧できる方が望ましい状態です。

(2) RTO(目標復旧時間：Recovery Time Objective)

RTO は，障害が発生してからシステムが復旧するまでに要する時間です。当然，復旧にかかる時間は短い方が望ましい状態です。

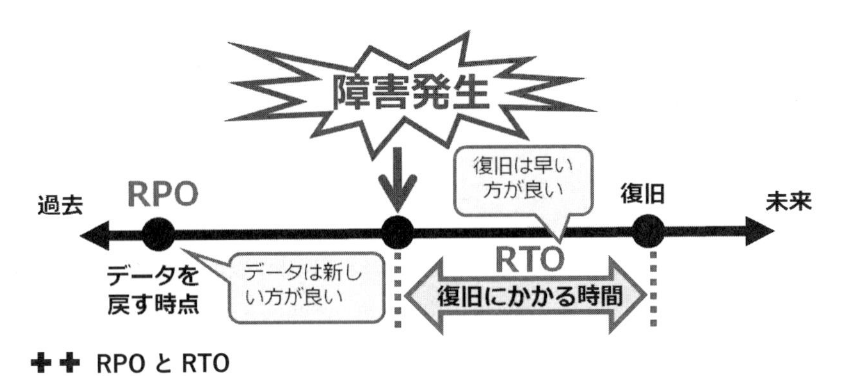
障害発生
復旧は早い
方が良い
過去
RPO
復旧
未来
データを
戻す時点
データは新し
い方が良い
RTO
復旧にかかる時間

✚✚ RPO と RTO

8-9 QoS

1　QoSとは

QoS（Quality of Service）とは，サービス（Service）の品質（Quality）を管理することです。ネットワークにおけるQoSは，帯域を確保して安定した通信をするために，**優先制御**と**帯域制御**を行います。

ここでは，優先制御と帯域制御に関して解説します。

2　優先制御とは

優先制御は，品質が重要なパケットを優先的に処理する仕組みです。たとえば，音声データなどは，少しの遅延でも声が聴きとりにくくなります。一方，ストリーミングデータは，画像がほんの一部欠落したとしても，利用者はあまり気にならないものです。ですから，ストリーミングデータよりも音声データを優先する設定をネットワーク機器に入れることがあります。

優先制御は，パトカーや救急車のサイレンをイメージしてもらうと分かりやすいでしょう。サイレンが回っている間は，パトカーや救急車が優先して通行できるようになります。

ネットワーク通信の場合，どうやって優先度を判断するのですか？

IPヘッダ内の**ToS**（Type of Service）フィールドに優先度を設定します。各ネットワーク機器は，この値を見て処理するパケットの優先度を変えます。

3　帯域制御とは

帯域制御は，限られた帯域の中で，パケットを安定的に送り出すための仕組みです。たとえば，大ホールでの演奏会や講演の後に，客席の皆さんがホール内から一斉に出ようとしても，出ることができません。そこで，係の方が後列の方から順に出るようにアナウンスをする場合があります。これも帯域制御の一つと考えられます。

具体的な帯域制御の方法として，ポリシングやシェーピングがあります。

(1) ポリシング

ポリシングは，トラフィック（＝パケットの量）が最大速度を超えていないかを監視し，超過分のパケットを破棄します。

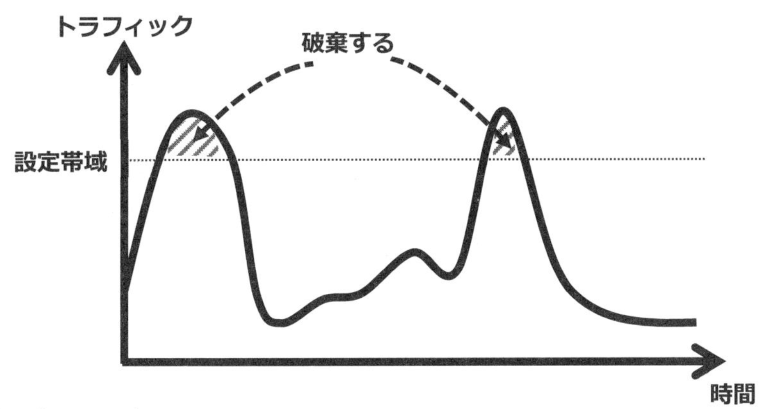

✚✚ ポリシング

(2) シェーピング

シェーピングは，帯域を超過したパケットをバッファに貯めておき，帯域に余裕ができたらパケットを順次送出します。ポリシングと違うのは，パケットを破棄しないことです。送出タイミングをずらすなどして調整をします。

シェーピングの動作を下図に示します。

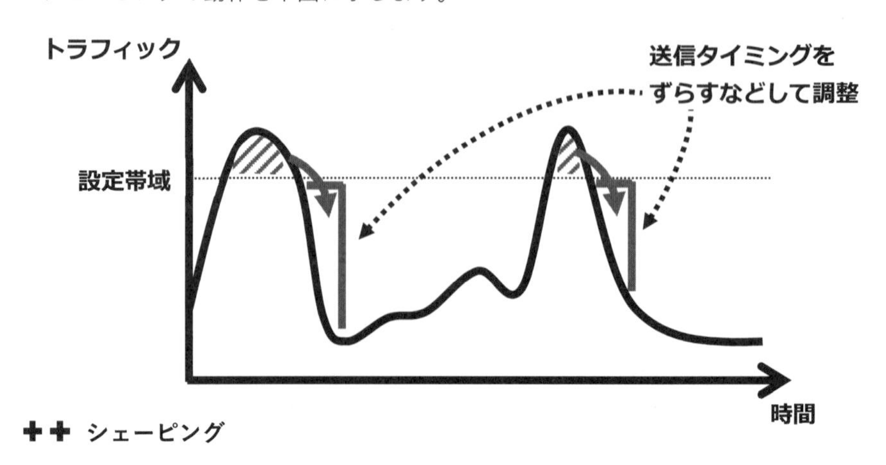

✚✚ シェーピング

(3) アドミッション制御(流量制御)

アドミッション制御(流量制御)では，通信を開始する前に事前に帯域の確保をして，帯域の確保の状況に応じて通信を制御します。

どうやって帯域を確保するのですか？

経由するネットワーク機器に帯域を確保するように要求をします。具体的な方法の一つとして，**RSVP**(Resource reSerVation Protocol)という資源(Resource)を予約(reSerVation)するプロトコルがあります。しかし，経由するネットワーク機器を制御するのは，特にインターネット経由した通信では難しいことでしょう。実際，ほとんど使われていません。

8-10 シンクライアント（VDI）

1　シンクライアントとは

シンクライアントとは，クライアントPCの機能を限りなく少なくし，サーバ側でほとんどの処理を実行する仕組みです。

最新型という意味で，「新クライアント」と呼ばれるのですか？

いいえ，シンは「薄い（Thin）」という意味です。従来は，クライアントPC側に高性能なCPUやメモリ，ハードディスクを組み入れた太った（Fat）PCでした。シンクライアントでは，データを持つこともせず，処理をサーバに任せるため，クライアントPCを薄く（Thin）することができたのです。

シンクライアントを導入すると，利用者が使うPC側にデータを持たない（そもそもハードディスクが無い）ので，セキュリティの向上が期待されます。PCが盗まれたり，社員がPCからデータを抜き出そうとしても，データが無いので情報漏えいにつながりません。

でも，ハードディスクが無かったら，サーバに接続することもできないのでは？

ハードディスクはありませんが，代わりに，フラッシュメモリなどにOSやアプリケーションを格納しています。OSといっても，通常のOSと違い，たとえば，Windows Embeddedなどの必要最小限の機能しか持たないOSです。

2　画面転送方式

シンクライアントにはいくつかの形態があり，その中の一つに，画面の情報をシンクライアントに転送する画面転送型があります。この方式は，ネットワークへの負荷が少ない方式ということもあり，現在の主流の方式です。

リモートデスクトップと考えればいいですか？

そうです。リモートデスクトップでは，自分の PC を遠隔の PC から操作できます。

✚✚ 画面転送の概要

画面転送型シンクライアントには，サーバベース方式(SBC)と VDI（仮想 PC）方式の 2 つがあります。SBC は，サーバで稼働させる PC のアプリケーションプログラムを複数のシンクライアント（TC）で共用利用します。

一方，VDI 方式では，VDI サーバに仮想 PC を構築します。仮想 PC は，シンクライアントと 1 対 1 で対応づけられます。（詳しくは後述します。）

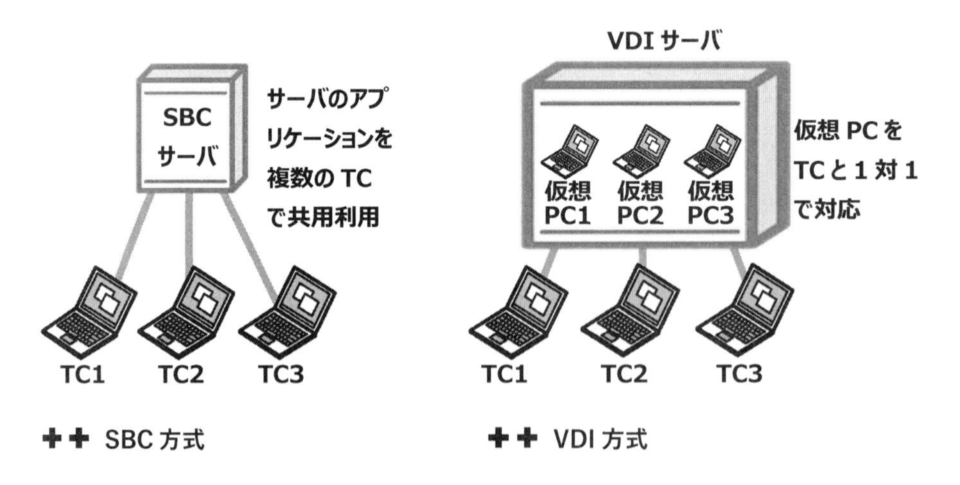

✚✚ SBC 方式　　　✚✚ VDI 方式

3　VDI

（1）VDIとは

VDI（Virtual Desktop Infrastructure，仮想デスクトップ基盤）方式も，SBC方式と同様に，画面転送型のシンクライアント方式です。

VDIサーバの中にある仮想PCにはIPアドレスが割り当てられます（下図❶）。そして，VDIサーバの中の仮想スイッチ（下図❷）を経由し，VDIサーバの物理NIC（下図❸）を経由して外部と通信します。

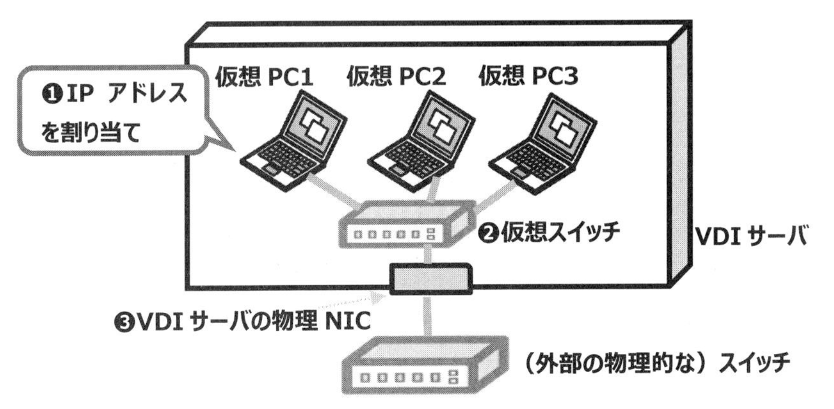

✚✚ VDIサーバの外部スイッチとの接続

参考ですが，下図は，VMwareESX上で仮想PC(Windows10)を3台動作させている場合の設定画面です。1つのVDIサーバに，3つの仮想PCが存在し，この仮想PCに対して3台のシンクライアント端末が接続することになります。

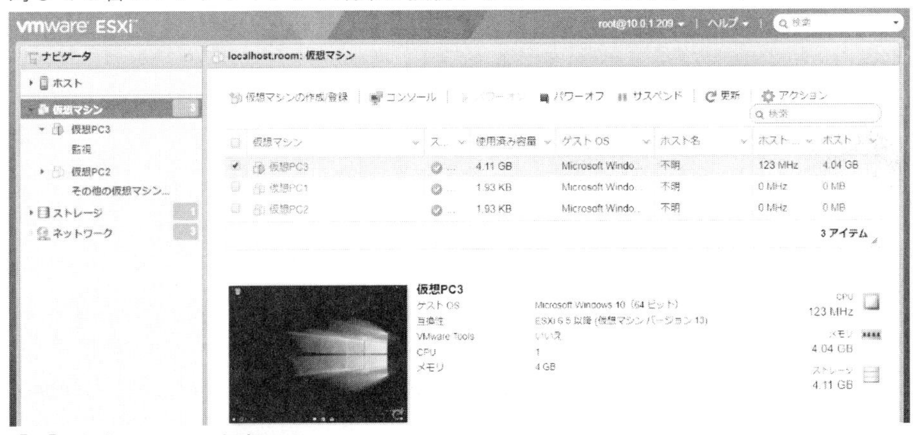

✚✚ 仮想サーバと仮想PC

4　画面転送による通信の変化

画面転送型のシンクライアントを導入することで，通信が流れる経路が変わります。以下は，VDI を例に，HTTP 通信がどう変化するかを解説します。

まず，シンクライアントではない従来の場合は（下図左），PC から Web サーバに HTTP で通信します（下図❶）。VDI を導入した場合は，TC から VDI サーバの仮想 PC に画面転送通信を行い（下図❷），VDI サーバから Web サーバに HTTP で通信（下図❸）をします。

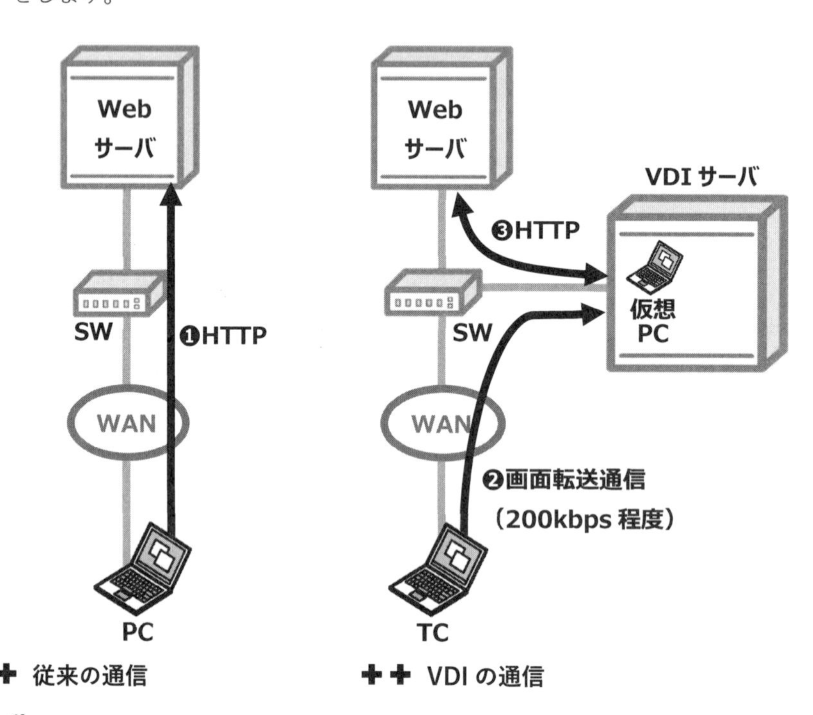

✚✚ 従来の通信　　✚✚ VDI の通信

WAN を経由した構成になっているのは，意味があるのですか？

違いがわかるように WAN 経由にしました。少し補足します。従来（左図）の場合，Web サーバから仮に 80M バイトのファイルをダウンロードすると WAN 回線の帯域を圧迫します。一方，VDI（右図）の場合，画面転送通信は，せいぜい 200kbps（0.2Mbps）程度です。ですから，WAN 経由であったとしても，WAN の帯域を圧迫しません。

8-11 シングルサインオン

1　シングルサインオンとは

(1) シングルサインオンとは

最近では，Web サービスの利用が増え，覚えておかなくてはいけないパスワードが非常に増えました。

覚えられないから，つい同じパスワードに設定してしまうんですよ

それではセキュリティ面で適切ではありません。そこで，シングルサインオン（SSO:Single Sign On）です。シングルサインオンとは，一つの認証情報（ID/パスワードなど）で，複数のシステムにログインできるようにすることです。

(2) シングルサインオンの目的

過去問（H20SW 午後１）に，シングルサインオンの目的に関する記述があるので，紹介します。

> 業務活動の統制の観点から,各社内システムのセキュリティ確保の問題が重要視されており,全社的に統一された認証情報の管理,統一されたアクセス制御の実施が望まれている。また,利用者である社員からも,個々のシステムを利用する際に,その都度ID とパスワードの入力を求められることの不便さを訴えられている。
>
> 情報システム部門では,こうした要求に応じるためにシングルサインオンの導入によって,利用者の利便性向上と統一的なセキュリティ管理を図ることにした。

ここにありますように，シングルサインオンの目的は，次の２つです。

①統一的なセキュリティ管理
②利用者の利便性の向上

2　シングルサインオンの方式

シングルサインオンには，エージェント方式と，リバースプロキシ方式の２つの方式があります。

❶エージェント方式（または，クッキーを使ったシングルサインオン）

エージェント方式は，SSO で利用したいサーバにエージェントと呼ばれるソフトウェアモジュールをインストールします。このとき，PC（クライアント）を識別するために用いるのが，PC で保存・管理される Cookie です。

エージェントがシングルサインの処理を担ってくれるので，この後に記載するリバースプロキシ型のような新しい機器を設置したり，構成を変更する必要がありません。

では，過去問（H27 秋 NW 午後 I 問 1）で，エージェント方式の流れを確認しましょう。

過去問って，技術解説がしっかりされていて，参考書としても活用できますね。

> エージェント方式における SSO 認証処理のシーケンスは，次のとおりである。
> ①　PC から Web アプリケーションサーバに，サービス要求を行う。
> ②　Web アプリケーションサーバ内のエージェントは，サービス要求中の Cookie に認証済資格情報（以下，アクセスチケットという）が含まれているか確認する。含まれていなければ，サービス要求は SSO サーバへ〔　イ：リダイレクト　〕される。
> ③　SSO サーバから PC に，認証画面を送る。
> ④　PC から SSO サーバに，UserID と Password を送出する。
> ⑤　SSO サーバは，UserID と Password から利用者のアクセスの正当性を確認したら，アクセスチケットを発行して，Cookie に含めて応答を返す。サービス要求は，Web アプリケーションサーバへ〔　イ：リダイレクト　〕される。
> ⑥　Web アプリケーションサーバ内のエージェントは，SSO サーバにアクセスチケット確認要求を送り，SSO サーバは，確認して応答を返す。
> ⑦　Web アプリケーションサーバは，⑥の応答によって利用者のアクセスの正当性が確認できた場合，Web アプリケーション画面を送出する。
> エージェント方式における SSO 認証処理のシーケンスの①〜⑦を図示すると，図２のようになる。

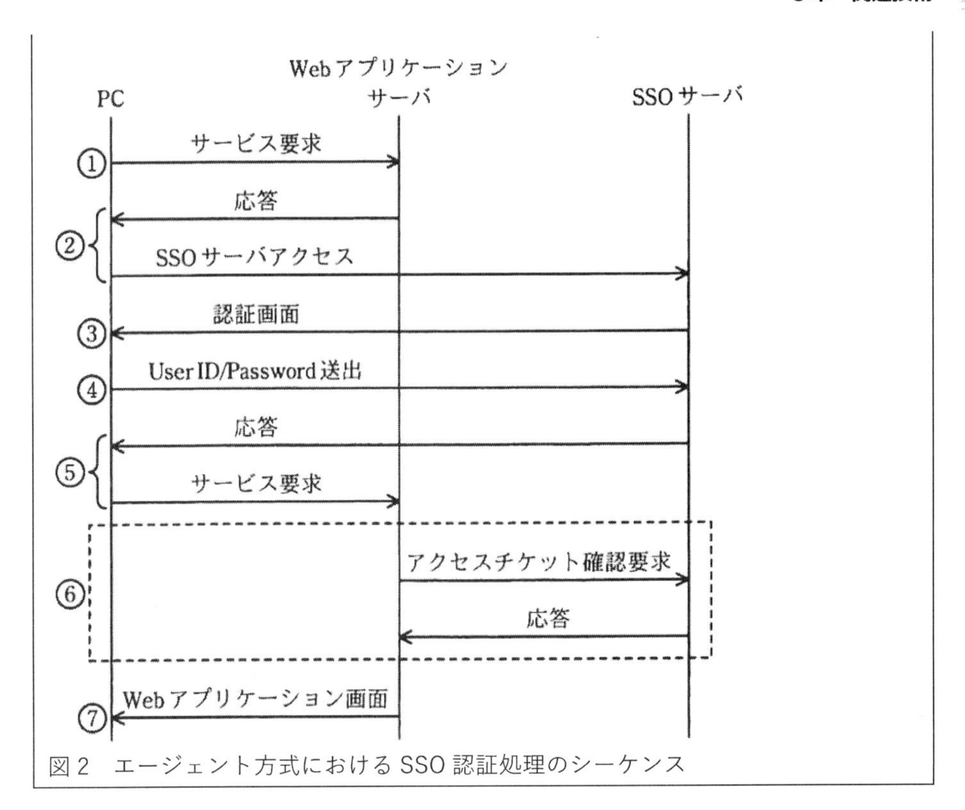

図2 エージェント方式におけるSSO認証処理のシーケンス

❷リバースプロキシ方式

リバースプロキシを使ったシングルサインオンは，シングルサインオン用に別途リバースプロキシサーバを立て，このサーバが代理で認証を行う方式です。

エージェント方式に比べた利点は何ですか？

SSOを実現したいサーバ（Webサーバやアプリケーションサーバ）にエージェントを入れる必要がありません。システムにエージェントを入れることはすごく嫌がられるものです。サーバでももちろん設定は必要ですが，ネットワークの設定を変更するくらいで，作業がほとんどないことが利点です。

では，リバースプロキシ方式のシングルサインオンの動作を簡単に紹介します。

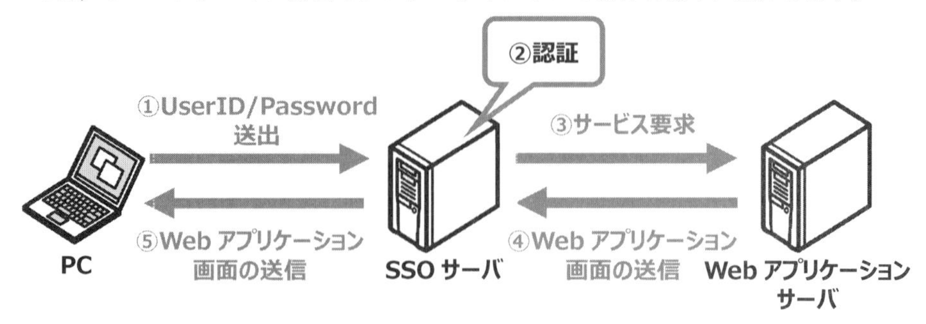

✚✚ リバースプロキシ方式のシングルサインオンの動作

①UserID/Password 送出

利用者が UserID とパスワードを入力し，送信します。

②認証

SSO サーバが，利用者のアクセスの正当性を確認します。

③サービス要求

SSO サーバが，サービス要求を送信します。

④Web アプリケーション画面の送信

Web アプリケーションサーバが，Web アプリケーション画面を送信します。

⑤Web アプリケーション画面の送信

SSO サーバが受信した Web アプリケーション画面を，PC に送信します。

【補足解説】SAML

SAML(Security Assertion Markup Language) とは，認証情報に加え，属性情報とアクセス制御情報を異なるドメインに伝達するための Web サービスプロトコルです。

例えば，通販の申し込みサイトと決済サイトが別会社で運営されている場合があります。この場合，ドメインが異なるので，シングルサインオンができません。そこで，SAML を使って，サイト間で認証情報を引き継ぎます。こうすることで，異なるドメイン（= 異なる Web サイト）でのシングルサインオンが可能になります。

9章　WAN

9-1 ルーティング

1 ルーティングとは

ルーティングとは，宛先の IP アドレスにパケットを届けるために，最適な経路を探す経路制御のことです。

身近な経路制御（＝ルーティング）として，電車の乗り換えがあります。例えば，東京から大阪の USJ に行く場合，飛行機という経路のほかに，新幹線という経路もあります。どちらを選ぶかのポイントは“費用”や“時間”です。ネットワークの経路制御においては“時間”が大事で，最短経路を探してルーティングをします。

2 ルーティングの具体例

実際のルーティングがどんなものか，具体例で確認しましょう。192.168.1.1/24 の IP アドレスを持つ PC（図①）が，10.1.1.7 のサーバ（図②）と通信をしたいとします。PC はデフォルトゲートウェイであるルータ（R1）にパケットを転送します（図③）。R1 は R2 と R3 という 2 つのルータに接続されています。R1 は，R2 と R3 のどちらのパケットを転送すればいいでしょうか。

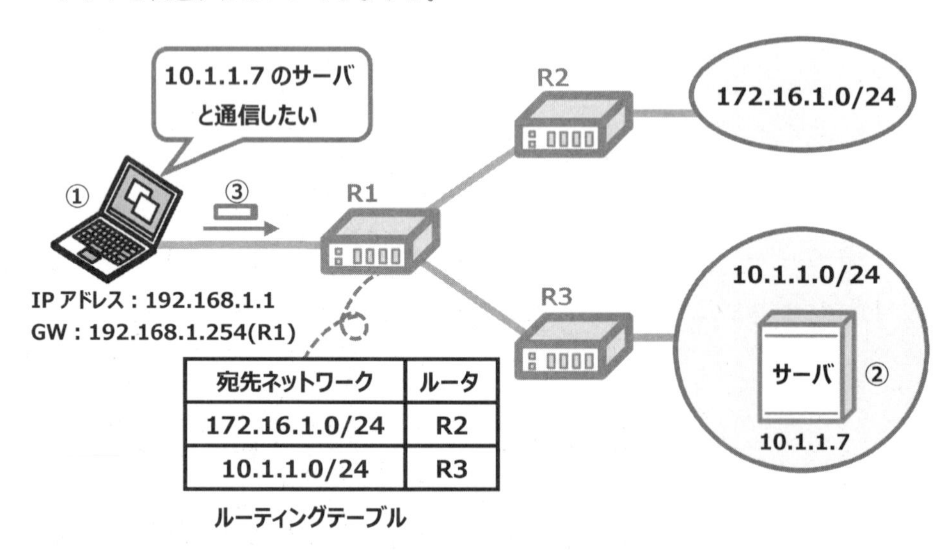

宛先ネットワーク	ルータ
172.16.1.0/24	R2
10.1.1.0/24	R3

✚✚ ルーティングの具体例

答えは簡単ですね。10.1.1.0/24 のネットワークは R3 に接続されていますから，R3 にパケットを転送します。実際の動作としては，どのネットワークがどのルータと接続されているかというルーティングテーブル（R1 が保持しています）を参照して，パケットを転送します。

「10.1.1.0/24 のネットワークは R3 に接続されている」という情報ですが，R1 はどうやって知るのでしょうか？

方法は 2 つあります。1 つは，ネットワークの管理者が R1 に教えます。具体的には，ルーティング情報をルータに「手動」で記載するのです。もう 1 つは，この情報を知っている R3 に教えてもらいます。具体的には，ルータ同士で経路情報を交換することで，ルーティングテーブルに自動で記載します。前者の方法を**スタティックルーティング（静的ルーティング）**，後者の方法を**ダイナミックルーティング（動的ルーティング）**といいます。動的ルーティングに関しては，次の章で詳しく解説します。

3　スタティックルーティング

先ほども述べましたが，静的ルーティング（スタティックルーティング）は，経路情報をルータに手動で記載します。この設定は静的（固定）で，自動で変化することはありません。

イメージをつかんでいただくために，先の構成において，R1 に静的な経路（スタティックルート）を書いてみましょう。具体的には，172.16.1.0/24 宛てのパケットが来たら，宛先のルータ（ネクストホップと言います）として，R2（IP アドレスは 192.168.2.254）に送るという情報を記載します。

では，Cisco ルータで以下のコマンドを実行します。

```
ip route 172.16.1.0 255.255.255.0 192.168.2.254
                    ①                    ②
```

設定を補足しますと，①が宛先のネットワーク，②がネクストホップとなるルータの IP アドレスです。

ちなみに，PC はどういう設定に基づいて R1 にパケットを送るんでしたか？

実は，PC もルーティングテーブルを持っています。そのルーティングテーブルに，「パケットは基本的に R1 に転送する」という記載があるからです。このように，PC がデフォルト（標準的な設定）でパケットを転送するルータのことを**デフォルトゲートウェイ**といいます。これも，スタティックルートの一つです。

みなさんも，Windows のパソコンで IP アドレスの設定をするときに，デフォルトゲートウェイの設定をされたことがあると思います。次が，Windows のパソコンにおけるデフォルトゲートウェイの設定画面です。

インターネット プロトコル バージョン 4 (TCP/IPv4)のプロパティ

全般

ネットワークでこの機能がサポートされている場合は、IP 設定を自動的に取得することができます。サポートされていない場合は、ネットワーク管理者に適切な IP 設定を問い合わせてください。

IP アドレスを自動的に取得する(O)

次の IP アドレスを使う(S):

IP アドレス(I): 192 . 168 . 1 . 21

サブネット マスク(U): 255 . 255 . 255 . 0

デフォルト ゲートウェイ(D): 192 . 168 . 1 . 254

✚✚ IP アドレスの設定画面とデフォルトゲートウェイの設定

4　経路集約

経路集約とは，ルーティングテーブルにおいて，複数の経路をまとめることです。スーパーネット化と表現する場合もあります。

たとえば，以下の図を見てください。ルータにはルータ 1 とルータ 2 が接続されていて，その先には 3 つのネットワークがあります。

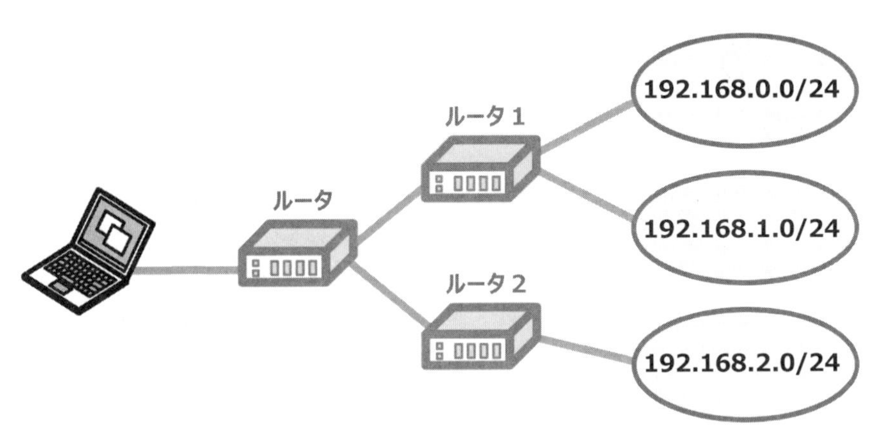

✚✚ 3つのルータが接続された構成図

ルーティングテーブル（経路情報）は次です（左側）。項番1，2を見てください。2つの経路はどちらも宛先がルータ1です。

項番	宛先ネットワーク	転送ルータ
1	192.168.0.0/24	ルータ1
2	192.168.1.0/24	ルータ1
3	192.168.2.0/24	ルータ2

✚✚ ルーティングテーブル

→

項番	宛先ネットワーク	転送ルータ
1	192.168.0.0/23	ルータ1
2	192.168.2.0/24	ルータ2

✚✚ 経路集約後

経路の数が増えると，ルータの負荷が増えます。そこで，192.168.0.0/24，192.168.1.0/24を，192.168.0.0/23という経路にまとめる（＝経路集約）ことで，ルータの負荷を減らします。経路集約後のルーティングテーブルは上図の右側です。

192.168.0.0/24と192.168.1.0/24を合わせると，192.168.0.0/23と同じですか？

はい。同じです。

192.168.0.0/24　→　192.168.0.0～192.168.0.255
192.168.1.0/24　→　192.168.1.0～192.168.1.255

両者をあわせると192.168.0.0～192.168.1.255＝192.168.0.0/23になります。

【補足解説】CIDR

CIDR（Classless Inter Domain Routing）とは，クラスA〜Cといった区分にとらわれずに，ネットワークアドレス部とホストアドレス部を任意のブロック単位に区切ることです。

CIDRはサブネットマスクと似ていて，概念や根底にあるものは同じです。両者を同じものと思っても，問題ないと思います。ただ，CIDRはそのスペルにRoutingとあるように，クラスにとらわれないルーティングが本来の意味です。よって，サブネットマスクとは，厳密には違います。

先ほど説明した192.168.0.0/23という経路集約の情報も，クラスにとらわれないルーティングなので，CIDRによる表記といえます。

注意点として，CIDRは必ずしもルーティングで使われるわけではありません。「クラスにとらわれない表記方法」という概念と考えるのがよいでしょう。

5　最長一致法（ロンゲストマッチ）

経路情報に合致するものが複数ある場合，合致しているネットワーク部の長さが長い方を選択します。これを最長一致法（longest-match：ロンゲストマッチ）といいます。マッチ（match:一致している）部分がロンゲスト(longest：最も長い）ものが採用されるという意味です。

具体例で考えます。以下のルーティングテーブルを見てください。

項番	宛先ネットワーク	転送先ルータ
1	192.168.0.0/16	ルータ1
2	192.168.3.0/24	ルータ2

✚✚ ルーティングテーブル

たとえば，192.168.3.11宛向けのパケットがあります。このパケットは上記のルーティングテーブルの項番1と項番2のどちらも合致します。ルータ1とルータ2のどちらに転送されるでしょうか。

ロンゲストマッチのルールに従うのですね。

そうです。今回の場合は項番 1 が 16bit 合致し，項番 2 は 24bit です（下図参照）。

項番	10 進数	2 進数	合致する長さ
	192.168.3.11	11000000 10101000 00000011 00001011	
1	192.168.0.0/16	11000000 10101000 00000000 00000000	16bit
2	192.168.3.0/24	11000000 10101000 00000011 00000000	24bit

✚✚ 合致する長さ

その結果，合致する部分が長い項番 2 が優先され，ルータ 2 にパケットが転送されます。

9-2 動的ルーティング

1 静的ルーティングと動的ルーティング

9.1章「ルーティング」の「ルーティングの具体例」にて，ルーティングには，静的ルーティングと動的ルーティングがあることをお伝えしました。静的ルーティングは，スタティックルーティングといわれ，経路が静的（固定）です。一方の動的ルーティングは，RIPやOSPFに代表されるものであり，そのときの状況によって，宛先までの経路が異なります。

両者の違いを簡単にまとめます。

	静的ルーティング	動的ルーティング
代表例	スタティックルーティング	RIP，OSPF，BGP
経路情報の設定	管理者が手動で設定	ルータどうしが情報を交換して自動で設定
メリット	設計した人の意図通りの確実な経路選択がされる	・自動で最適なルート選択が可能 ・**障害時に自動で経路変更が可能**
デメリット	大規模な場合，経路情報が大量になる（設定が複雑で，間違いが起こりやすい）	ルータに負荷がかかり，処理が遅くなることがある。（このため，OSPFではエリア分割をする）

✚✚ **静的ルーティングと動的ルーティングの違い**

この章では，動的ルーティングの代表であるRIP, OSPF, BGPについて解説します。

2 RIP

（1）RIPの概要

最も基本的な動的ルーティングとして，**RIP**（Routing Information Protocol）があります。RIPは距離ベクトルアルゴリズムを用いたルーティングプロトコルです。経路情報は，通信先である「あて先ネットワーク」に到達するまでの，「方向（ベクトル）」と「距離」で表されます。方向は，隣接ルータである「ネクストホップ」で表し，距離は通過するルータの数である「ホップ数」で表します。

以下の図をみてください。172.16.11.0/24～172.16.13.0/24までの3つのネットワークがR1～R3の3つのルータで接続されています。

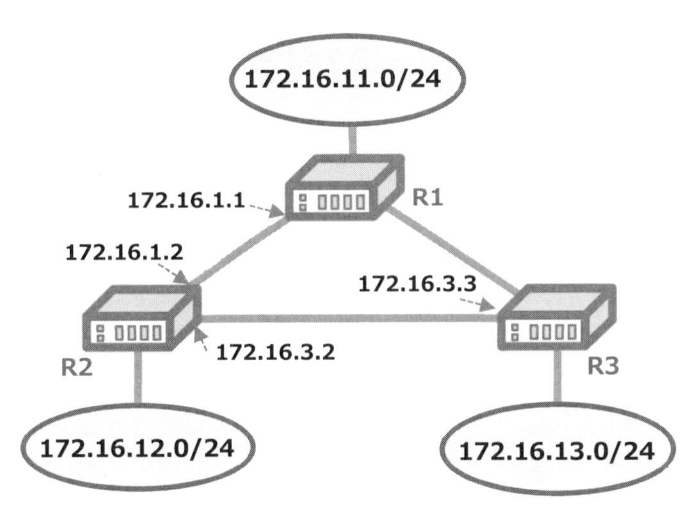

✚✚ RIP でのネットワーク構成例

この場合の，R2 のルーティングテーブル（経路情報）は以下になります。

あて先ネットワーク	ネクストホップ（方向）	ホップ数（距離）
172.16.12.0/24	直結	1
172.16.11.0/24	172.16.1.1	2
172.16.13.0/24	172.16.3.3	2

✚✚ R２のルーティングテーブル（経路情報）

なるほど。RIP では，ルーティングテーブルが方向と距離で管理されているのですね。

そうです。たとえば，172.16.11.0/24 のネットワークへ通信するには，方向が172.16.1.1 に向けて，R2 と R1 という 2 つのルータを経由（距離２）することが分かります。

また, RIP におけるホップ数の最大値は 15 です。それ以上のルータを経由する場合，到達不能と判断されてパケットは廃棄されます。

（2）RIP の限界

多くの企業では，RIP はあまり使われておりません。それは，RIP はルーティングとしての機能が不十分だからです。以下に，不十分な点を解説します。

❶経路変更に時間がかかる

RIP は，定期的な情報交換（レギュラーアップデート）として，30 秒間隔で経路情報を交換します。

機器が故障したらすぐに切り替わってほしいです。
30 秒は長いですね。

それだけではありません。定期的な情報交換だけで 30 秒がかかり，実際に経路情報が変更されるには，さらに 3 分ほど時間がかかってしまうのです。

❷ネットワークの回線速度を考慮できない

RIP はホップ数だけで判断しますので，経路が 64kbps の ISDN 回線なのか，100M の専用線なのかの判断はつきません。ネットワークの回線速度を考慮することができないので，最適な経路を選べない場合があります。

(3) RIP2（RIP version 2）

RIP の問題点を部分的に改良したものが **RIP2** です。とはいえ，さきほどの問題点はほとんど解決されていません。RIP2 における具体的な変更点は以下です。

・RIP では経路交換に UDP を利用したブロードキャストを使用したが，RIP2 ではマルチキャストに改良された。
・RIP2 ではサブネットマスクに対応した。
・RIP2 では，パスワードを確認してから更新情報を受けとる認証機能を持つ。

✚✚ RIP2 の改良点

(4) RIPng

RIP のプロトコルにおいて，IPv6 でのルーティングプロトコルに対応したものが **RIPng** です。参考ですが，ng は next generation の意味です。

3　OSPF

(1) OSPF の概要

RIP の欠点を踏まえ，現在では **OSPF**（Open Shortest Path First）が広く使われて

います。RIPは距離ベクトル型であったのに対し，OSPFはリンクステート型のアルゴリズムです。

リンクステートって，わかりにくい言葉ですね……

うまく説明ができなくて申し訳ございません。リンク（Link：接続）のステート（Status：状態）を管理するとイメージしてください。全てのルータの接続（リンク）状態を管理した上で，この後に説明する「コスト」が最小となる経路を選びます。

（2）コスト

OSPFの重要な概念として，**コスト**があります。コストは，物理ポートの帯域幅に反比例した式で計算される値です。コストは，回線速度の大きい方が小さい値になります。たとえば，100Mbpsの回線と1Gbpsの回線では，1Gbps回線の方が，コストが小さくなります。OSPFではコストが小さい1Gbpsの回線を経路として選択します。

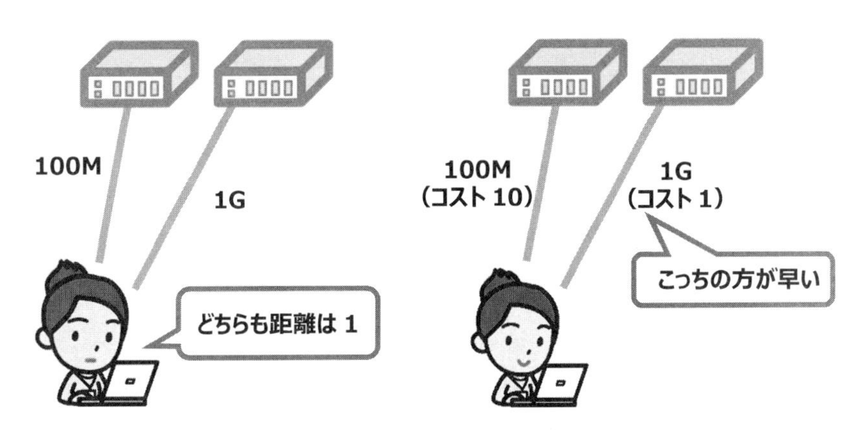

✚✚ RIPの場合は距離だけ　✚✚ OSPFの場合は回線速度を考慮

（3）エリア

OSPFでは，ネットワークを**エリア**呼ぶ単位に分割します。目的は，詳細な経路情報をエリア内のみで共有することで，ルータの負荷を軽減するためです。ネットワークの規模が大規模になると，経路情報が複雑で大容量になります。ルータにかかる負荷が増えて，転送速度や切り替わり時間が遅くなるなどの問題が発生します。その対策のために，エリア分割するのです。

また，エリア番号が0であるエリアは**バックボーンエリア**と呼ばれ，必ず存在しなければなりません。

(4) エリア境界ルータ

エリアを複数に分割する場合には，バックボーンエリアとその他のエリアが隣接するようにエリア分けを設計します。

下図の左のような設計はダメなんですか？

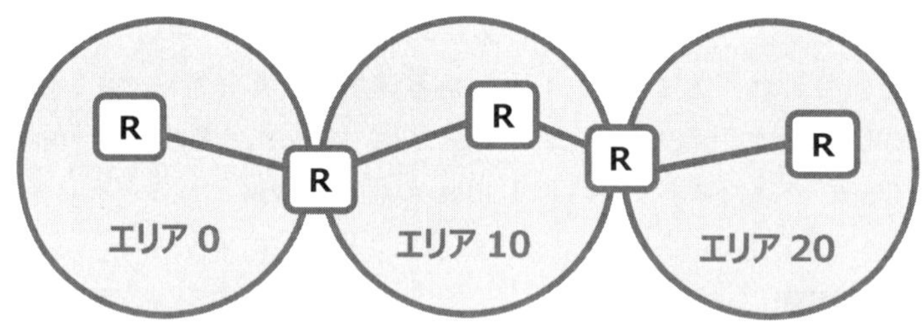

✚✚ エリア0以外が接続している構成

はい。エリア0以外は，必ず，バックボーンエリアであるエリア0と隣接している必要があります。ですから，以下のように，エリア0に他のエリアが隣接している設計にします。

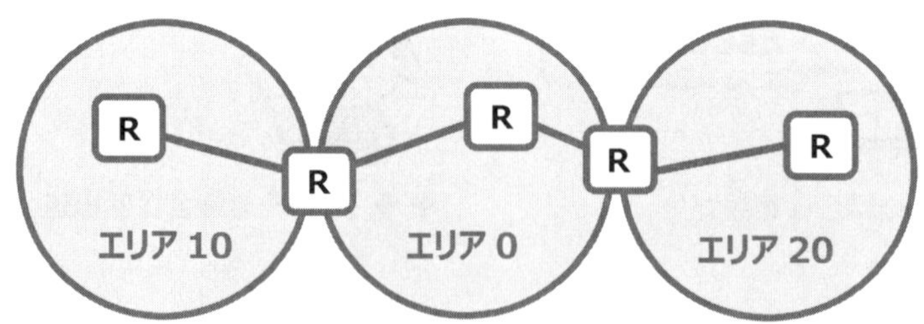

✚✚ エリア0とそれ以外のエリアが接続している構成

また，バックボーンエリアと，その他のエリアを相互接続するルータは，エリア境界ルータ（ABR：Area BorderRouter）と呼ばれます。ABRでは，エリア内の経路情報を集約して，他のエリアに送ることができます。

過去問（H26NW 午後1問1）の構成で解説します。以下のように，支部1にある業務系セグメント（10.1.1.0/24）と動画系セグメント（10.1.2.0/24）との経路情報を，ABRで例えば10.1.0.0/16などと集約します。

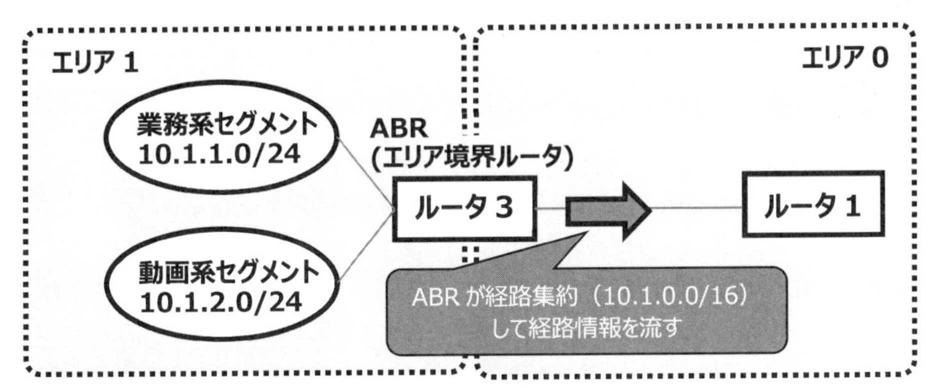

✚✚ OSPFのエリア境界ルータによる経路集約

経路の集約って何のためにするのですか？

経路集約することで，対向ルータへ送る経路情報が少なくなります。受け取ったルータ側でもルーティングテーブルの数が少なくなり，ルータのメモリ消費量を減らすことができます。ルータの負荷が減れば，処理速度が速くなります。また，障害時やトポロジ（＝ネットワークの構成）の変更時における収束時間（＝経路が切り替わる時間）も短縮できます。

（5）DRとBRR

❶DRとBDRとは

大規模なネットワークになるにつれて，1つのセグメントに複数のルータが存在します。ですが，すべてのルータが経路交換をするのは無駄です。そのセグメント内で，経路情報の交換をするルータを決めます。それがDRとBDRです。

・**DR (Designated Router):代表ルータ**
・**BDR (Backup DR):バックアップ代表ルータ**
・**DROTHER:その他,DR や BDR にならなかったルータ**

DR と BDR は,エリアに一つなのですか?

いえ,セグメントごとに 1 つです。エリアは通常の場合,複数のセグメントを持つことでしょうから,エリアの中に複数の DR と BDR が存在することになります。

❷DR と BDR の選出方法

DR と BDR の選出方法ですが,OSPF の Priority(優先度)が高い(=値が大きい)ルータから順に,DR,BDR になります。Priority は,0 から 255 までの任意の値を設定できます。初期値は 1 です。

ただし,あくまでもこれはすべてのルータが起動している状態の場合です。優先度が高いルータがあとから起動しても,DR にはなりません。

過去問(H30NW 午後 1 問 3)では「"スポークとなる機器が OSPF の代表ルータに選出されてしまうと,スポーク拠点間の IPsec トンネルが解放されなくなってしまうので,それを防ぐために,スポークとなる機器の OSPF に追加の設定が必要になる"というものであった。そこで,E さんは,防止策として⑧追加すべき設定内容を定めた。」とありました。

設問では,「追加すべき OSPF の設定」が問われ,正解は,「OSPF のプライオリティを 0 に設定する」です。プライオリティを 0 にすると,DR や BDR には選定されることはありません。

(6) RIP と OSPF の違い

ここまでの復習を兼ねて,RIP と OSPF の違いを整理します。

項目	RIP-1	RIP-2	OSPF
アルゴリズム	距離ベクトル型		リンクステート型
最短経路を判断する仕組み	ホップ数		コスト
可変長サブネットマスク	×	○	○

ルーティング情報の更新方法	ブロードキャスト（255.255.255.255）	マルチキャスト（224.0.0.5～6）
ルーティング情報の更新間隔	30 秒ごと	変更の都度

✚✚ RIP と OSPF の比較表

4　BGP

BGP の説明の前に自律システム（AS：Autonomous System）について説明します。

（1）AS（自律システム）

AS（自律システム：Autonomous System）とは，特定のルーティングポリシで管理されたルータが集まったネットワークのことです。多少乱暴ではありますが，「AS＝各 ISP や各企業」と考えてください。

そもそも，なぜ AS という概念が必要なのですか？

小さい企業の中のルーティングを管理することは難しくありませんが，世界規模のルーティングを管理するのは大変です。そこで，AS という単位を設け，「AS 内は自分たちで管理する」という考え方にしているのです。日本やアメリカなどの世界中の国が，それぞれ自国を管理しているようなものです。また，AS 間でお互いに通信をするために，各 AS には AS 番号が割り振られます。番号があったほうが管理しやすいですからね。

（2）BGP の概要

BGP(Border gateway protocol)は，パスベクトル型アルゴリズムです。RIP のディスタンスベクタ型に少し似ていて，パス（AS パス）とベクター（方向）で経路を決めます。AS パス（AS_PATH）には，接続先ネットワークへの AS の経路情報を含んでいます。具体的には，どの AS を経由して宛先に届くかという情報です。

また，BGP は，複数の AS を結ぶ間で利用するルーティングプロトコル（EGP といいます）として用いられます。参考ですが，AS の内部で利用されるルーティングプロトコル（IGP といいます）は，すでに解説した RIP や OSPF です。

なぜ，ASの内部とAS間でルーティングプロトコルが異なるのですか？

例えが適切かは分かりませんが，東京と大阪の大都市を結ぶ新幹線と，大阪市内の環状線の電車では，電車の種類や線路，切符の種類や運行管理の仕組みなど，いろいろなものが違います。ルーティングでも同様で，AS間を結ぶ接続はAS内の接続に比べて重要です。ですから，IGPとEGPの違いの一つとして，RIPやOSPFなどのAS内の経路情報交換はUDPを使っていますが，AS間で用いられるBGPでは信頼性の観点からTCPが利用されています。

ゲートウェイ（Gateway）の境界（Border）で使うプロトコル（protocol）という意味で，BGP(Border gateway protocol)なのですね。

そうです。言葉の意味を理解すると，覚えやすいことでしょう。

さて，BGP-4はBGPのVersion 4という意味です。ネットワークスペシャリスト試験ではBGPとBGP-4の両方の表記がありますが，両者は同一のものとして考えてください。

（3）BGPの用語

BGPに関する補足的な用語です。覚える必要はありませんが，過去問でも登場していますので，内容を確認しておきましょう。

❶BGPピア

BGP接続を行う2台のルータ間では，TCPのポート179番を使用して経路情報の交換を行います。このコネクションのことをBGPピアと呼びます。

❷iBGPとeBGP

BGPには，iBGP（Internal BGP)と，eBGP(External BGP)があります。

iBGP（Internal BGP)は，同一のAS内で利用されるiBGP（Internal BGP)です。一方のeBGP(External BGP)は，異なるAS間で利用されるBGPです。例えば異なるプロバイダ間で使われます。

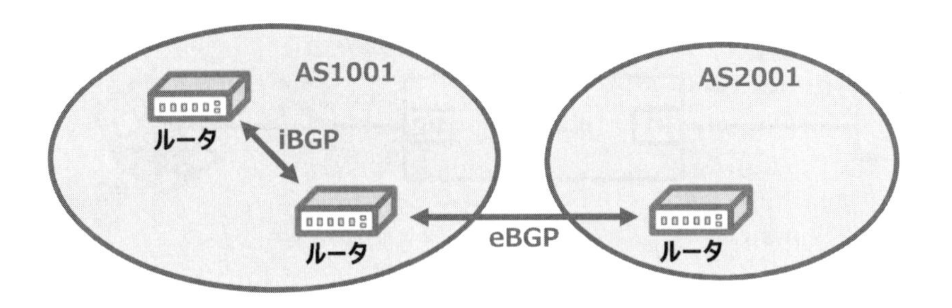

✚✚ iBGP と eBGP

iBGP と eBGP は，なぜ分けるのですか？

IGP と EGP を分けるのと基本的には同じです。少し補足します。ネットワーク管理者は，自分の社内のネット枠に関しては，冗長化の仕組みなど，細かな設定をしたいと思うことでしょう。一方，eBGP の場合は，AS 間なので，他の AS ルータの機種も，設定も，管理する人も別です。よって，あまり複雑な設定はできません。このように，iBGP と eBGP は設定内容が大きく違ってくるのです。

5 ルーティングに関するその他の仕組み

ルーティングに関して，いくつか補足します。

❶パッシブインターフェース

ルーティング情報を受信はするが，送信はしないインターフェースを設定することができます。これを，受動的な（passive）という意味で，パッシブインターフェースと言います。

以下の図をみてください。ルータ 1 とルータ 2 は RIP が動作して（図①），経路情報を交換しています。（図②）。一方，PC はもちろん RIP は動いていません。ルーティングの設定としては，デフォルトゲートウェイを設定しているだけです。ですから，ルータは PC に経路情報を流す必要はありません（図③）。そこで，ルータの P2 は，パッシブインターフェース（図④）にして，RIP による無駄なトラフィックを流さないようにします。

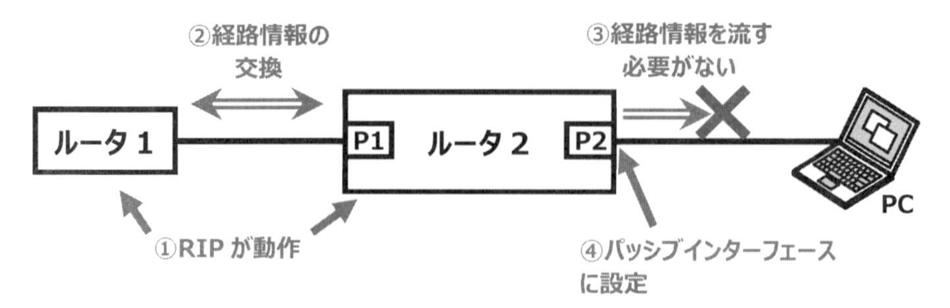

✚✚ パッシブインターフェースを p2 に設定

過去問（H29 秋 NW 午後 I 問 3 設問 3（2））では，パッシブインターフェースの動作の特徴として「Hello パケットを出さない」とありました。

❷再配布

経路情報の再配布とは，たとえば，OSPF で学習した経路情報を BGP が動作するネットワークに通知することです。

異なるルーティングプロトコルでは，経路交換ができません。よって，再配布することで，経路情報を伝えます。

最初から同じルーティングプロトコルを使えばいいのでは？

現実的はそうはいかない場合もあるのです。たとえば，社内は OSPF を動かしていても，WAN に関しては，他社であったり，使用する WAN サービス（IP-VPN 網は基本的に BGP）の制約があったりします。よって，同一企業内で複数のルーティングプロトコルが混在することは少なくありません。

ではここで，Cisco ルータにおける設定例をご紹介します。以下は，RIP の経路情報を OSPF に再配布（redistribute）する場合の設定例です。

```
Cisco(config)# router ospf 1
Cisco(config-router)# redistribute rip
```

✚✚ RIP の経路情報を OSPF に再配布する設定

これは最もシンプルな設定です。RIP と OSPF では，最適は経路を判断する基準であるメトリック（コストやホップ数）が違います。よって，実際の設定では，再配布する際のメトリック値をどうするかなどの設定も行います。

【補足解説】再配布時の注意点
（H29NW 午後 I 問 3 で出題）

複数のルータで経路の再配布を行うと，経路情報がループしてしまうことがあります。以下はループするイメージを掴んでもらうために，簡略化した図で説明します。（実際にループするのは，もう少し複雑な状況です）

左側のネットワークでは OSPF，右側は BGP が動作しています。R4 のルータに着目してください。R4 は，サーバの経路情報を持っています。それを R2 に伝えます。（図①）。これにより，R 2 は「サーバと通信するには R4 へ送ればいい」ということを知ります。R2 は eBGP によるサーバの経路情報を OSPF に再配布して R1 に伝えます（図②）。R 1 は，「サーバと通信するには R2 へ送ればいい」ということを知り，この経路情報を R3 に伝えます（図③）。この情報が R4 に再配布して伝わります。結果的に，R4 は，「サーバと通信するには R3 へ送ればいい」という情報を持ってしまいます。

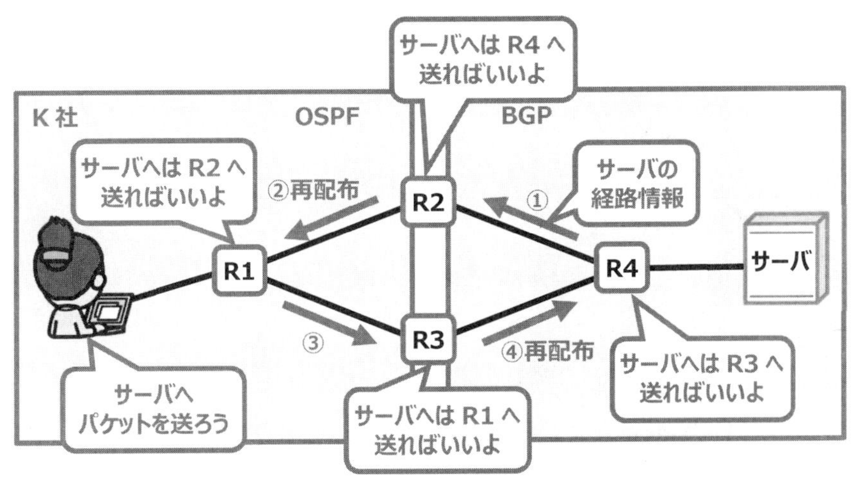

✚✚ 再配布による経路情報のループ

変ですね。R4 では，すぐ右にサーバがあるのに，
R3 に送るという経路情報をもらうんですね。

そうなんです。再配布を繰り返すと経路がおかしくなりますね。そこで，再配布された経路を再配布しないという当たり前の経路制御が必要になります。

❸アドミニストレーティブディスタンス

一つのルータが，複数の経路情報を受け取る場合があります。

たとえば，H30NW 午後 I 問 3 では，拠点の L3SW が IP-VPN 網からは BGP で本社宛ての経路を受け取り，インターネット VPN 網からは，OSPF で本社宛ての経路を受け取りました。つまり，2 重で経路を受け取ったのです。

このときのネットワーク構成図と，L3SW のルーティングテーブルは以下のようになります。

ルーティングプロトコル	宛先ネットワーク	ネクストホップ
BGP4	192.168.1.0/24	10.1.1.1
OSPF	192.168.1.0/24	192.168.12.1

✚✚ L3SW2 のルーティングテーブル（イメージ）

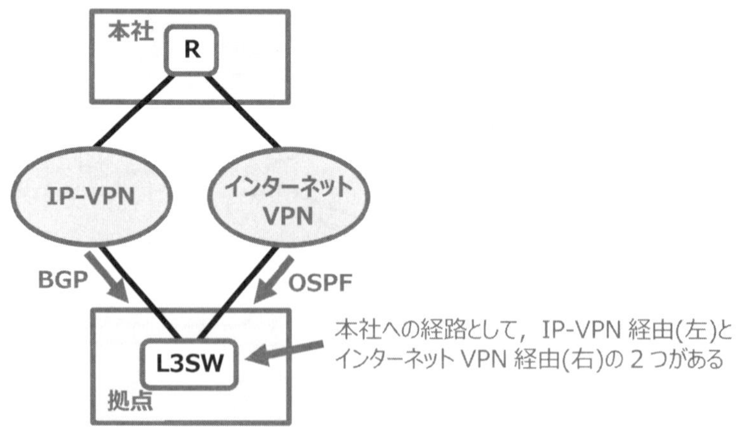

✚✚ 複数のルーティングプロトコルから経路情報を受信す

このとき，どちらの経路が優先されるでしょうか。どちらを優先するかは事前に決められていて，アドミニストレーティブディスタンス値が小さい方が優先されます。（値や優先度などは覚える必要がありません。）

ルーティングプロトコル	アドミニストレーティブディスタンス値
直接接続	0
スタティックルート	1
BGP	20
OSPF	110
RIP	120

✚✚ Cisco ルータの場合のアドミニストレーティブディスタンス値

もちろん，この値は，設定にて変えることができます。過去問（H30NW 午後 I 問 3）では，値や優先度は問われませんでしたが，「BGP4 から得られた経路を優先する」という解答が求められました。

9-3 WAN

1　WANのサービス

1.1章「ネットワークとは」の「2．ネットワークの分類」にて，ネットワークは，LAN，WAN,インターネットに分けられることを紹介しました。復習になりますが，複数の拠点や取引先などと接続されたネットワークを**WAN**（Wide Area Network）といいます。

WANのサービスには，レイヤ1レベルのサービスである専用線，レイヤ2レベルのサービスである広域イーサネットと，レイヤ3レベルのサービスであるIP-VPNがあります。

2　専用線

専用線は，その名の通り，契約した企業が専用で利用できる回線です。単に物理的なケーブルを準備してもらっていると考えてください。接続するには，DSU（Digital Service Unit：メタル回線を接続する装置）やONU（Optical Network Unit：光回線を接続する装置）などといった回線終端装置を設置します。

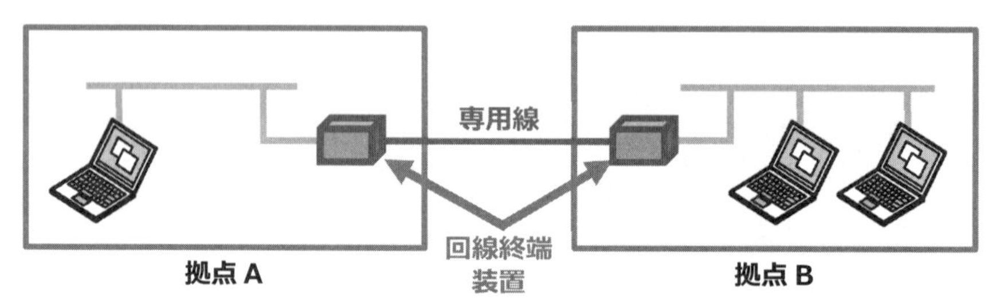

✚✚ 専用線の接続構成

専用線の契約回線は年々減少しています。

理由は，料金が高いからですか？

はい，それが大きな理由です。専用線は，企業が回線を占有するため，料金が高くなるのです。

代わりに，このあと解説するIP-VPNサービスや広域イーサネットサービスが増加しています。これらのサービスは，価格以外の利点があります。専用線の場合，複数の拠点と接続する際に，専用線がたくさん必要になるのです（下図の左）。

一方，広域イーサネットやIP-VPNサービスの場合，以下に図にあるように，必要な回線が少なくて済みます。拠点Aを見ると，専用線では3本の専用線の契約が必要で，物理的な線が3本，回線終端装置も3台必要です。一方，右側の広域イーサネットやIP-VPNサービスの場合，拠点Aに必要な回線契約は1つで，物理的な線も回線終端装置も1つで済みます。

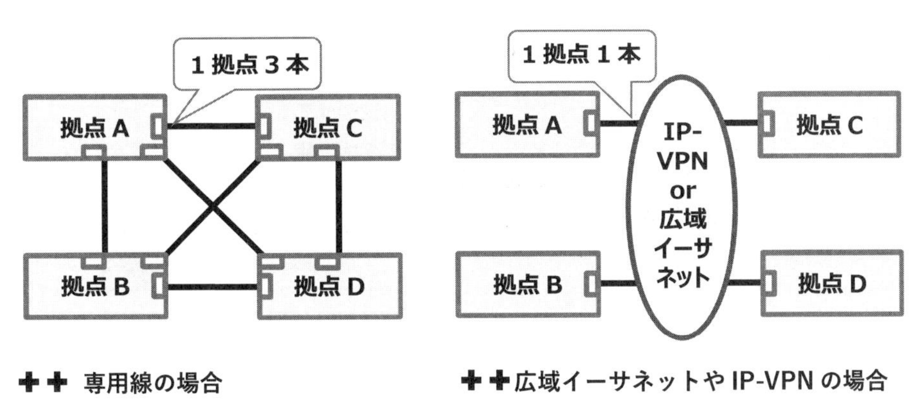

✚✚ 専用線の場合

✚✚ 広域イーサネットやIP-VPNの場合

3 広域イーサネット

広域イーサネット（広域イーサ網）は，拠点間におけるLAN（イーサネット）です。通常は拠点内に閉じられたLANを，NTTなどの通信キャリアの設備を通じて拠点間に広げたものです。

通常は，拠点からインターネットへの出口にはルータやFWが設定されることが一般的です（下図①）。しかし，広域イーサネットに接続する場合は，LANの延長ですので，必ずしもルータやFWを置く必要がありません。以下の図のように，L2SWで接続することも可能です（下図②）。

また，各拠点は，100Mbps，1Gbpsなど，自由な回線速度を契約することができます（下図③）。

以下に，広域イーサネットによるネットワーク接続の例を紹介します。

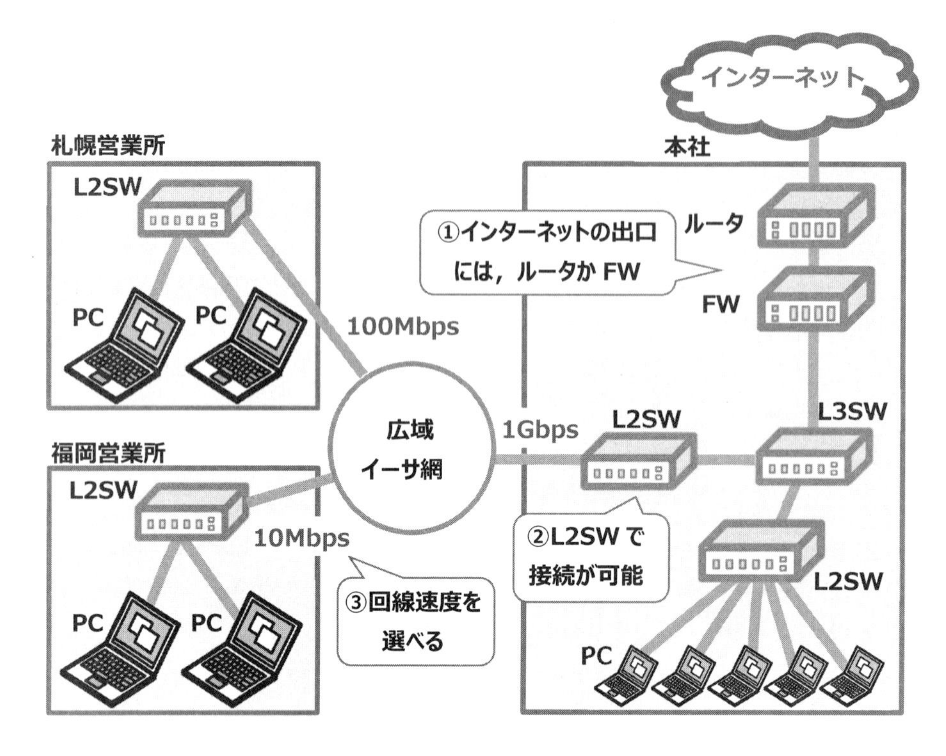

✚✚ 広域イーサネットの構成

4　IP-VPN

(1) IP-VPNとは

IP-VPN サービスは，通信事業者が提供する拠点間接続のWANサービスです。広域イーサネットでは，レイヤ2レベルでの接続を可能にしましたが，IP-VPNでは，拠点間の接続にルータを設置し，レイヤ3レベルでの接続を可能にします。

後半の章で解説するインターネットVPNも，レイヤ3レベルでのサービスになります。

インターネットVPNとIP-VPNはどちらがお勧めですか？

IP-VPNは，通信事業者が提供するサービスなので，セキュリティ面や品質面が保たれたサービスです。その反面，利用料金は高くなります。どちらがお勧めというより，

セキュリティ面やコストなどから企業に適したネットワークを選ぶことになります。

余談ですが，最近のネットワークスペシャリスト試験では，IP-VPN を使った WAN は少なくなっているように感じます。

（2）MPLS とラベル

IP-VPN 網では，RFC3031 で規定された **MPLS**（Multi Protocol Label Switching）と呼ばれるラベルスイッチング方式を用いることが一般的です。これは，パケットに「**ラベル**」と呼ばれる短い固定長のタグ情報を付与し，このラベルの情報をもとにルーティングをします。

普通のルーティングではダメなのですか？

いえ，そんなことはありません。ですが，ラベルによるルーティングは IP アドレスによるルーティングに比べて，高速な通信が可能になります。それは，ラベルというものが，どこに転送するかだけを記載した単純なものだからです。

少し補足します。PE ルータで付与するラベルには 2 種類のラベルがあります。1つは利用者を識別する VPN 識別ラベル，もう一つは IP-VPN 網内での経路情報のための転送ラベルです（先に説明したルーティングをするためのラベルです）。

以下は，ラベル付けをする前のパケットと，IP-VPN 網内でラベル付けをした後のパケットです。

▶ ラベル付け前のパケット

（例）あて先 IP アドレスとして 172.16.1.1

▶ ラベル付け後のパケット

(3) PE ルータと CE ルータ

IP-VPN の構成をもう少し詳しくみていきましょう。

利用者の拠点と，IP-VPN 網との接続点において，利用者が設置するルータを，CE（Customer Edge）ルータと言います。CE は，顧客（Customer）の端（Edge）にあるルータという意味です。

この CE ルータから送られたパケットは，通信事業者の PE（Provider Edge）ルータでラベルが付与されます。PE は，Provider（通信事業者）の端（Edge）という意味です。IP-VPN 網内では，付与されたラベルを用いてパケットが転送されます。

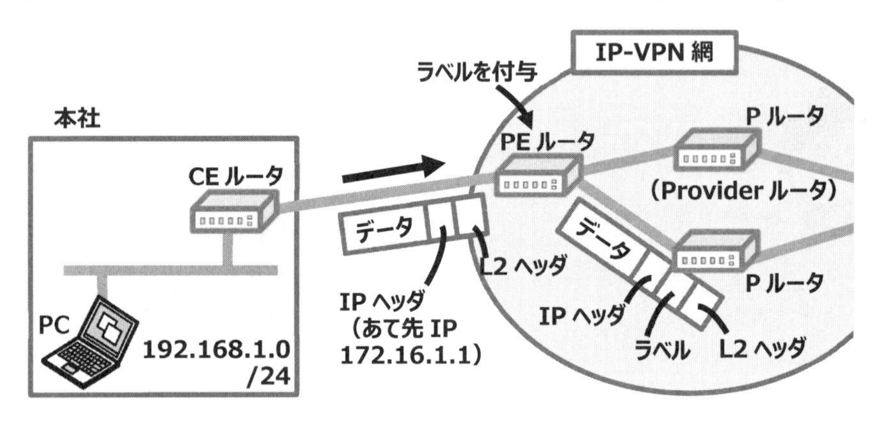

✚✚ CE ルータと PE ルータ

5 マルチホーミング

マルチホーミングとは，インターネット接続において，回線を冗長化する仕組みです。目的は，インターネット回線の帯域を広くすることと，片方の回線に障害があっても通信を継続させることです。

マルチホーミングを実現するには，複数のプロバイダ（ISP）とインターネット接続契約をする必要があります。そして，複数のインターネット回線を利用できる状態にして，負荷分散装置などを使ってインターネット通信を振り分けます。

通信を振り分ける仕組みは，内部から外部と，外部から内部の通信で実現方法が異なります。

以下，順に解説します。

❶内部から外部　（例）内部 PC からインターネット閲覧を冗長化

PC からインターネットへの通信（下図①）を冗長化する場合には，企業の内部に負荷分散装置（LB）を設置します（下図②)。負荷分散装置（LB）が，PC からインターネットの通信を複数のプロバイダ（ISP）に振り分けます（③)。

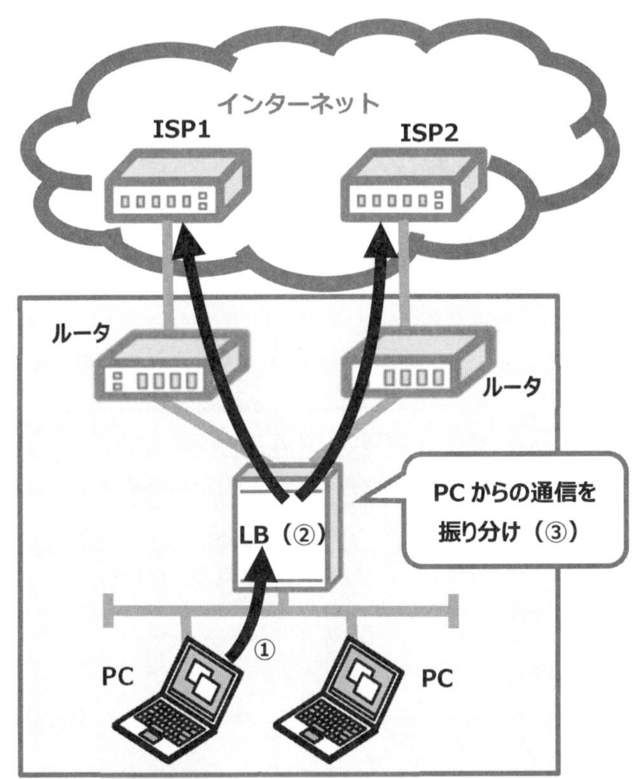

✚✚ 負荷分散装置（LB）でインターネットへの通信を負荷分散

❷外部から内部　（例）インターネットから公開 Web サーバへの通信を冗長化

一方，外部から内部への通信の場合は，別の仕組みが必要です。「❶内部から外部」のように，PC からの通信経路に LB を置くことはできません。説明すると長くなってしまうのですが，世界中の PC の通信経路上に，自前で LB を設置することは費用的にも実行上でも不可能なのです。(雑な説明でごめんなさい。)

そこで，インターネットから内部への通信を冗長化する場合には，DNS ラウンドロビンの仕組みを使います。たとえば，次の図のように，ISP 1 からは 203.0.113.1(図①)，ISP2 からは 198.51.100.1（図②）の 2 つの IP アドレスを割り当てられているとします。DNS ラウンドロビンにて，2 つの IP アドレスを交互に払い出せば（図③)，外部からの通信経路を振り分けることができます（図④)。

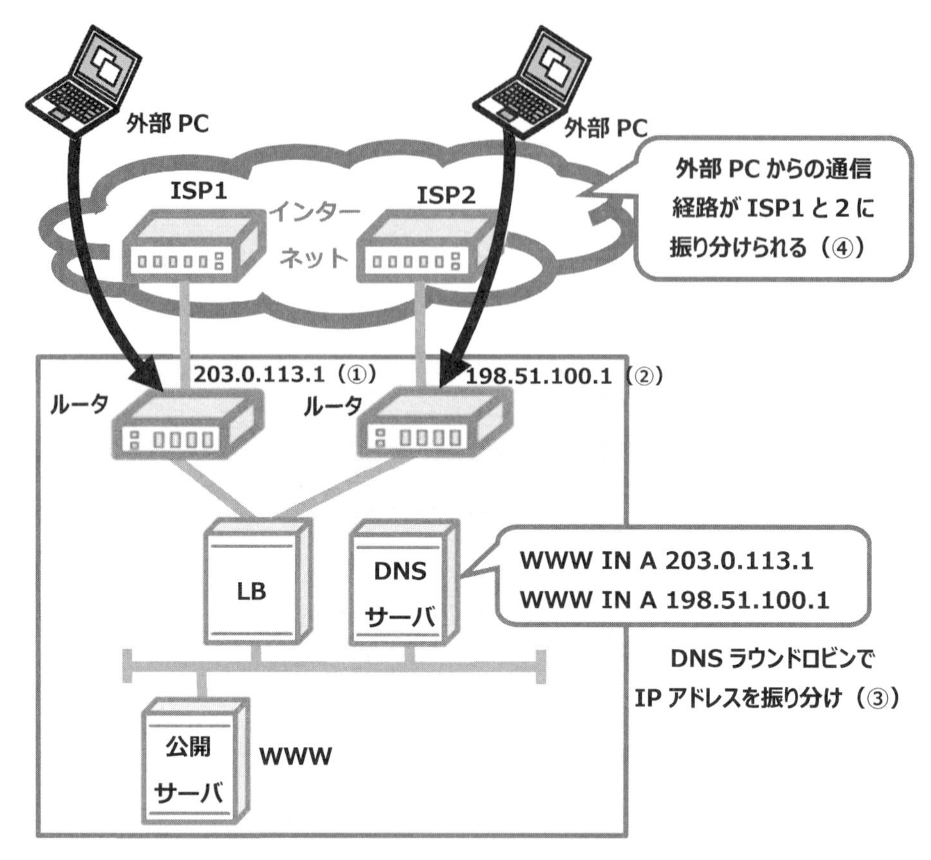

✚✚ インターネットからの通信経路を負荷分散

6　WAN 高速化装置

WAN 回線は，回線速度を 1 Gbps から 2 Gbps，3 Gbps などの高速化すると，それに応じて費用も高額になります。**WAN 高速化装置**（WAS）は，帯域を増やさずに，WAN を高速化します。

そんなことができるんですね
すごい……

はい。ただ，流れるデータの種類によって効果は変わります。確実に高速化できるとは限りません。

では，WAN高速化を実現する3つの方法を紹介します。下の図と照らし合わせて確認してください。

❶キャッシュ蓄積

通信したデータをWASにキャッシュとして保存することで，2回目以降の通信を高速化します。プロキシサーバがキャッシュ機能を備えることで応答を速くしているのと同じです。

❷データ圧縮機能

通信するデータをWASが圧縮します。

❸代理応答

TCPの通信は信頼性を確保するため，サーバとPC間では，確認応答であるACKのパケットを送受信しています。WANを超えると，そのやりとりに時間がかかるので，対向機器（下の図ではサーバ）に代わってWASが代行します。こうすることで，ACKの遅延の影響を削減します。

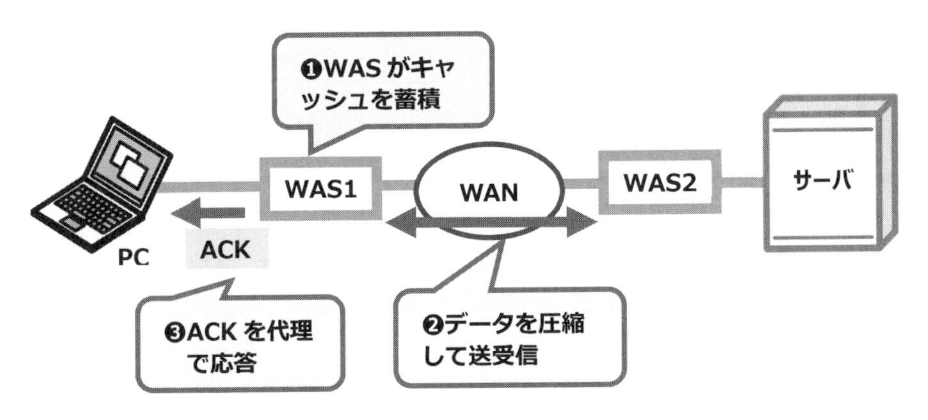

✚✚ WAN高速化の実現方法

【補足解説】障害時の仕組み

WAN高速化装置の接続方式は，先の図に示すように，拠点間の通信経路上に配置されます。ですから，もしこの装置が故障すると，WAN 経由の通信が行えなくなってしまいます。困りますね。
WAN 高速化装置が故障しても通信を継続するために必要な機能が，IPS でも紹介したバイパス機能やフェールオープンともいわれる機能です。詳しくは，IPS の章も確認ください。

7 SD-WAN （H30NW 午後 I 問 1 より）

SD-WAN（Software Defined WAN）を直訳すると「ソフトウェアで定義された WAN」です。ただ，SD-WAN は「概念」であり，メーカ各社によって実装できる機能が異なります。SD-WAN の定義をあまり厳密に考えず，「物理的な制約にとらわれずに，ソフトウェアで実現する WAN の仮想化技術」くらいにイメージしてください。

SDN（Software Defined Network）を WAN に適用したようなものですか？

まあ，そんな感じです。実際，SDN のコントロールプレーンに該当するのが SD-WAN コントローラで，利用者の通信トラフィックを転送するデータプレーンに該当するのが SD-WAN ルータです。SD-WAN ルータの設定は，SD-WAN コントローラによって集中制御されます。

9-4 PPP と PPPoE

1 PPP とは

PPP (Point to Point Protocol)は，そのフルスペルが意味するとおり，点 (Point) から点 (Point) (つまり，1 対 1) の通信で利用するデータリンク層のプロトコルです。古くは，アナログや ISDN の電話回線を使ってダイヤルアップにて通信をする場合に使われました。PPP では，通信相手との接続を行うだけでなくエラー処理機能なども持ちます。

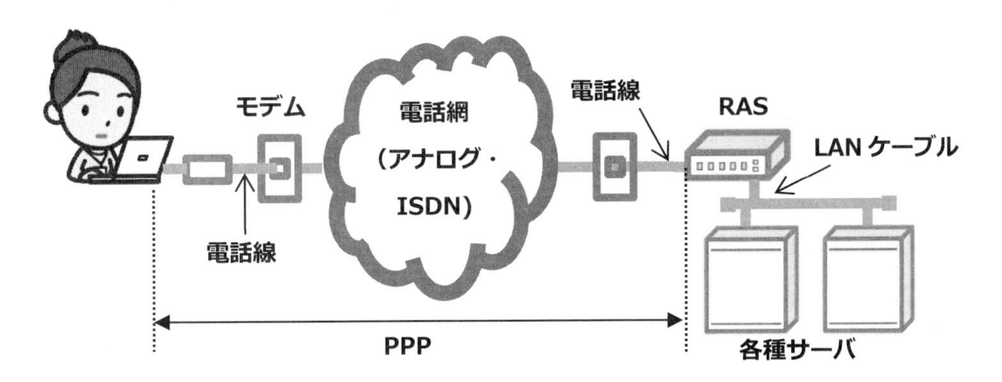

✚✚ PPP の通信

試験には出ないのですが，上記における RAS (リモートアクセスサーバ) だけ簡単に説明しておきます。RAS は，ダイヤルアップ接続を受け付ける機能を持ち，ユーザの認証も行います。

さて，PPP では，PAP や CHAP などの，パスワードを利用した簡単な認証しかできませんでした。そこで，認証機能などを拡張 (Extensible) したプロトコルが **EAP** (Extensible Authentication Protocol) です。EAP には，無線 LAN や IEEE802.1X 認証で利用する EAP-PEAP や EAP-TLS などがあります。くわしくは「7-5 認証」の章で解説しています。

【補足解説】HDLC

PPP のプロトコルのもとになったのが，HDLC と呼ばれる手順です。HDLC 手順は，古くに存在したベーシック手順を改良したものです。たとえば，HDLC では，ベーシック手順ではできなかった任意の長さのデータを送ることができたり，誤り制御の仕組みが実装されています。

HDLC では，データの開始と終了位置が判断できるように**フラグシーケンス**と呼ばれる 8 ビットの「01111110」という値を挿入します。送受信されるデータは 2 進数で，たとえば，011011110010111001011000110……というデータです。任意の文字数を送れる反面，どこがデータの開始や終了なのかが分からないのです。

参考までに，HDLC のフレームフォーマットを記載します。このフォーマットにおける先頭と末尾のフラグが，フラグシーケンスのことです。

フラグ	アドレス部	制御部	情報部	FCS	フラグ

✚✚ HDLC のフレームフォーマット

2　PPPoE とは

PPPoE(PPP over Ethernet)は，イーサネット（Ethernet）の上（over）で実現する PPP のことです。

LAN で接続しているのに，わざわざ PPP で接続する必要はあるのですか？

LAN は，スイッチに接続すれば，誰もが接続できます。イーサネットの LAN には認証という概念がないのです。しかしこれは，メリットでもありデメリットでもあります。なぜなら，認証もせずに誰もが自由に使えてしまっては，プロバイダが利用者に課金をすることができないのです。

そこで，LAN でも認証できるようにしたのが PPPoE です。たとえば，我々がプロバイダと契約して光回線のインターネットを利用しています。このとき，PPPoE を使ってユーザを認証した後に接続が許可されます。

9-5 IPsec

1　インターネット VPN と IPsec

インターネット VPN（Virtual Private Network）とは，インターネット上に構築する仮想的なネットワークのことです。インターネット VPN を使えば，各拠点の間を専用線や広域イーサネットサービスを使って構築するよりも，安価にかつ広帯域な WAN を構築できます。なぜなら，1 Gbps の広域イーサネットの回線を契約しようとすると，月に何十万円という費用がかかります。一方，インターネット回線であれば，月に1万円程度で契約できるからです。

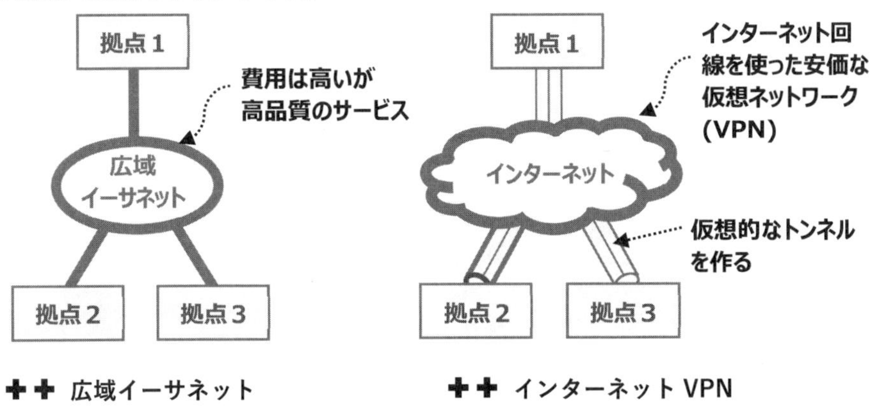

✚✚ 広域イーサネット　　✚✚ インターネット VPN

また，インターネット VPN を実現する技術が，認証と暗号の機能を持った規格である **IPsec**（Security Architecture for Internet Protocol）です。

2　IPsec のプロトコル

IPsec には，**ESP**(Encapsulating Security Payload)と **AH**(Authentication Header)の2種類のセキュリティプロトコルがあります。ESP(Encapsulating Security Payload)は，暗号化と認証の両方の機能を持ちます。一方の AH(Authentication Header)は，認証のみの機能を持ち，あまり利用されていません。

ESP のパケット構造は以下です。この中で，暗号化されてる部分はペイロードと ESP トレーラです。

IP ヘッダ	ESP ヘッダ	ペイロード （暗号化されたデータ部分）	ESP トレーラ	ESP 認証データ
	←──────	暗号化	──────→	

✚✚ IPsec での暗号化部分

IP ヘッダは，宛先 IP アドレスや送信元 IP アドレスなどの情報を持ちます。**ESP ヘッダ**には，この後に解説する SPI などの暗号化通信における各種情報を持ちます。

ここで確認してほしいのは，ESP は TCP や UDP と違ってポート番号がないことです。よってポート番号を使った NAT である NAPT ができません。そこで，NAT トラバーサルの仕組みを活用します。詳しくはこの後の 7 節で解説します。

3　IPsec のパケット構造

下図に，IPsec での通信の様子を紹介します。PC1 から出たパケット（パケット①）が, VPN ルータ 1 で暗号化処理がなされて VPN ルータ 2 に送られます（パケット②）。VPN ルータ 2 では，パケットを復号化して PC2 に届けます（パケット①）。

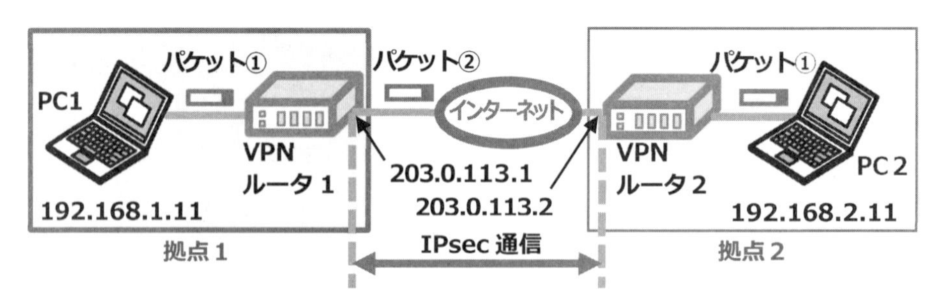

✚✚ IPsec の通信の流れ

では，このときの IPsec で暗号化したパケット構造を記載します。まず，上記の①の暗号化前のパケットは以下です。送信元 IP アドレスが PC 1（192.168.1.11）で，宛先 IP アドレスが PC 2（192.168.2.11）です。

宛先 IP アドレス	送信元 IP アドレス	データ
192.168.2.11	192.168.1.11	

✚✚ パケット①のパケット構造

次は，IPsec で暗号化したパケットです。先ほどのパケットに ESP ヘッダを付けるとともに，新しい IP ヘッダを付与します。送信元 IP アドレスが VPN ルータ 1

（203.1.113.1）で，宛先 IP アドレスが VPN ルータ 2（203.0.113.2）です。先ほど述べましたように，最後に ESP トレーラや ESP 認証データが付与されますが，図では省略しています。

宛先 IP アドレス	送信元 IP アドレス	ESP ヘッダ	宛先 IP アドレス	送信元 IP アドレス	データ（暗号化）
203.0.113.2	203.1.113.1		192.168.2.11	192.168.1.11	

✚✚ パケット②のパケット構造

また，VPN ルータ 2 で復号化されたパケットは，PC1 から送出されたパケットと同じ構造です。

4　IPsec の通信モード

IPsec の通信モードには，**トランスポートモード**と**トンネルモード**の 2 つがあります。トランスポートモードは端末間で IPsec 通信を行うのに対し，トンネルモードは VPN 装置間で IPsec 通信を行います。一般的に利用されるのは，トンネルモードです。なぜなら VPN ルータに IPsec の設定をすれば，PC にて個別の IPsec の設定をする必要がないからです。

ちなみに，先ほど紹介した「IPsec の通信の流れ」の構成図もトンネルモードです。

以下に，トランスポートモードでの構成例を紹介します。

✚✚ トランスポートモードでの構成例

トランスポートモードの IPsec で暗号化したパケットの構造は以下です。

宛先 IP アドレス	送信元 IP アドレス	ESP ヘッダ	データ（暗号化）
203.0.113.2	203.1.113.1		

※ESP トレーラや ESP 認証データが付与されますが，図では省略

✚✚ トランスポートモードのパケット構造

トンネルモードと違って，IP ヘッダに変化はないのですね。

その通りです。変化しているのは，データが暗号化されることと，ESP ヘッダが付与されることです。過去問（H29 秋 NW 午後 I 問 2）では，「IP ヘッダを暗号化対象としない」とあります。IP ヘッダを暗号化したら，どこにパケットを届けていいかわからず，通信ができませんね。

5　IKE

IKE(Internet Key Exchange)とは，IPsec における鍵（Key）を交換（Exchange）する鍵交換プロトコルです。実際には，鍵交換だけでなく，使用する暗号方式や認証方式なども IKE によって決定します。

IKE は，接続相手の VPN 装置が固定 IP アドレスか動的 IP アドレスかによって，2つのモードがあります。

❶メインモード

メインモードは，接続先の IP アドレスを認証情報として利用します。したがって，双方とも固定 IP アドレスでなければ認証できません。

❷アグレッシブモード

アグレッシブモードは，接続先の IP アドレスを認証情報として利用しません。したがって，動的 IP アドレスでも認証できます。固定 IP アドレスは費用がかかるので，コスト面でアグレッシブモードを選ぶことがあります。

じゃあ，アグレッシブモードの方が便利ですね。

確かに固定 IP アドレスが無くても利用できるのは便利です。しかし，メインモードは IP アドレスを使って通信相手を認証するので，セキュリティは強固です。

6 IPsecの通信手順

IPsec通信の通信手順は，大きく3つのフェーズからなります。順に，IKEフェーズ1，IKEフェーズ2，IPsec通信の3つです。

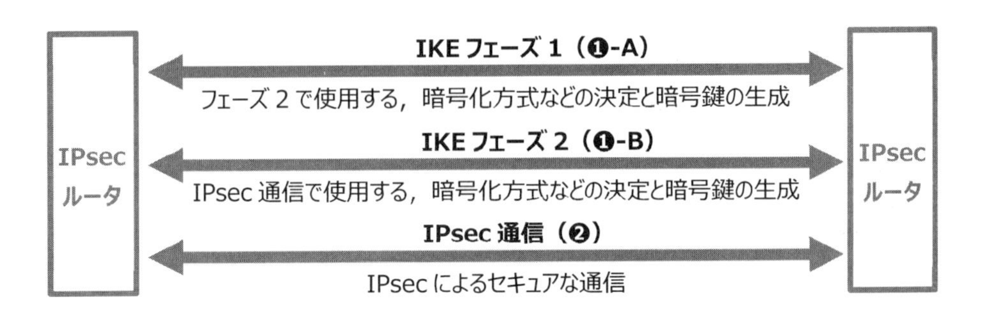

✚✚ IPsecの通信手順

これらの手順について，順に解説します。

❶IKEを使った鍵交換

IPsecでは，通信するVPNルータ同士が，使用する認証方式（**事前共有鍵**であるPSKや証明書認証など）や，暗号化方式（3DESやAESなど）を決めます。これは，さきほど紹介したIKE（Internet Key Exchange）のプロトコルで行われます。このとき，VPNルータ間でやり取りの結果で合意された内容をSA（Security Association）と呼びます。

IKEではフェーズ1とフェーズ2の2つに分かれます。

A：IKEフェーズ1

ISAKMP SAと呼ばれる制御用のSAを作ります。このSAをフェーズ2が利用します。

B：IKEフェーズ2

IPsec SAと呼ばれる通信用のSAを作ります。このSAを，次で説明するIPsec通信が使用します。

うーん。SAというのがよくわかりません。

目に見えないので理解しにくいと思います。「通信のセッション」などと考えればよいでしょう。

❷ESP プロトコルを使った IPsec の通信

IKE フェーズ 2 で作成した IPsec SA を用いて，IPsec による暗号化通信を行います。VPN ルータには，SA に関連付けされた SPI（Security Parameters Index）が，**32 ビット**の整数値で割り当てられます。IPsec 通信のパケットの中には SPI が挿入されているので，VPN ルータは SPI をみて SA を識別します。

何をいっているのか，さっぱりわかりません・・・

IPsec では，通信相手と暗号化方式などをやり取りして SA を作ります。作成された複数の SA を識別する番号が SPI と考えてください。以下は，3 つの SA が作成されたとして，それぞれの SA に SPI が割り当てられている様子です。

SA の通番	通信相手	暗号化アルゴリズム	SPI
1	203.0.113.10	ESP：AES/SHA-2	10001
2	198.51.100.11	ESP：3DES/SHA-1	21001
3	192.0.2.153	ESP：AES/SHA-2	21005

SA を識別する番号として SPI が割当てられる

※厳密には，通信相手毎に 2 つの SA（双方向）が作成されます。

✚✚ SA と SPI

また，IPsec ルータは，相手と通信するときセキュリティポリシ（SP）を選択します。SP とは，IPsec 通信を行うか否か，IPsec 通信をするときはどの SA を使うか，通信を破棄するか，などのポリシです。

そして，このセキュリティポリシを選択するキーを**セレクタ**といいます。セレクタとなるキーには IP アドレス，プロトコル，ポート番号などがあります。例えば，宛先 IP アドレスが対向拠点のセグメントであれば，対向の VPN ルータと IPsec 接続をするというセキュリティポリシの sp2 を選びます（下図参照）。

sp1	Yahoo!などのWeb閲覧なら IPSecなし
sp2	本社との通信なら VPNルータ2とIPSec

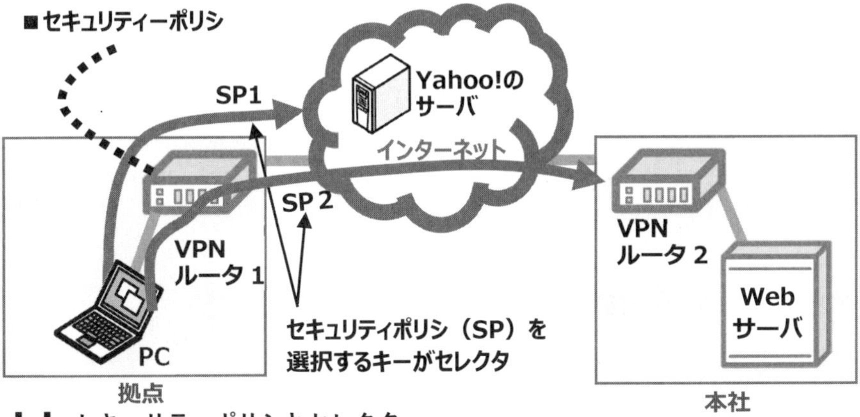

■セキュリティーポリシ

SP1
Yahoo!のサーバ
インターネット
SP2
VPNルータ1
PC
拠点
セキュリティポリシ（SP）を選択するキーがセレクタ
VPNルータ2
Webサーバ
本社

✚✚ セキュリティポリシとセレクタ

SAには生存時間があります。これをライフタイムと言います。ライフタイムが終了すると，SAは消滅します。(SAが無いとIPsec通信ができなくなるので，SAを再作成します。この処理は**リキー**（ReKey）と言われます。このように，一定時間でSAを廃止し，キーを再作成することで，第三者による暗号解読を防ぎます。

7　IPsecのNAT越え

IPsec通信では，VPNルータの間にNAT（NAPT）を行う装置があると，通信に失敗することがあります。理由は，IPsecのプロトコルであるESPやAHは，ポート番号を持っていないからです。IPsecのパケットはNAT(NAPT)機器を通過できないのです。

そこで，**NATトラバーサル**という技術を使いESPパケットに，UDPヘッダを付与します。UDPにはポート番号があるので，NAT機器を通過することができるのです。

NAT機器がある場合と無い場合の違いを，パケット構造で確認ください。上が従来のESPのパケット構造で，下がUDPヘッダが付与されたNATトラバーサルによるパケット構造です。

宛先 IP アドレス	送信元 IP アドレス	ESP ヘッダ	宛先 IP アドレス	送信元 IP アドレス	データ
203.0.113.2	203.1.113.1		192.168.2.11	192.168.1.11	

✚✚ ESP のパケット構造（従来）

宛先 IP アドレス	送信元 IP アドレス	UDP ヘッダ（ポート番号含む）	ESP ヘッダ	宛先 IP アドレス	送信元 IP アドレス	データ
203.0.113.2	203.1.113.1			192.168.2.11	192.168.1.11	

✚✚ ESP のパケット構造（NAT トラバーサル）

VPN ルータでは，通信経路上に NAT 装置があるのがわかった場合，NAT トラバーサルの機能でパケットに UDP ヘッダを付与します。

8　IPsec トンネルの接続方式

（1）フルメッシュとハブアンドスポーク

IPsec トンネルの接続方式には，2 つあります。本社などをハブとして，支店をスポークとして接続する方法がハブアンドスポーク，すべての拠点で IPsec トンネルを張るのがフルメッシュです。

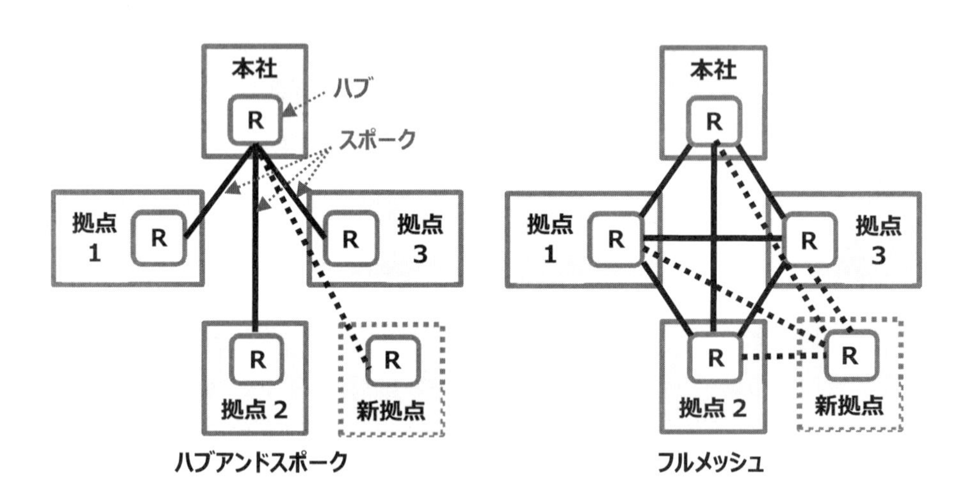

✚✚ ハブアンドスポーク構成とフルメッシュ構成

（2）それぞれの特徴

上図を参照してください。フルメッシュの利点は，拠点間の通信がハブを通らないので，遅延なく通信ができることです。また，拠点が増えると，ハブ拠点の負荷（回線およびNW機器）が高くなります。よって，本社側の機器は高価なものを用意する必要がありますし，処理速度が悪くなります。）

ハブアンドスポークの利点は，設定がシンプルで，拠点を追加するときの設定が最小限で済むことです。また，拠点側は固定IPアドレスである必要がありません。（これは意外に大きなコストメリットです。）多くの場合，拠点間通信はあまりないので，ハブアンドスポーク構成で十分だったりするのです。

過去問（H30NW午後Ｉ問3）では，「フルメッシュのIPsecトンネルのネットワーク構成に，追加拠点向けIPsecトンネルを手動で追加設定するネットワーク拡張方式は望ましくない」として，望ましくない理由が問われました。解答例は「新拠点追加のときに全拠点の設定変更が必要になるから」です。

フルメッシュ構成やハブアンドスポーク構成というのは，IPsecに限った用語ですか？

いえ，WAN全体に言えることです。しかし，IP-VPNや広域イーサネットでは，このような検討をすることがあまりありません。たとえば，広域イーサネットは，網の中に大きなスイッチングハブがあるのと同じです。どの拠点とも自由に通信ができる状態になっています。実質的にフルメッシュ構成なのです。

9-6 カプセル化技術

1 カプセル化とは

カプセル化（「トンネリング」ともいいます）とは，フレームに新しいヘッダを付けることです。カプセル化の例として，IPsecがあります。IPsecでは，ESPというプロトコルで元データにヘッダを付けてカプセル化し，インターネットVPNを構築しました。

以下，レイヤごとのカプセル化技術の代表例を紹介します。

(1)レイヤ2のカプセル化技術

L2TP（Layer2 Tunneling Protocol），PPTP（Point to Point Tunneling Protocol）などがあります。レイヤ2のカプセル化技術は，試験で深くは問われていません。この2つがレイヤ2の技術ということだけを知っていればいいでしょう。

(2)レイヤ3のカプセル化技術

すでに紹介したIPsec以外の代表的なカプセル化プロトコルとして，**GRE（Generic Routing Encapsulation）**があります。それ以外には，GREと同じようなカプセル化をするIP in IPがあります。IP in IPは，H29秋NW午後Ⅰ問2に軽く登場した程度で，特に覚える必要はありません。一方，GREは過去問で何度も問われているのでしっかりと覚えておきましょう。

2 GRE

GREは，IPsecと同じくネットワーク層でカプセル化するプロトコルです。GREによって，拠点間を接続するVPNを構築することができます。しかし，GREはIPsecと違って，通信を暗号化することができません。

だったら，
GREを使うメリットはあるのですか？

はい，GREにも利点があります。たとえば，IPsecでは，ブロードキャストやマルチキャストのフレームをカプセル化することはできません。ですから，OSPF のリンクステート情報の交換パケットが送受信できないのです。一方の GRE は，ブロードキャストやマルチキャストのフレームをカプセル化できます。

また，両者の利点を組み合わせることも可能です。GRE でカプセル化した上で，さらに IPsec によって暗号化するのです。この仕組みを GRE over IPsec といいます。この点は，後で詳しく解説します。

3　GRE による VPN

(1) 構成例

以下は，拠点 1 と拠点 2 の間を GRE による VPN を構築した図です。拠点 1 と拠点 2 はグローバル IP アドレスが割り当てられ，インターネットに接続しています。PC 1 から送られたパケット（下図のパケット①）は，ルータ 1 にて GRE によるカプセル化が行われてルータ 2 に送られます（下図のパケット②)。また，このパケットを受け取ったルータ 2 は，カプセル化を元のパケットに戻して PC2 に送ります。

このように，インターネットを介した通信であっても，PC 1 と PC2 は，プライベート IP アドレスで通信をすることができます。

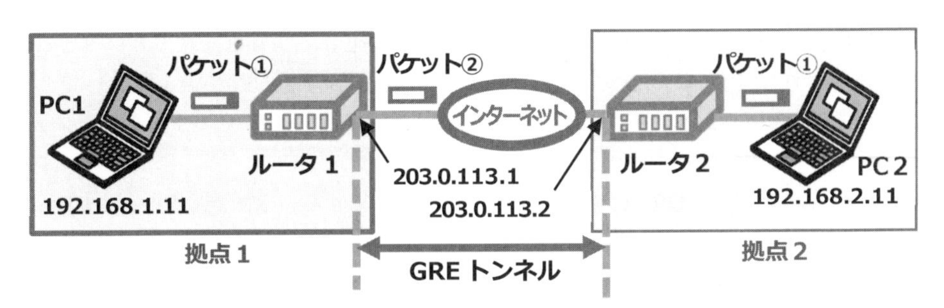

✚✚ GRE トンネルの構成図

(2) GRE でカプセル化したパケット構造

IP パケットを GRE でカプセル化したときのパケット構造を解説します。とはいえ，すでに説明した IPsec 同じです。

まず，上記のカプセル化前のパケット①は以下です。送信元 IP アドレスが PC 1（192.168.1.11）で，宛先 IP アドレスが PC 2（192.168.2.11）です。

宛先 IP アドレス	送信元 IP アドレス	データ
192.168.2.11	192.168.1.11	

✚✚ パケット①のパケット構造

次は，GRE でカプセル化したパケットです。先ほどのパケットに GRE ヘッダを付けるとともに，新しい IP ヘッダを付与します。送信元 IP アドレスがルータ 1 (203.1.113.1) で，宛先 IP アドレスがルータ 2 （203.0.113.2）です。

宛先 IP アドレス	送信元 IP アドレス	GRE ヘッダ	宛先 IP アドレス	送信元 IP アドレス	データ
203.0.113.2	203.1.113.1		192.168.2.11	192.168.1.11	

✚✚ パケット②のパケット構造

4　GRE over IPsec

先ほども述べましたが，OSPF の Hello パケットをインターネット VPN などの WAN で交換するには，GRE トンネルが必要になります。（ただし，WAN に広域イーサネットを使う場合は不要です。広域イーサネットはブロードキャストもマルチキャストフレームも通過できるからです。）

OSPF を IPsec を使った WAN で利用する際に，GRE over IPsec を使うということは，過去問でも何度か問われました。たとえば，過去問（H30NW 午後１問３）では，「GRE over IPsec を利用する目的」が問われ，正解は，「OSPF のマルチキャストを通すため」です。

しかし，パケットを GRE は暗号化する機能がありません。そこで，IPsec と GRE を組み合わせる必要があります。

GRE over IPsec のパケット構造は以下です。（H28NW 午後 II 問 2 図 7 より）

元のパケットの構成

項目名	IP ヘッダ	TCP/UDP ヘッダ	データ

カプセル化されたパケットの構成

項目名	IP ヘッダ1	ESP ヘッダ	GRE ヘッダ	IP ヘッダ2	TCP/UDP ヘッダ	データ	ESP トレーラ	ESP 認証データ
バイト数	20	8	4	20	20	可変	不定	不定

✚✚ GRE over IPsec のパケット構造

先にGREでカプセル化してから
IPsecによる暗号化をするのですね。

はい，そうなります。イメージしやすいように，具体的なIPヘッダで解説します。たとえば，OSPFのHelloパケットは，宛先IPアドレスとして，マルチキャストアドレス（224.0.0.5）を使用します。これが，上記の図の元パケットのIPヘッダや，カプセル化されたパケットのIPヘッダ2です。

IPヘッダ1は，宛先のIPsecルータとして，たとえば203.0.113.1などが宛先IPアドレスになります。参考ですが，IPsecはトンネルモードではなくトランスポートモードです。IPsecによって，ESPヘッダが付与されますが，IPヘッダの変更はありません。

5　カプセル化とMTU

（1）MTUとMSS

4-2章「IPパケットの構成」の「IPヘッダ」でも触れましたが，IPパケットの最大サイズを**MTU**(Maximum Transmission Unit)といいます。また，IPヘッダとTCPヘッダを除いたデータ部分を**MSS**(Maximum Segment Size)といい，最大サイズは1460バイトです。

IPヘッダ （IPアドレスなど）	TCPヘッダ （ポート番号など）	データ
20バイト	20バイト	~1460バイト

←　MSS　→（データ部分）

←　MTU　→（全体）

✚✚ MTUとMSS

仮に，パケットがMTUやMSSで決められたサイズより大きくなると，パケットが複数に分割（**フラグメント**）されます。分割されたパケットは，元通りに組み立てる（リアセンブル）する処理が発生し，通信速度の悪化につながります。

（2）カプセル化とMTU

GREなどのプロトコルでカプセル化するとヘッダが長くなるので，PCから発出されるパケットの MTU や MSS の値を小さくする必要があります。

MTU と MSS の両方を調整する必要があるのですか？

どちらか一方でいい気がしますよね。しかし，MTU はルータで調整しますが，MSS は PC が調整します。別々の機器で調整しているので，結果的に両方の調整を行うことになります。

まず，MTU ですが，GRE 等でヘッダを付与すると MTU サイズの 1500 バイトを超えてしまいます。そこで，ルータで MTU を調整します（下図①）。

次に MSS ですが，MSS は，TCP 通信の確立時（3 ウェイハンドシェイク）に送信側（下図の PC）と受信側（下図のサーバ）の端末間で決定します（下図②）。しかし，途中でカプセル化されることは知りませんので，最適な MSS にはなりません。そこで，ルータが最適な MSS 値に書き換えます（下図③）。

MSS だけ最適な値にすればいいのでは？と考えるかもしれませんが，MSS は TCP だけにしか使えません。UDP では MTU を調整する必要があります。

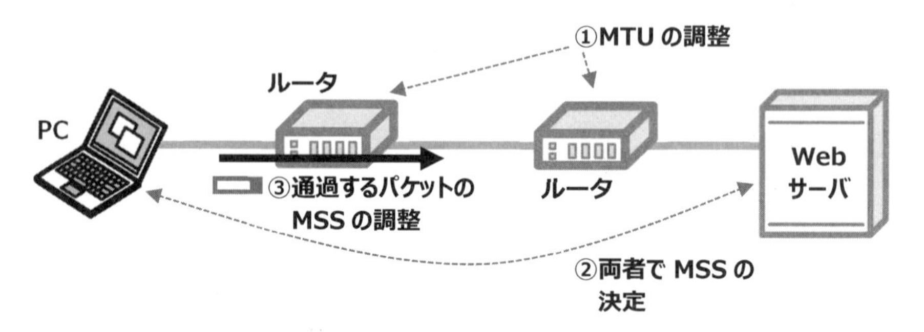

✚✚ MTU と MSS の調整

9-7 ネットワークの伝送速度

1　伝送速度と伝送効率

伝送速度（転送速度，回線速度）とはデータを伝送する速さのことです。単位は，1秒間に何ビットのデータを送れるかという意味で，**bps**（bit per second：ビット/秒）が使われます。

インターネットの回線速度は，日常的に「1ギガ」「100メガ」などといいますが，単位はbpsですか？

はい，そうです。インターネットの1ギガの回線といえば，「1Gbps」を意味します。ただ，注意が必要なのは，ファイルなどの単位はbitではなく，**バイト**（byte）であることです。1byte=8bitです。よって，1ギガのファイルといわれれば，1Gbitではなく，1Gbyteを意味します。

2　伝送時間の計算

通信相手にデータを送る場合，データを送るのにかかる時間を**伝送時間**といいます。伝送時間は，距離，速さ，時間の関係（距離＝速さ×時間）の考え方で計算ができます。この式に基づき，伝送時間と送信するデータ量，伝送時間の関係は以下になります。

伝送時間	＝	送信するデータ量	÷	伝送速度
（時間）		（距離）		（速さ）

ただし，伝送速度は伝送効率を考慮する場合があります。たとえば，以下のケースを考えてみましょう。

> 自宅のインターネットの回線速度が100Mbpsの場合，100Mバイトのデータを転送するに，何秒かかるか。ただし，LANの伝送効率は80%とする。

この問題を解くときの注意点は以下です。

① LANの伝送効率を考慮する

② ビットとバイトで単位をそろえる

まず①ですが, インターネットの回線速度は100Mbpsですが, 伝送効率は80%です。よって, 実際の伝送速度は100Mbps × 0.8 = 80Mbpsです。

次に②ですが, 100Mバイトの単位をビットにすると, 100Mバイト×8＝800Mビットになります。

この点を踏まえて上記の伝送時間の公式に代入します。

伝送時間 ＝ 送信するデータ量 ÷ 伝送速度 ＝ 800Mビット ÷ 80Mbps ＝ 10秒

以上のことから, データを転送するにかかる時間は10秒です。

索 引

あ行

か行

さ行

た行

な行

は行

ま行

や行

ら行

A

B

C

L

M

N

O

P

Q

R

S

T

U

V

W

X

Z

数字

❏あとがき

「ネットワークスペシャリスト」という称号について

「ネットワークスペシャリスト」という称号について，皆さんどんな印象をお持ちですか？　2017 年から情報セキュリティスペシャリスト試験の名称が「〜支援士」になりました。「弁護士」や「公認会計士」などのように「士（さむらい）」がつくので，格式が上がったわけです。でも，私は「ネットワークスペシャリスト」のネーミングの方が好きです。単純に「かっこいい」ですよね。IT のことを全く知らない友達にも言われました。

「よく知らないけど，かっこいい」

私の場合は，ネットワークスペシャリストには 3 回目で合格だったのですが，2 回の不合格を経験した苦労もあって，この称号を得られたときはとてもうれしかたことを今でも覚えています。合格できたことに加えて，「今日からネットワークスペシャリストと胸を張って言えるんだ」という，称号を得られたことも大きな喜びでした。

資格に合格するってことは，人生においてはとても小さなことです。でも，私の場合は，とても大きなことでした。だから，試験前は平日だろうか土日だろうが，疲れていようが飲み会があろうが，毎日勉強できたのです。

私がネットワークスペシャリスト試験対策のセミナーを開催していたときのことです。受講生の一人が声をかけてくださり，「毎日の勉強が楽しいです」と笑顔で話をしてくれました。勉強が楽しいので，仕事以外の時間はほぼ勉強にあてられていたようです。きっと合格されるだろうなと思っていたら，案の定，合格されました。

仕事をしていると，つらいこと，嫌なことが多いものです。「なんでこんな仕事をしなければいけなの？」「なんで怒られなければいけないの？」などと不満もたまります。そんな中，私やその受験生においては，資格の勉強は純粋に楽しい時間だったのです。ネットワークの技術が次々と理解できる楽しさ，充実した時間を過ごす満足感，そして，その先に待ち構える合格への期待があったからです。

そして，そのうれしい気持ちは合格してさらに強くなります。合格後は，ネットワークスペシャリストの称号を名刺に書いて，余韻も楽しみました。

資格の勉強は，誰かにやらされているものではないからこそ，このような気持ちになるのでしょうか。「勉強が楽しい」って言葉は，私が学生時代には絶対に口にすることはなかったことです（笑）。

本書を読んでいただいた皆様にも，資格の勉強を楽しんでもらうとともに，是非ネットワークスペシャリスト試験に合格していただいて，大きな喜びを味わっていただきたいと思います。

そして，合格証や名刺に入れたネットワークスペシャリストの称号を眺めながら，是非，一杯やってください。これまでの苦労を肴にして，結構楽しめますよ！

❏著者

左門　至峰（さもん　しほう）

SE（システムエンジニア）兼 IT ライター。執筆実績として，ネットワークスペシャリスト試験対策の「ネスペ」シリーズ（技術評論社），「FortiGate で始める企業ネットワークセキュリティ」（日経 BP 社），日経 NETWORK や@IT での連載。また，講演やセミナーも精力的に実施。

保有資格は，ネットワークスペシャリスト，テクニカルエンジニア（ネットワーク），技術士（情報工学），情報処理安全確保支援士，プロジェクトマネージャ，システム監査技術者，IT ストラテジストなど多数。

イラスト　　　　後藤 浩一
カバーデザイン　泉屋 宏樹（iD.）

ネットワークスペシャリスト試験に出るところだけを厳選！ 左門至峰による

ネスペ教科書 改訂第 2 版

2020 年 1 月 24 日 初版第 1 刷発行
2022 年 1 月 24 日 初版第 3 刷発行

著者　　左門 至峰
発行所　(株)ブイツーソリューション
　　　　〒466-0848 名古屋市昭和区長戸町 4-40
　　　　電話 052-799-7391 FAX 052-799-7984
発売元　星雲社（共同出版社・流通責任出版社）
　　　　〒112-0005 東京都文京区水道 1-3-30
　　　　電話 03-3868-3275 FAX 03-3868-6588
印刷所　銀河書籍

落丁・乱丁本は，ブイツーソリューションあてにお送りください。
送料小社負担にてお取り替えいたします。

ISBN978-4-434-26980-6　C3055